炭材料基础

Fundamentals of Carbon Materials

刘金昌 编著

化学工业出版社
·北京·

内容简介

《炭材料基础》是一部系统阐述炭材料科学理论与工程应用的学术专著。全书以炭材料理论为基础，以“结构—性质—制备—表征—应用”为主线，分别从微观和宏观角度阐释了炭材料的结构与性质；炭材料制备过程中的炭化、石墨化、活化与功能化；碳质中间相的形成理论、合成及应用；工业炭材料和碳纳米管的制备方法、生产工艺、应用前景与发展方向；构建了从基础理论到工业实际应用的完整知识体系。

本书既可作为高等院校材料相关专业的教材，也可作为新材料、新能源等相关领域研究人员的参考用书。

图书在版编目（CIP）数据

炭材料基础 / 刘金昌编著. -- 北京 ：化学工业出版社，2025. 12. -- ISBN 978-7-122-49693-5

Ⅰ. TM242

中国国家版本馆 CIP 数据核字第 2025073HU7 号

责任编辑：于　水　　　文字编辑：李　欣　师明远
责任校对：边　涛　　　装帧设计：刘丽华

出版发行：化学工业出版社
（北京市东城区青年湖南街 13 号　邮政编码 100011）
印　　装：北京天宇星印刷厂
710mm×1000mm　1/16　印张 12　字数 228 千字
2026 年 3 月北京第 1 版第 1 次印刷

购书咨询：010-64518888　　　售后服务：010-64518899
网　　址：http://www.cip.com.cn
凡购买本书，如有缺损质量问题，本社销售中心负责调换。

定　　价：98.00 元

前言

炭材料，这一与人类文明相伴相生的古老材料，在跨越数千年的历史长河中，始终以其独特的物理化学性质推动着技术革新与社会进步。从远古人类第一次点燃木炭取暖照明，到现代碳纤维材料支撑航空航天以及石墨烯材料引爆电子器件革命，炭材料的演化史既是一部人类对碳元素认知的探索史，也是材料科学与工程领域创新发展的缩影。值此《炭材料基础》付梓之际，谨以此文为引，与读者共探炭材料的过去、现在与未来。

炭材料的起源可追溯至旧石器时代。原始人类通过燃烧木材获取木炭，用于保存火种、加工工具或绘制岩画，这是人类对炭材料最早的主动利用。此时的炭材料以天然形态存在，性能受限于原料与工艺，应用场景极为有限。工业革命的浪潮推动了炭材料的第一次飞跃。18 世纪焦炭的规模化生产标志着炭材料从“自然产物”向“工业原料”的转型。19 世纪，电炉制炭技术的突破催生了石墨电极，支撑了电力工业的崛起。20 世纪初，活性炭因优异的吸附性能被应用于水处理与化工分离，成为环保领域的“明星材料”。至此，炭材料的应用领域从冶金、能源拓展至环保、化工等多元领域。20 世纪中后期至今，炭材料迎来了前所未有的创新黄金期。碳纤维的发明改写了航空航天史；富勒烯、碳纳米管与石墨烯的相继发现，则开启了碳纳米材料的“量子时代”。碳纳米管的超高强度与导电性使其成为柔性电子器件的理想基底，石墨烯的高载流子迁移率则为后硅基半导体技术的发展提供了新可能。回顾炭材料的发展历程，其始终遵循“需求牵引—技术突破—应用拓展”的逻辑链：从满足基本能源需求，到支撑高端制造，再到应对可持续发展挑战，其角色已从“工业味精”升级为“战略基石”。如今，炭材料的研究热点聚焦于结构精准调控、多组元复合设计及绿色制备技术。

目前，市面上的炭材料相关书籍大致可分为两类：一类侧重应用技术，聚焦某一类炭材料的制备工艺与工程案例，适合工程技术人员参考，但它对基础理论的深度挖掘不足；另一类偏向专题综述，内容分散且缺乏对炭材料共性的归纳。更值得关注的是，仍然缺少一本面向本科生和研究生学习的炭材料领域的入门教材，学生往往需要从零散的文献、专著中拼凑知识体系，难以建立从“碳元素本征特性”到“材料性能与应用关联”的系统认知体系，这严重制约了炭材料领域的人才培养质量。

本书希望作为结构清晰、内容全面的基础教材，帮助读者建立对炭材料的系统性理解：既涵盖碳元素的成键特性、炭材料的分类与结构表征等基础理论，也解析典型制备工艺的科学原理，并结合前沿案例阐释“结构—性能—应用”的内在逻辑，最终实现“从原子到宏观尺度”“从基础研究到工程实践”的知识贯通。本书的编写以“基础性、系统性、实用性”为核心原则，全书共8章，逻辑脉络如下：第1章“炭材料概论”从碳元素的宇宙起源讲起，明确炭材料的定义、分类与学科定位；第2章“炭材料的结构与性质”深入解析 sp^2、sp^3 杂化碳的结构特征，阐明结构参数与物理化学性质的关联规律；第3章“炭材料原料”系统介绍化石燃料、生物质及高分子聚合物等原料的特性与预处理方法；第4章“炭材料的制备”详细阐述炭化、石墨化、活化等核心工艺的原理与参数调控；第5章“碳质中间相”聚焦沥青基炭材料的关键中间体——中间相沥青的形成机制与性能优化；第6章“工业炭材料”覆盖冶金焦、电极炭、密封炭等经典产品的性能要求与制备要点；第7章“碳纳米材料”重点讲解富勒烯、碳纳米管、石墨烯的结构特性与制备技术；第8章“炭材料表征”则系统介绍X射线衍射、拉曼光谱、透射电镜等表征手段在炭材料结构分析中的应用。

本书的完成，凝聚着多位前辈与同行的智慧与支持，在此谨致以最诚挚的谢意。

感谢日本九州大学的 Isao Mochida 教授、Seong-Ho Yoon 教授与 Jin Miyawaki 教授以及中国矿业大学（北京）的解强教授和王永刚教授对我的指导。

炭材料的故事仍在继续，而本书愿做一块“铺路石”，助力更多青年学子踏上探索之旅。期待与读者共赴这场关于碳元素的奇妙旅程！

囿于作者的学识和写作水平，书中疏漏之处难免，恳请广大读者批评指正。

刘金昌
2025年9月

目录

第1章

炭材料概论

炭材料作为跨越人类文明史的特殊材料体系，既承载着远古先民的火种记忆，又在当代纳米科技中焕发新生，堪称材料科学领域的“时空奇迹”。考古表明，自旧石器时代钻木取火开始，人类就在实践中逐步掌握了炭材料的化学稳定性、还原性、吸附性等基础特性，从良渚文化时期炭化稻米，到青铜时代木炭冶金的规模化生产，炭材料始终是文明演进的关键物质载体。作为生命的基础元素，碳原子通过独特的 sp^2、sp^3 杂化轨道，构建出从金刚石到石墨烯的多样化同素异形体，更以碳循环为纽带，在地球生态系统中维系着生命之网的持续运转。

1.1 碳基础

自从人类钻木取火开始，就逐渐认识并利用了含碳原料的可燃性。人类还观察到将木材堆叠后进行燃烧，并不会全部转化为灰烬，有黑色的固体物质残留，这些物质不仅可再次燃烧，且燃烧时无烟无焰，是一种优质的燃料，称为木炭。人类技术史上对木炭生产的系统性控制可追溯至新石器晚期。考古证据显示，中国仰韶文化时期（约公元前5000年～公元前3000年）已出现封闭式堆烧法，且可通过覆土厚度调节氧扩散速率，生产出不同质量的木炭产品，而后人们逐渐发现木炭具有还原性、化学稳定性和吸附性，并将这些特性应用于冶金、文化、医药等领域。因而，木炭也是人类认识最早、应用最早的炭材料。除了木炭，人们在早期的社会活动中，也发现了金刚石、石墨、煤炭等炭材料。炭材料的发展与应用贯穿着人类的活动史，在人类文明的发展过程中扮演着重要的角色。

碳元素在自然界呈现多样化的赋存状态，既以游离单质（金刚石、石墨等）存在，也以化合物形式（碳酸盐、二氧化碳等）存在，广泛分布于生物和地壳之中。地球上所有的生物均以碳元素为有机组织基础，称为碳基生物。碳构成了有机生命体的分子骨架，在蛋白质（含碳量 50%～55%）、脂类（含碳量 70%～75%）和核酸（含碳量 35%～40%）等生物大分子中起结构支撑作用。人体元素组成中，碳以 18%的质量占比仅次于氧元素，构成第二大必需元素（干重占比达 95%），碳元素在构成有机生物基础的氨基酸中，起到了不可或缺的作用。碳元素在地壳中的丰度约为 1.8×10^{-4}，位于所有地壳组成元素的第 17 位。

地球上最大的碳库是岩石圈，含碳量约占地球上碳总量的 99.9%，包括沉积碳酸盐岩、化石燃料及有机质页岩等。岩石圈是碳的贮存库，岩石圈贮存库中的碳活动缓慢，碳周转的时间尺度为百万年级（10^6～10^8 年），主要通过硅酸盐风化—碳酸盐沉积等反应进行调节。地球上另外三个碳库是大气圈、水圈和生物圈，这三个库中的碳在生物和环境之间迅速转换，是碳的转换库。岩石圈中的碳因自然和人为因素经复杂的物理化学作用进入大气圈和水圈，生物圈中的绿色植物从大气圈中吸收 CO_2，经光合作用转化为有机化合物，有机化合物经食物链传递又成为动物和细菌等生物体的一部分，生物体内的碳作为有机体代谢的能源经呼吸作用以 CO_2 的形式释放至大气圈中，同时生物圈中的碳又不停地以沉积物的形式返回岩石圈中，由此构成了全球碳循环的一部分。碳的地球生物化学循环控制了碳在地表或近地表的沉积物和大气圈、生物圈及水圈之间的迁移，形成碳循环。

目前已知碳的同位素共有 15 种，从 ^{8}C 至 ^{22}C。只有 ^{12}C 和 ^{13}C 属稳定型同位素，其余碳的同位素都具有放射性。在自然界中，^{12}C 在所有碳的含量中占 98.93%，^{13}C 占 1.07%。碳原子量的确定是依据 ^{12}C、^{13}C 两种同位素的丰度加权平均值，一般情况下取 12.01。^{12}C 被用于定义国际单位制中物质的量的单位，即摩尔（mol）。以 12 克 ^{12}C 中所含有的原子个数为 1mol。^{13}C 作为示踪原子在研究有机化学反应和生物化学反应中具有广泛应用。^{14}C 由于具有较长的半衰期（长达 5730 年），衰变方式为 β 衰变，因而在考古学中被用于测定生物的死亡年代，同时也被用作探索化学和生命科学中微观运动的示踪剂。

碳的同素异形体种类极其丰富，根据物理性质的不同，分为定形碳和无定形碳。定形碳主要有石墨、金刚石、富勒烯、石墨烯、碳纳米管等，其中石墨和金刚石广泛存在于自然界中，而富勒烯、石墨烯和碳纳米管主要是人造的碳纳米材料。无定形碳主要有木炭、焦炭、糖炭和炭黑等，它们的石墨化程度很低，近似非晶态，分子结构中没有固定形状和周期的结构规律。无定形碳作为炭材料的一个子类，被认为是除了石墨和金刚石以外碳元素的第三种存在形态。

1.2 碳与炭

碳元素的术语发展史折射出科学概念在不同文明体系中的转译与重构。从词源学角度考察，“碳”的命名可追溯至印欧语系的原始词根 * ker-，意为燃烧、热量、生长等，该词根在古典拉丁语中演变为“carbo”，特指木材不完全燃烧后形成的含碳物质。法国化学家安托万-洛朗·德·拉瓦锡（Antoine-Laurent de Lavoisier）在 1789 年出版的《化学基本论述》中[图 1-1(a)和(b)]，首次系统性地将“carbone”确立为化学元素术语，这一命名既沿袭了拉丁语词源的物质指涉，又赋予其现代化学元素的理论内涵——作为构成有机物的基本要素。之后，才有了碳的英文名称“carbon”。在汉语言体系内，碳元素的术语含义经历了复杂的变化。晚清学者徐寿在翻译亨利·瓦茨（Henry Watts）的《化学辞典》时，创造性提出“取西文首音译字”的翻译原则。在其 1871 年刊行的《化学鉴原》中[图 1-1(c)和(d)]，将“carbon”音译为“炭”，并注解为“炭者非灰烬之谓，乃纯质也”。这一译法巧妙运用汉字“炭”的形声特征，“火”字旁表物质属性，“厂”字头表音，既保留了传统认知的连续性，又赋予其元素概念的新内涵。徐氏手稿显示，该译名曾与“石炭”“墨精”等候选术语进行过语义学比较，最终选定“炭”字以保持与氮（淡）、氧（养）等气体元素译名的构词一致性。1932 年南京国民政府教育部颁布的《化学命名原则》确立了元素命名的三条准则：单质名称用形声字、金属元素从“金”旁、气体元素从“气”头。在此框架下，原用“炭”字因与日常用语存在歧义，遂改定为“碳”，“石”旁表矿物属性，“炭”表音，这一调整既延续了徐寿的音译传统，又通过部首偏旁实现了物质类别的符号化区分。

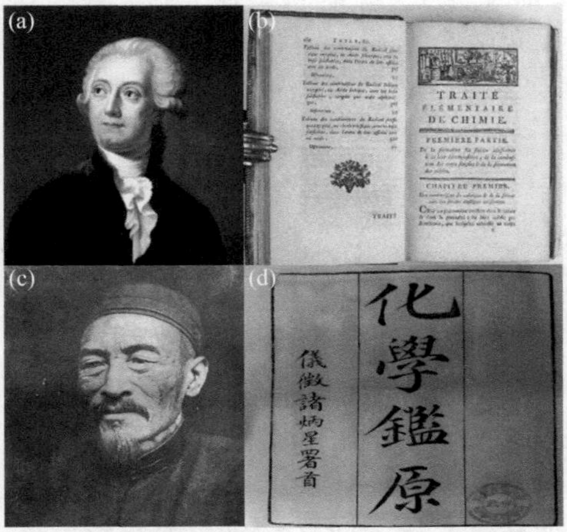

图 1-1 对碳的命名起到重要作用的学者及其著作

(a) 法国化学家安托万-洛朗·德·拉瓦锡；(b)《化学基本论述》；
(c) 中国近代化学的先驱、现代科学教育的开创者徐寿；(d)《化学鉴原》

“碳”与“炭”的使用非常容易混淆，虽然都对应于英文“carbon”，但两者在汉语中却有不同的含义。1986 年，黄启震对“碳”与“炭”的起源、用法以及混用的原因做了详尽的论述，提出了正确区分使用的建议。全国科学技术名词审定委员会在2003年也提出了有关“碳”与“炭”使用的征求意见稿，将两者的用法予以明确区别。2006年《中国科技术语》进一步规范了“碳”与“炭”的用法。

“炭”在中国已有两千多年的使用历史，从东汉许慎著的《说文解字》到1915年颁布的《中华大字典》中均有此字。关于汉语里的“炭”，主要有3种解释。①木炭。《说文解字》中说：“炭，烧木余也。”这说明炭是薪材烧制后的产物。②石炭。《汉书·地理志》中说：“豫章郡出石，可燃为薪。”《正字通》中说：“石炭，今西北所烧之煤。”二者均表明石炭即煤。至今为止，日语中“煤”仍然称为“石炭”。③炭素制品。《孟子》中将炭注释为“墨也”，《天工开物》也将炭素制品称为炭：“含炭30%，以粉状土混合制成可熔铜十斤。”这里的炭指的是墨或者石墨。由此可见，在“碳”出现前，只使用“炭”字。根据当前的定义，“炭”是指随着原料及制备工艺和条件的不同而形成的无恒定组成及性质的，以碳元素为主要构成的物质。例如，焦炭是由煤在隔绝空气条件下经高温干馏生成的，随着原料煤、焦化工艺和反应条件的不同，焦炭的性质具有一定的差异，且焦炭除了含有碳元素之外，还含有氢元素、氧元素、氮元素、硫元素和灰分等，但焦炭的主要构成元素仍然是碳元素。焦炭中碳元素的含量基本维持在80%以上，故而称为“炭”材料。

南京国民政府教育部在《化学命名原则》中将元素周期表中原子序数第6号“C”命名为“碳”，左旁的“石”字表明它属于非金属元素。可见，“碳”主要用于指代元素。在含碳化合物命名时，应使用“碳”字，例如，一氧化碳、碳酸钙、二十碳五烯酸等。此外，随着纳米材料的发展，出现了多种碳的同素异形体，在命名时也是用“碳”字，例如，碳纳米管、碳量子点等。

除了“炭”和“碳”之外，还有“炭素材料”的说法。炭素材料和炭材料的意义相同，都是指主要化学成分是碳，但还含有氢、氧、硫，甚至金属等其他元素的材料。笔者认为，“炭素”的说法极有可能是受日语的影响，在日语中，“炭材料”被称作“炭素材料”。另外，还有诸如“碳素材料”的说法。因为“碳”指的就是元素，所以“碳素材料”应该是指仅仅由碳元素构成的材料，即碳的单质。但绝大多数情况是将“炭素材料”误写为“碳素材料”。

一直以来，国际上针对“carbon as element”和“carbon as solid”这两种说法的规范性都有讨论。上文虽然就“炭”和“碳”的关系和区别进行了基本解释，但在使用过程中，也存在对事物不同的认识。例如，碳纤维是一种由碳、氢元素构成的材料，且碳元素的含量为90%以上，有的学者认为碳纤维是碳的同素异形体，但有的学者则认为它不属于碳的单质，因此他们就应该用“炭纤维”还是“碳纤维”展开了讨论。在相关的专业书籍文献中，这两种说法都能见到。在此情况下，就宜以全国科学技术名词审定委员会公布的名词为准。

1.3 碳的形成

现代宇宙学研究证实，基于大爆炸核合成（Big Bang nucleosynthesis）理论，当前可观测宇宙的物质演化遵循从量子涨落到重元素合成的阶梯式进程。依据粒子物理学标准模型和恒星演化理论，可系统解释碳元素生成机制的物理过程及其化学演化特征。在大爆炸后约 10^{-6}～1s 的时间窗内，随着宇宙尺度因子呈指数级膨胀（暴胀阶段），热力学温度由 10^{32} K 量级骤降至 10^{12} K。此时强相互作用相变导致夸克、胶子等离子体的形成，该物质具有超炽热、极致密等极端物性，能量密度达 10^{18} kg/m^3 量级，温度相当于太阳核心温度的 10^{12} 倍。当宇宙温度较高时，夸克与胶子四处游荡，横冲直撞，随着宇宙温度降低，夸克与胶子的运动速度也大为减慢，以致其中的部分粒子暂时地结合在一起。当宇宙冷却至 1×10^{10}℃时，夸克通过胶子传递的强作用力组成亚原子粒子——质子和中子，后者又进而形成原子核。在大爆炸 10 亿年后，宇宙冷却到 4000℃时，电磁力开始起作用，原子核捕捉电子后形成一些最轻的氢和氦原子，这一过程仅 3min。最初形成的氢、氘、氦等元素组成原始星际物质，靠引力收缩形成原始恒星团块，此时温度又逐渐升高，当温度达到 7×10^{6}℃时，原子中电子脱除，仅剩原子核，高温高压下它们因热运动碰撞，两个轻原子核熔合在一起成为一个重原子核。在温度为 1.1×10^{6}～1.11×10^{7}℃的恒星中，主要产生质子-质子热核反应，氢核聚变转化为氦。当恒星中心温度和压力提高至氦被点燃时，氦芯收缩而外层膨胀和冷却，变成了红巨星。按照 B^2FH 理论，通过 3α 过程，三个氦原子可聚变成一个碳原子。这一过程由两步完成，先是两个 α 粒子（即^4He原子核）形成^8Be，但后者寿命仅 10^{-16}s，然后再捕获一个 α 粒子，形成^{12}C。当此，碳是完全在星球内部形成的第一个最轻的元素。若星球核心进一步收缩至 6×10^{8}℃以上的高温，碳原子继续聚变，产生氧、镁等原子核。

碳是宇宙前期形成的关键元素，也是地球上生命体组成最重要的元素，其存在形式复杂而且在不断地演化。从单一键态演化到复合键态的多形式碳；从早期因宇宙大爆炸核生成及星云凝聚产生的原生碳（金刚石、石墨等），随着岩浆运动与水岩作用演化到无机碳（CO_2、碳酸钙等），无机碳经过光化学作用、Miller-Urey 反应等演化到有机碳（CH_4、C_2H_4 等），有机碳又可经过光合作用、生物代谢等转化为生物圈碳（蛋白质、脂肪等）；碳的单质形态，也从链型（卡宾、聚炔烃）向层型（石墨烯、石墨炔）、管型（碳纳米管）、球型（富勒烯、碳洋葱）和配位型不断转化。碳元素的生成机制体现了从量子动力学到经典热力学的跨尺度耦合过程。作为生命基础元素，其化学多样性演化深刻影响着行星系统的宜居性演化。

1.4 炭材料的发展历程

早在“元素”一词被创造出来之前，不同形状的碳元素就在人类生活中发挥了重要作用。从有钻木取火之后，人类发现木材燃烧产生的烟灰具有稳定的性质，因而炭黑成为了最古老的人造炭材料。在石器时代，炭黑就被作为洞穴绘画的颜料，用于记录人类文明的发展。公元前 2630 年左右的中国木刻画显示了中国人已经知道采用芝麻油不完全燃烧的方式制备炭黑，称作油制炭黑。木炭是继炭黑之后第二古老的人造炭材料，由木材炭化而成。在古代使用木炭作为燃料和还原剂将铜从铜的氧化物中提炼出来。实际上最早的铜的发现，有可能是人类在烧火或者烧制陶器的过程中偶尔有铜矿掺杂在里面，在高温的情况下经过碳的还原反应，生成了单质铜。人们逐渐发现这种闪着金光的东西可以做成比石头更锋利的东西，这就是人类通过冶炼获得金属的起点。商周时期我国进入青铜时代，而青铜发展的基础是木炭的大量使用。大约从公元前 8000 年开始人类发现了木炭的还原性，并将其用于金属矿石的还原，首先用于生产铅，后来用于生产铜和铁。天然金刚石（钻石）是碳元素在地幔的高温高压作用下结晶而成的，是自然界中天然存在的最坚硬的物质。科学家们经过对来自世界不同矿山的钻石及其中原生包裹体矿物的研究发现，钻石的形成条件一般为压力 4.5～6.0 GPa，相当于 150～200 km 的深度，温度为 1100～1500 ℃。理论上说，钻石可形成于地球历史的各个时期，但在已经开采的矿山中，大部分钻石主要形成于 33 亿年前以及 12～17 亿年前这两个时期，如南非的一些钻石年龄为 45 亿年左右，表明这些钻石在地球诞生后不久便已开始在地球深部结晶。钻石形成于地表深处，再伴随着火山喷发等地质活动上升到地面。在公元前 4000 年左右，印度就发现了钻石，并开始利用钻石独特的外观和耐药的特性，人们认为这种石头具有“神奇的力量”。天然金刚石呈现出多种颜色，从无色至黑色均有，其中以无色者尤为珍贵。其光学特性涵盖透明、半透明及不透明三种类型。然而，许多金刚石略带黄色调，这主要是由于内部含有微量杂质。此外，金刚石具有极高的折射率与显著的色散性能，这一特性使其能够反射出五彩斑斓的光芒。天然石墨的形成与煤类似，是古代有机质在高温高压地质条件下渐渐发育而成的多晶型物。我国发现和利用石墨的历史悠久，公元前 1300 年左右就有用石墨书写文字的记载，《水经注》也说到“洛水之侧有石墨山。山石尽黑，可以书疏，故以石墨名山矣”。欧洲对天然石墨的利用可追溯到铁器时代晚期，石墨被用于制造密封储存食物的陶罐，也被用于制造耐烧的容器。16 世纪，石墨的润滑性被发现和利用起来，用于制造铅笔和车用润滑剂等。

从钻木取火时代到 18 世纪，这一漫长的历史时期被认为是炭材料发展的第一阶段。在这一阶段，人类主要依赖于天然炭材料或通过简单加工制成的木炭来满足生产和生活需求。这些炭材料因其优异的燃烧性、化学稳定性和还原性而被广泛应用于多个领域。例如，在古代农业和冶金活动中，木炭作为燃料发挥了重要作用，其高温性能和稳定性为金属冶炼提供了必要的条件。几千年前，人们就发现炭材料不仅可以用作燃料，还具有一定的药用价值。由木炭、植物以及骨骼等制备的多孔炭很早就被用于治疗胃病和肠道疾病。考古学研究显示，公元前1500年左右，古埃及人已经开始利用炭来治疗某些疾病，这表明当时的人类已经意识到炭材料的吸附能力和抗菌特性。在古代中国，炭也被作为一种重要的药材使用。明代李时珍所著的《本草纲目》中明确记载了果壳煅炭的医用价值，指出其可以用于治疗痢疾和烂疮。这种传统医学实践反映了古人对炭材料特性的深刻认识，并为后世进一步开发其功能奠定了基础。

然而，直到18世纪末，活性炭才真正进入科学视野并登上历史舞台。1773年，瑞典化学家卡尔·威尔海姆·舍勒（Carl Wilhelm Scheele）首次揭示了木炭的特定吸附能力，这一发现标志着人类对炭材料的认识迈入了一个新的阶段。随后，随着工业革命的到来，活性炭的生产技术得到了迅速发展。1911年，奥地利成功生产出商品化的活性炭，主要用于制糖业中的脱色剂。自此以后，活性炭的应用范围不断扩大，逐渐涵盖了空气净化、溶剂回收、食品保鲜、医药精制、血液净化、防毒面具以及放射性防护等多个领域。特别是在20世纪中期，随着科学技术的进步，活性炭开始朝着“高吸附容量、大比表面积、多形态、高强度、低成本”的方向发展，极大地提升了其实际应用价值。与此同时，人类对炭黑性质的研究也取得了重要突破。最初，炭黑主要被用作油墨原料，但随着对其物理和化学特性的深入了解，其用途逐渐扩展到其他领域。1892年，一种以天然气为原料的炭黑生产工艺被开发出来，成为当时主流的技术路线。到了20世纪初期，科学家们发现气相炭化制备的炭黑对硫化橡胶具有显著的增强作用，从而开启了炭黑在轮胎制造领域的广泛应用。德国在煤基炭黑生产工艺方面进行了大量探索，包括煤基乙炔制炭黑路线和煤焦油芳烃制炭黑路线等。此外，德国还开发出了专门用于汽车轮胎添加剂的“活性”炭黑，进一步提高了轮胎的耐磨性和抗撕裂性能。自20世纪初以来，随着电气行业的迅猛发展，人造石墨逐渐取代了天然石墨。1895年，一种以沥青焦、石油焦和煤焦油为原料的预焙体制备工艺被成功开发，通过高温石墨化处理最终获得人造石墨。这种新材料因其优异的导电性和耐腐蚀性，很快成为电炉炼钢和电解铝电极的理想选择。1942年，高纯石墨开始应用于热中子反应堆，作为燃料区的中子慢化剂、反射层材料以及堆芯内部的结构材料。此后，高纯石墨还被尝试用于核聚变堆的研究中，展现了其在未来能源领域的重要潜力。因而，从18世纪到20世纪早中期，这一时期被划分为炭材料发展的第二阶段。在此期间，大规模工业化生产的烧结炭材料和深加工炭材料相继出现，推动了炭材料在吸附、冶金、机械、化工和核能等领域的广泛应用。这一阶段的发展不仅体现了人类对炭材料认识的深化，也为现代炭材料技术的进一步创新奠定了坚实的基础。

1954 年，美国通用电气公司采用珀西・布里奇曼（Percy Williams Bridgman）开发的高压装置，在 5.5 GPa 压力和 1400 ℃条件下成功实现石墨向金刚石的相变，首次工业化生产出毫米级人造金刚石晶体。这一突破性成果不仅验证了布里奇曼提出的高压相变理论，更开启了超硬材料工业化生产的新纪元。1956 年，苏联科学家鲍里斯・斯皮岑（Boris Spitzyn）和鲍里斯・德米亚宁（Boris Derjaguin）在低压化学气相沉积领域取得突破，开发出甲烷-氢气混合气体在硅基板上沉积合成金刚石薄膜技术，将合成压力降至常压范围。热解石墨的制备技术源于 1950 年美国科学家沃特・布朗（Walter Brown）的创新研究，其采用直流电弧法在 2200 ℃下成功制备出厚度约 50 μm 的热解碳片层。在 1960 年左右，美国已能制取尺寸较大和异形的热解石墨部件，用于航空航天领域。1962 年，中国科学院金属研究所突破异形件成型技术，开发出等静压成型工艺，使热解石墨部件的尺寸精度达到±0.1 mm，1970 年实现年产 50 吨的批量生产，成功应用于东风导弹鼻锥体和长征系列火箭发动机喷嘴以及电子管栅极和人造心脏瓣膜等领域。19 世纪末至 20 世纪初期，英国人约瑟夫・威尔森・斯旺（Joseph Wilson Swan）和美国发明家托马斯・阿尔瓦・爱迪生（Thomas Alva Edison）以木制和竹制纤维为原料合成人造碳丝用作灯泡的灯丝，这是碳纤维最早的雏形。1959 年，美国 Wright-Patterson 空军基地使用黏胶纤维为原料成功批量化制备碳纤维，被用于火箭和导弹喷管的加强；同年，日本人近藤昭男以聚丙烯腈为原料，成功制备出高性能碳纤维，奠定了碳纤维产业化的基础，推动东丽公司 1971 年推出 T300 级碳纤维。聚丙烯腈基碳纤维的广泛应用带来了碳纤维产业的飞速发展。1965 年，日本人大谷杉郎（Otani Sugirou）以聚氯乙烯为原料，开发了沥青基碳纤维的生产工艺；1976 年，美国联合碳化物公司开发中间相沥青基碳纤维，其杨氏模量突破 500 GPa，开创了高模量碳纤维新纪元。20 世纪中期至 80 年代末，新型炭材料呈现爆发式发展，除人造金刚石、热解石墨及碳纤维外，金刚石薄膜、高纯石墨、膨胀石墨、柔性石墨、中间相炭微球等新型炭材料纷纷涌现，推动了炭材料的大发展，这一阶段被划分为炭材料发展的第三阶段。在这一阶段，人们开始关注炭材料的结构调控和性能优化，炭材料也更多地作为结构材料和功能材料进行应用，并展现出强劲的产业化发展态势。

随着现代分析表征技术的发展，尤其是高分辨率电子透射显微镜的出现，一些纳米尺度的碳的同素异形体被观察到。1985 年，英国化学家哈罗德・克罗托（Harold Kroto）和美国科学家罗伯特・柯尔（Robert Curl）、理查德・斯莫利（Richard Smalley）通过激光蒸发石墨靶材的等离子体反应，成功合成由 60 个碳原子构成的封闭笼状结构“C_{60}”分子。因为这个分子结构与建筑学家巴克明斯特・富勒（Buckminster Fuller）设计的穹顶结构高度相似，故将其命名为富勒烯或巴克球[图 1-2(a)]。富勒烯因其独特的零维结构，成为近年来最重要的含碳纳米材料之一。同时，富勒烯具有特殊的光学性质、导电性及化学性质，因此富勒烯及其衍生物在电学、光学、磁学、材料学等方面都得到了广泛的应用。其实，日本的饭岛澄男（Sumio Iijima）早在1980年之前就在高分辨率透射电子显微镜下观察到这种具有洋葱状结构的碳的同素异形体，但他并没有给出富勒烯准确的定义。1991年，饭岛澄男又发现了一种更加奇特的碳的同素异形体，这一类碳的同素异形体是具有管状结构的一维量子材料，被命名为碳纳米管或巴基管[图1-2(b)]。碳纳米管具有许多异常的力学、电学、热学和化学性能，其在电子领域、复合材料领域、新能源领域、环境保护领域、医疗及生物工程领域的广阔应用前景也不断展现出来。2004年，英国曼彻斯特大学的安德烈·盖姆（Andre Geim）和康斯坦丁·诺沃消洛夫（Konstantin Novoselov）发现了一种非常简单的方法，可得到仅由一层碳原子构成的石墨薄片，即石墨烯[图1-2(c)]。石墨烯具有优异的光学、电学、力学特性，在材料学、微纳加工、能源、生物医学和药物传递等方面具有重要的应用前景，被认为是一种未来革命性的材料。2010年，中国科学院化学研究所李玉良团队在石墨炔研究方面取得了重要突破，通过六炔基苯前驱体的热解反应首次合成了石墨炔，开辟了炭材料的新领域。石墨炔是一种新的全碳纳米结构材料，具有丰富的碳化学键、大的共轭体系、宽面间距、优良的化学稳定性，被誉为是最稳定的一种人工合成的二炔碳的同素异形体[图1-2(d)]。由于具有特殊的电子结构及类似硅优异的半导体性能，它有望广泛应用于电子、半导体以及新能源领域。除了富勒烯、碳纳米管、石墨烯和石墨炔外，碳量子点、碳气凝胶、碳纳米纤维、纳米多孔碳等碳材料被陆续发现，因而从20世纪90年代至今被划分为炭材料发展的第四个阶段。在这个阶段，人们开始从纳米尺度定向合成炭材料。碳纳米材料不仅具有炭材料的性质，还具有纳米材料的性质，包括小尺寸效应、表面效应、量子尺寸效应和宏观量子隧道效应，这导致碳纳米材料具有宏观炭材料不可相媲美的物理性质和化学性质，在诸多领域都具有令人期待的前景，炭材料行业的发展也正式进入量子尺度精准调控新阶段。因为绝大多数纳米碳材料都属于碳的同素异形体，所以可称为“碳材料”。

未来的炭材料领域在开发新结构、新特性、新用途方面将会有更深层的发展。为了寻找更多碳的同素异形体，近些年来，科学家们采用动态共价化学和表面合成等非常规的炭材料合成策略，创造新形式的碳，包括富勒烯聚合物、联苯烯网络和环碳等。其中，环碳是由 N 个碳原子组成的分子环，迄今为止已被实验表征的三种为环十碳（$N=10$）、环十四碳（$N=14$）和环十八碳（$N=18$），统一称为环［$4n+2$］碳[图1-3(a)]。显然，环［$4n+2$］碳具有闭壳电子构型与 $4n+2\pi$ 电子，展现出双重芳香性。然而，当 $N=4n$（n 为正整数）时，环［$4n$］碳可能具有双重反芳香性，不过这种环碳分子结构不稳定，难以在实验中进行合成和表征。2023年，苏黎世IBM欧洲研究院与牛津大学团队利用针尖诱导的表面化学方法实现了反芳香性碳同素异形体——环十六碳（cyclo［16］

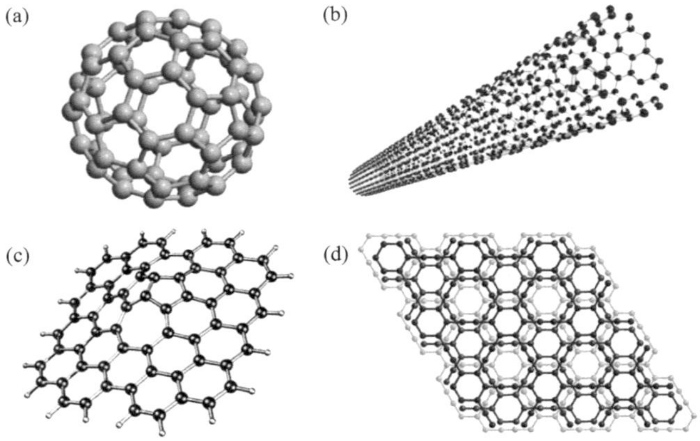

图 1-2　四种典型的碳纳米材料

（a）富勒烯；（b）碳纳米管；（c）石墨烯；（d）石墨炔

carbon，C_{16}）的首次表面合成和表征。环十六碳键长差达 0.15Å(1Å＝0.1nm)，具有双重反芳香性特征和可调控的电荷态（中性/负离子态转换），为量子计算器件开发提供了新平台。2022 年，日本科学家通过 14 个化学反应步骤合成了“莫比乌斯碳纳米带”[图 1-3(b)]，包括新开发的官能化反应、Z-选择性维蒂希反应序列和应变诱导镍介导的同源偶联反应。莫比乌斯碳纳米带的宽度为 3.5 nm，包含 14 个正丁氧基取代基，分子内扭转角达 180°。莫比乌斯碳纳米带的扭曲位置可以在整个分子上灵活移动，展现出独特的动态拓扑特性。此外，具有高张力

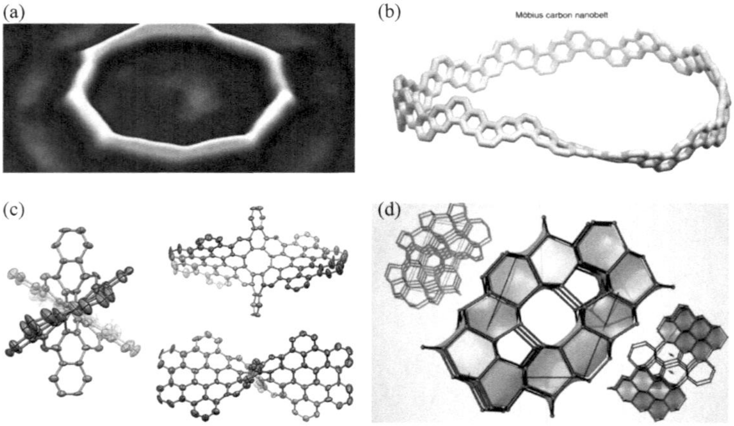

图 1-3　新兴未来炭材料

（a）环碳；（b）莫比乌斯碳纳米带；（c）负曲率碳；（d）新型无定形碳

结构的累积双键碳、具有 π 共轭体系延伸体系的聚炔烃、具有超高比表面积的负曲率碳[图 1-3(c)]、具有超高维氏硬度的新型无定形碳[图 1-3(d)]等都是当前炭材料领域的研究热点，这些炭材料合成方法的突破标志着炭材料领域的研究进入原子级精准设计与跨尺度性能集成的新时代。

从人类文明曙光初现之时，炭材料便已深深融入了我们的历史长河，与人类社会的发展紧密相连。随着科技的进步和研究的深入，炭材料不仅种类繁多，而且性能极为多样，堪称自然界中最神奇的物质之一。可以说没有哪一种材料能够呈现出这样广泛甚至极端对立的性能：最硬（金刚石）-最软（石墨）；优良的绝缘体（金刚石）-优良的导电体（石墨、碳纳米管）；优良的绝热体（石墨层间化合物、炭黑、炭毡）-优良的导热体（金刚石、石墨纤维、碳纳米管）；全透光（金刚石）-几乎全吸光（碳纳米管）等。这些特性使得炭材料在现代工业和技术中扮演着不可或缺的角色。无论是航空航天、电子设备还是能源存储领域，炭材料都以独特的方式推动着科技进步。通过对炭材料的研究，科学家们不断发现新的结构形式，这些碳基新材料为未来前沿的技术突破提供了更多可能性。

第2章 炭材料的结构与性质

碳作为自然界中存在的最基本元素之一，独特的电子结构和成键能力使其成为构成复杂有机及无机材料的核心。从量子化学角度分析，碳原子基态电子构型为 $1s^2 2s^2 2p^2$，通过激发态跃迁（2s→2p）和轨道杂化形成 sp、sp^2、sp^3 等杂化态，这种特性是炭材料结构具有多样性和多尺度的根本原因。结构决定性质，碳原子通过各种杂化形式形成的结构让炭材料的性质也丰富多样。本章介绍了碳在微观和宏观尺度下的结构特征，以及炭材料的物理性质和化学性质。

2.1 炭材料的结构

2.1.1 碳的价键结构

碳在元素周期表中位于第二周期ⅣA 族，原子序数为 6，属于非金属元素。碳的熔点为 3500℃，沸点为 4827℃，所以正常情况下，碳以固体的形式存在于自然界中。碳原子有 6 个核外电子，内层 2 个电子稳定，外层 4 个价电子主导化学活性，基态电子排布为 $1s^2 2s^2 2p^2$，常见的有 3 种杂化形式，分别为 sp、sp^2 和 sp^3 杂化（图 2-1）。sp 杂化是 2s 轨道上的电子和 1 个 2p 轨道上的电子进行杂化，形成的 σ 键轨道空间分布呈直线型，在一条直线上，轨道之间的夹角为 180°，未参与杂化的 p 轨道相互垂直，且都垂直于杂化轨道的对称轴，通过“肩并肩”重叠形成两个 π 键；sp^2 杂化是 2s 轨道上的电子和两个 2p 轨道上的电子进行杂化，形成的 σ 键轨道空间分布呈三角形，在一个面上，轨道之间的夹角为 120°，未参与杂化的 p 轨道垂直于杂化轨道所在的平面，形成离域 π 键，赋予芳香性；sp^3 杂化是第二层轨道上的所有电子都参与杂化，形成的 σ 键轨道的空间分布呈正四面体形，轨道之间的夹角为 109°28′，通过“头碰头”重叠形成四个 σ

键，构成三维刚性网络。

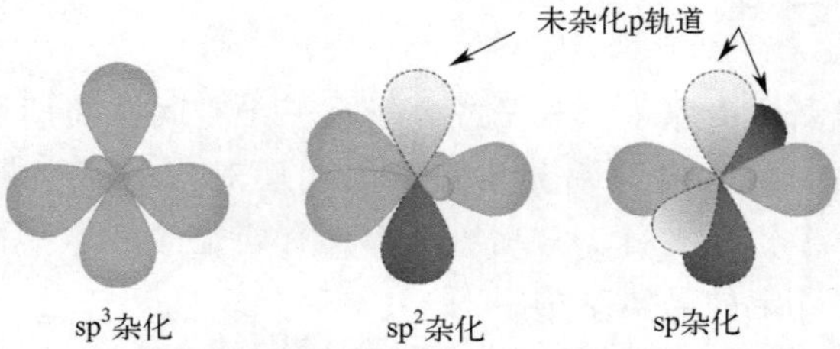

图 2-1 碳原子的杂化形式

依据价键理论，形成共价键时键合原子双方各提供一个自旋方式相反的未成对价电子配对形成稳定的共价键，成键双方的原子轨道尽可能最大程度地重叠以增强电子云密度，降低体系能量。碳原子的化学多样性源于其多样的轨道杂化能力，通过轨道杂化形成的 σ 键和 π 键具有协同作用。碳原子的杂化轨道沿对称轴重叠生成 σ 键，σ 键主要构成分子骨架，sp 杂化形成 2 个 σ 键，sp^2 杂化形成 3 个 σ 键，sp^3 杂化形成 4 个 σ 键。碳原子中未参与杂化且垂直于杂化平面的 p 轨道侧向重叠构成 π 键，π 键使得分子具有反应活性和电子离域性，尤其是苯环中 6 个 p 轨道构成的大 π 键，导致键长平均化和芳香性。另外，碳原子可通过不同杂化态构建多种类型的化学键，可以形成单键、双键和三键，丰富的成键方式让炭材料的种类丰富多样，如表 2-1 所示。值得注意的是，碳纳米管、富勒烯等都属于碳的不等性杂化，即参加杂化的碳原子轨道中所含的未成对电子数不相等，杂化后所生成的杂化轨道的形状和能量不完全等同；而无定形碳、炭黑等分子中包含各种杂化方式。碳的独特地位源于其强大的键合能力，通过单键、双键、三键及大 π 键形成数百万种化合物，它们构成生命体（如蛋白质、核酸）和功能材料（如石墨烯、富勒烯）的核心骨架，因此碳被誉为“生命基石元素”。

表 2-1 碳原子的杂化方式、键型、键能、键长及存在形式

杂化方式	杂化类型	键型	键角	键能/(kJ/mol)	键长/pm	存在形式
sp	等性	C≡C	180°	838	118	炔烃类
sp^2	等性	C═C	120°	612	132	烯烃类
		C═C（苯环）		518	138	石墨等
sp^3	等性	C—C	109°28′	348	153	金刚石等
s/p 比例可变	不等性	σ/π 键组合	非均匀	—	—	富勒烯等
sp^2/sp^3 混合	等性	C═C（苯环）与 C—C	无序	—	—	无定形碳

2.1.2 碳的晶体结构

晶体结构是指晶体中原子、离子或分子在三维空间按周期性规律排列形成的有序结构。任一晶体总可找到一套与三维周期性对应的基向量及与之相应的晶胞。炭材料中，石墨、金刚石、富勒烯等都具有确定的晶体结构，但玻璃炭、炭黑等无定形碳没有确定的晶体结构。

2.1.2.1 石墨

石墨作为碳的同素异形体，其晶体结构呈现多维度键合特征，兼具原子晶体、金属晶体与分子晶体的属性，被归类为混合型晶体。石墨中，在同一层内的碳原子都处于芳香环中，以 sp^2 杂化形成共价键，每个碳原子与相邻两个碳原子通过 σ 键相连，六个碳原子在同一平面上形成正六边形的芳香环，每两个碳原子间的键长为 142 pm，结合力为 120 kcal/mol（1 kcal/mol＝4.184 kJ/mol）。各芳香环以缩聚的形式聚集在一起，构成刚性二维蜂窝晶格，即石墨层。碳原子中未参与杂化的 2p 轨道上的电子形成离域大 π 键，电子云分布于每一层石墨层的上下两侧，π 电子在层内自由移动，形成类自由电子气，使得石墨具有特殊的金属特征。石墨的层与层之间依靠范德瓦耳斯力作用结合在一起。因范德瓦耳斯力较弱，层与层之间结合力小、距离大，可以滑动。理想的石墨层间距为 0.3354 nm，结合力为 20 kcal/mol。石墨层内和层间不同的键合方式也让其诸多性质呈现典型的各向异性，例如层内具有高导电和高导热性、层间易滑移。

石墨层与层之间的相对位置有两种排列方式，因而形成两种石墨晶体结构：六方晶系和三方晶系，三方晶系也称为菱面体型晶系（图 2-2）。六方晶系石墨中，石墨层之间呈 *ABAB* 堆叠方式，即第一层位置与第三层相对应，第二层位置与第四层相对应，六方晶系石墨的晶胞常数 L_a 为 0.2456 nm、L_c 为 0.6696 nm，单晶胞含 4 个碳原子；而在三方晶系石墨中，石墨层之间呈 *ABCABC* 堆叠方式，即第一层位置与第四层才完全对应，三方晶系石墨的晶胞常数 L_a 为 0.2456 nm、L_c 为 1.0044 nm，单晶胞含 6 个碳原子。两种晶系石墨的晶胞结构在 *c* 轴方向的尺寸不同。

大多数的天然石墨和人造石墨都属于六方晶系石墨结构。在结晶较完善的天然石墨中，呈 *ABAB* 堆叠方式的六方晶系石墨占 80%左右，而三方晶系石墨只占 20%左右。当受到机械或化学方法处理后，由于石墨的层间结合力较弱，层间容易滑动，故呈 *ABCABC* 堆叠方式的三方晶系石墨所占比例有所增加。各种人造石墨基本上都是六方晶系石墨，这是因为人造石墨在 3000℃以上的热处理过程中，*ABCABC* 堆叠能量较高，逐渐转变为能量更低的 *ABAB* 堆叠方式，即三方石墨结构逐渐转变为六方石墨结构。三方晶系实际上是一种相对不太稳定的石墨晶体结构。从动力学看，石墨化过程中碳原子迁移需克服势垒，而超过

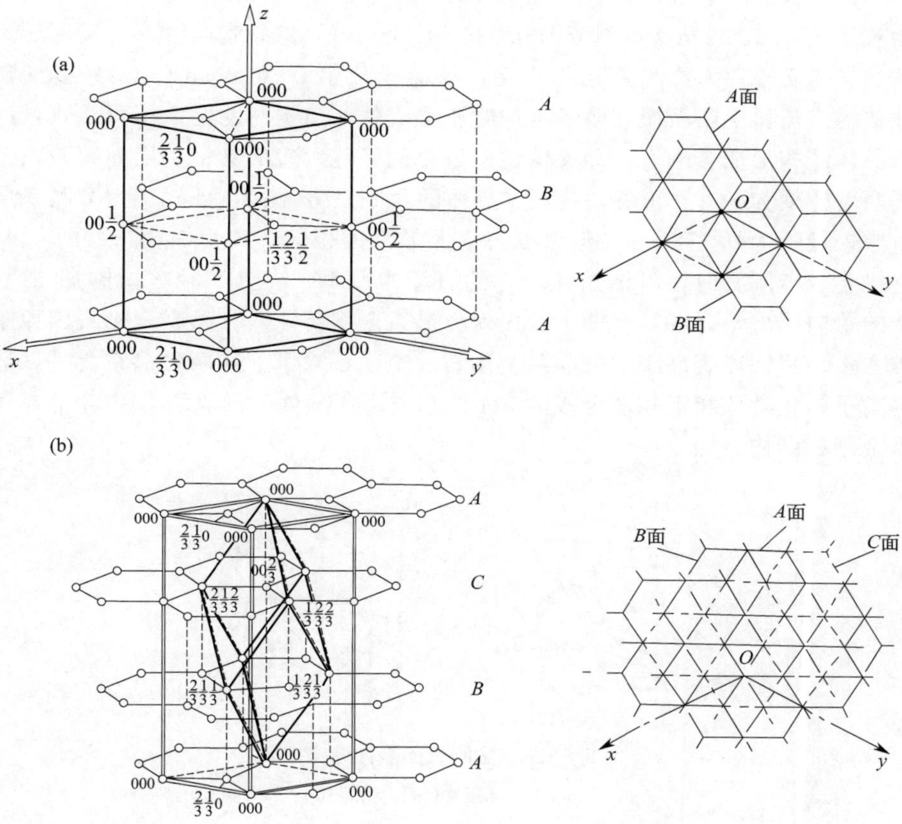

图 2-2　石墨的晶体结构

（a）六方晶系石墨结构及其平面图；（b）三方晶系石墨结构及其平面图

2500℃的高温可提供足够活化能，促使亚稳态的三方晶系结构向稳态六方晶系结构转化。

2.1.2.2　金刚石

金刚石中的碳原子均通过 sp^3 杂化形成共价键，每个碳原子与最近邻的 4 个碳原子键合，构成正四面体配位构型。这种四面体单元通过共享顶点连接，形成无限延伸的三维共价网络，属于典型的原子晶体[图 2-3(a)]。在金刚石晶体结构中，碳原子组成呈椅式构象的六元环，按四面体成键方式互相连接，组成无限的三维骨架，是典型的原子晶体。若以每个碳碳键的中心为对称中心，则和碳碳键两端相连的 6 个碳原子形成交错式排列，形成最稳定的结构。碳碳键贯穿整个金刚石晶体，各个方向都结合完美，因而金刚石晶体不易滑动和解离，结构极其稳定。

绝大多数天然和人工合成的金刚石均属等轴晶系，又称立方晶系。金刚石晶胞参数 a 为 0.356 nm（实测范围 0.356～0.357 nm），晶胞内含 8 个碳原子。极少数的金刚石也以六方晶系结构存在，如蓝丝黛尔石（Lonsdaleite）。蓝丝黛尔石被认为是流星上的石墨在坠入地球时所形成的，撞击时的巨大压力及热量改变石墨晶体结构形成金刚石，却又保留了石墨的平行六边形晶格，层间键合由范德瓦耳斯力转变为 sp^3 共价键，构成了立体的六方晶格[图 2-3(b)]。六方晶系的金刚石中，键长为 0.152 nm，但密度与立方晶系的相同，均为 3.52 g/cm^3。从石墨直接合成金刚石时，以结晶性较好的石墨为原料，在其 c 轴方向施加 13 GPa 以上的单向压力，1000℃下即可合成六方晶系金刚石。六方晶系金刚石因原子层错排增多，脆性显著高于立方晶系金刚石。金刚石除了上述两种晶系之外，还有由等离子体化学气相沉积法合成的 6H 型和极高压条件下形成的 bc-8 型晶系等非典型金刚石结构。

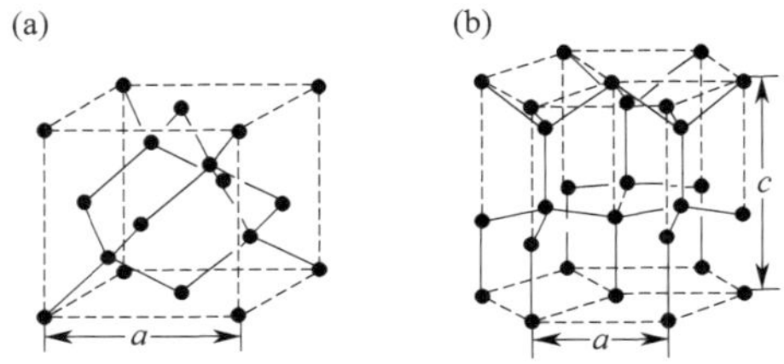

图 2-3 金刚石的晶体结构

（a）立方晶胞；（b）六方晶胞

2.1.2.3 富勒烯

富勒烯家族（fullerenes）是由碳原子构成的闭合笼状分子，通式为 C_n（$n \geqslant 20$），包括 C_{20}、C_{60}、C_{70}、C_{76}、C_{80} 等异构体。其中，C_{60} 因结构稳定性和对称性成为富勒烯的典型代表，其分子构型遵循欧拉多面体定理，由 12 个五边形和 20 个六边形组成 32 面体，碳原子分别位于 60 个顶点处，形成类足球状拓扑结构[图 2-4(a)]。每个碳原子与 3 个碳原子相连。每个五边形被 5 个六边形包围。在有些文献中将每个碳原子与相邻的 3 个碳原子构成的共价键划分为两个碳碳单键和一个碳碳双键，事实上 C_{60} 分子中碳原子的杂化形式介于 sp^3 杂化和芳香碳的 sp^2 杂化之间，是 s 轨道约占 30%和 p 轨道约占 70%的 $sp^{2.28}$ 的不等性杂化。C_{60} 分子有 30 个六元环与六元环交界的键，称为[6,6]键，60 个五元环与六元环交界的键，称为[5,6]键，[6,6]键相对[5,6]键较短。[6,6]键的键长约为 0.139 nm，[5,6]键的键长约为 0.145 nm。[6,6]键的键长短、键能高，有更多碳碳双键的性质，成为亲核加成和环加成的主要反应位点；五元环被看作是环戊二烯或五元轴烯，具有顺磁性，影响整体磁学性质。C_{60} 分子中六元环可类比苯环的离

域 π 体系，但整体分子因球面弯曲呈现缺电子性，易接受电子形成阴离子，如超导材料 K_3C_{60}。

C_{60} 分子通过范德瓦耳斯力凝聚形成原子团簇，其晶体结构受制备条件调控。C_{60} 的原子团簇结构也丰富多样，通过真空升华方法制备的 C_{60} 原子团簇具有面心立方结构，晶胞常数为 1.417 nm，呈现 ABCABC 的堆积方式[图 2-4(b)]；而在溶液中生长制备的 C_{60} 原子团簇有可能呈现面心立方晶型结构、斜方晶型结构、六方密堆积晶型结构等，取决于溶剂种类，可能会形成 ABAB 堆积方式。尽管 C_{60} 的分子中存在[5,6]键和[6,6]键，但是通过核磁共振分析时，仅有一个碳的特征峰，这说明原子团簇晶格中的 C_{60} 分子随时都在做高速无取向的自由旋转，研究表明其转速可达 1 亿圈/s。

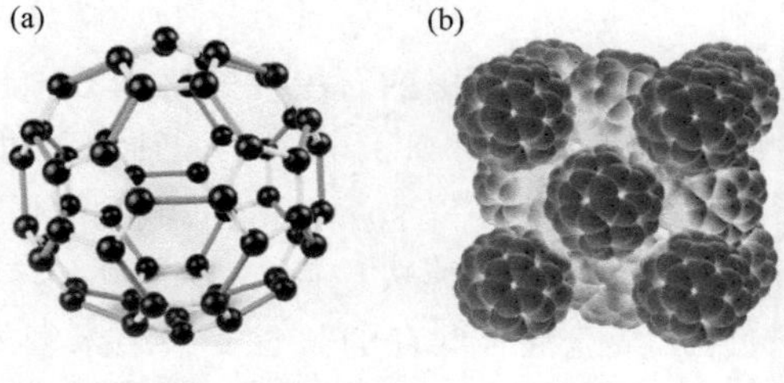

图 2-4 C_{60} 分子结构与原子团簇

(a) C_{60} 分子结构；(b) C_{60} 原子团簇

2.1.2.4 石墨烯

石墨烯是由苯环高度紧密缩聚形成的具有蜂窝状的二维材料[图 2-5(a)]。石墨烯中的碳均以 sp^2 杂化形成 σ 键，键长约为 0.142 nm，相邻两个键之间的夹角为 120°，未参与杂化的电子一起形成离域大 π 键，其电子云分布于石墨烯层上下。根据堆叠层数的不同，石墨烯可分为单层石墨烯、双层石墨烯、少层石墨烯（3～10 层）和多层石墨烯（>10 层）。单层石墨烯具有一个原子层的厚度，双层及以上的石墨烯的层与层之间是由范德瓦耳斯力作用在一起，双层石墨烯的堆积方式有 AA 堆积或者 ABAB 堆积，而少层石墨烯和多层石墨烯是以 ABAB 或 ABCABC 的方式堆积，跟石墨相同。石墨烯离域大 π 键的电子行为高度依赖于层数，单层石墨烯具有狄拉克费米子行为，载流子有效质量为零，呈现室温半整数量子霍尔效应；双层石墨烯当外加电场时可诱导带隙开口，实现金属与半导体之间的转变；3 层及以上的石墨烯层间轨道杂化使能带结构接近体相石墨，电导率提升但失去了量子限制效应，故当石墨烯层数超过 3 层时，石墨烯的一些独特的性质就会消失。单层石墨烯的晶体结构并不是完全平整的，呈“波浪起伏”状，这是由于 sp^2 键合蜂窝晶格只能提供面内的刚性，而动态波纹通过热力学涨落释放面外应力，从而保持稳定性[图 2-5(b)]。

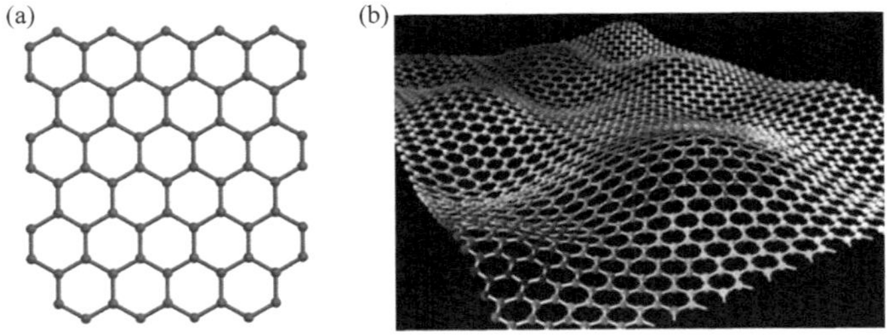

图 2-5　石墨烯分子结构与“波浪起伏”的平面

（a）石墨烯分子结构；（b）石墨烯平面

2.1.2.5　碳纳米管

碳纳米管可以认为是由单层或多层的石墨烯围绕中心轴按一定的角度卷曲而成的无缝管状结构，径向尺寸一般为 0.4～5 nm，轴向尺寸目前最大可达厘米级。理论上，碳纳米管中的碳原子是以 sp^2 杂化方式与相邻 3 个碳原子形成共价键，但实际上因为某些键发生弯曲，形成空间拓扑结构，其中可形成一定的 sp^3 杂化键，即呈现 sp^2 和 sp^3 杂化混合共存的状态。碳纳米管外层形成的高度离域的大 π 键，是碳纳米管与一些具有共轭性能的大分子以非共价键结合的基础。对于管径较大的碳纳米管，曲率张力小，其碳原子杂化方式更接近 sp^2 杂化；直径较小的碳纳米管，其高曲率迫使键角压缩，sp^3 杂化的比例也大；碳纳米管的轴向伸缩及弯曲形变也会改变 sp^2 和 sp^3 杂化的比例。根据层数不同，碳纳米管可以分为单壁碳纳米管和多壁碳纳米管。多壁碳纳米管是由许多单壁碳纳米管同轴套构而成，层数一般在 2～50 之间，层与层之间的距离约为 0.34 nm。

碳纳米管的实际结构比理想模型复杂得多，由同心石墨烯和卷曲石墨烯混合组成，它不仅全由六边形环组成，而且含有一些五边形环和七边形环；另外，结构中存在大量位错与缺陷。因而，碳纳米管并不完全是直的或直径均匀的，而是局部区域会出现凹凸弯曲现象，呈现出圆柱形、线圈形、环形、竹节形等多种形态。出现五边形时，引入正曲率，张力导致碳纳米管凸起，如果五边形正好出现在碳纳米管顶端，即形成碳纳米管封口；出现七边形时，引入负曲率，碳纳米管则凹陷。观测发现多数碳纳米管的两端是闭合的，但也可以是敞开的。

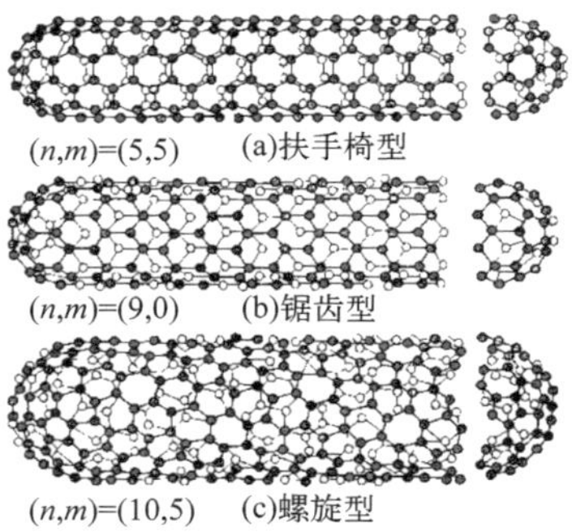

图 2-6　碳纳米管的结构分类

按照碳六边形沿中间轴的取向不同，所获得的碳纳米管的结构也不同，可以分为扶手椅型、锯齿型和螺旋型三种（图 2-6）。可以使用螺旋角的角度进行区分，螺旋角为 0°时，碳纳米管是锯齿型；当螺旋角为 30°时，碳纳米管是扶手椅型；当螺旋角介于 0°～30°之间时，碳纳米管是螺旋型。其中，锯齿型和扶手椅型不具有手性，而螺旋型具有手性。

2.1.2.6 石墨炔

石墨炔是由 1,3-二炔键将苯环共轭连接形成二维平面网络结构的全碳分子。其中，1,3-二炔键是 sp 杂化，赋予石墨炔线型结构和方向性电子传输能力；苯环是 sp^2 杂化，提供平面共轭体系，键长分别为 0.120 nm 和 0.142 nm。每个苯环通过三个炔键与相邻苯环相连，构成由 18 个碳原子围成的大三角形环孔洞，其孔径约为 0.250 nm。单层石墨炔平面为了保持结构的稳定性，在无限的平面扩展延伸过程中，会形成一定的“褶皱”。石墨炔是单原子层，可以通过范德瓦耳斯力作用，形成多层石墨炔薄膜，石墨炔薄膜的层间距为 0.365 nm，少层石墨炔薄膜厚度可以控制在 15～500 nm 之间。石墨炔的堆积方式有三种，不同的堆积方式导致性质差别非常明显（图 2-7）。β_1 和 β_2 的堆积方式比 β_3 更加稳定，以 β_1 和 β_2 方式堆积的石墨炔具有半导体特性，而以 β_3 方式堆积的石墨炔具有金属特性。石墨炔的堆积方式通过层间相互作用和电子结构调控，进而实现从半导体到金属性的连续转变。石墨炔堆积形成三维层状结构后，由 18 个碳原子组成的三角形孔洞在空间上构成均匀分散的三维孔道。

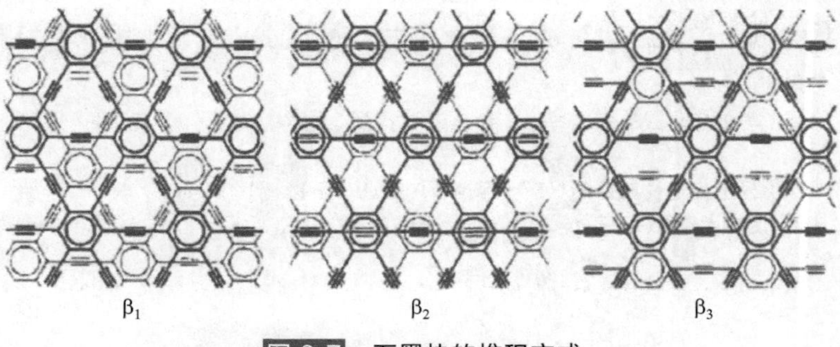

图 2-7 石墨炔的堆积方式

2.1.3 芳香簇与碳质液晶

有机小分子在形成绝大多数炭材料的过程中，先发生环化和芳构化反应，生成芳香族化合物。芳香族化合物边缘继续发生环化、交联和芳构化反应，或者芳香族化合物之间发生缩聚反应，导致芳香族化合物的平面越来越大，构成片状的稠环芳烃大分子。需要注意的是，两个及以上的苯环缩聚在一起就可称为稠环芳烃，如萘、蒽、菲等都属于稠环芳烃；而这里所提到的片状稠环芳烃大分子主要是指具有一定缩聚程度的、宏观体系呈现出沥青状的物质。此外，在有的文献中，将这种片状的稠环芳烃大分子称为芳香簇。事实上，芳香簇来源于英文中的aromatic cluster，也可译作芳香族群。随着反应的继续进行，片状稠环芳烃大分子开始聚集在一起为了平行堆积做准备，此时形成的团簇即为芳香簇[图 2-8(a)]。芳香簇是一类具有芳香特征的原子或分子团簇，其核心特征是具有芳香性，即电子离域带来的稳定性。传统芳香簇主要指的是有机芳香簇，这类芳香簇由苯环通过缩聚形成，具有平面或接近平面的环状结构，是定义单个分子的概念。在炭材料领域，传统意义上的芳香簇应等同于稠环芳烃片状大分子，而炭材料领域中提到的芳香簇应是稠环芳烃片状大分子的聚集体，且是没有按照一定规律堆砌的聚集体。

在有机质炭化过程中，当缩合稠环芳烃片状大分子形成得足够大时，所形成的芳香簇内部间隙逐渐变小，各个片状大分子之间的距离开始逐渐缩短，它们之间的相互作用力逐渐增强。在分子间作用力的作用下，稠环芳烃片状大分子发生定向排列并开始有序堆积，为使表面能最小，它们自组装形成片状分子球形堆积体，该堆积体被称为基本构筑单元[图 2-8(b)]。这些堆积体聚集在一起不断发生融并和长大就形成了中间相球体，它是沥青类有机化合物由液态向固态过渡转化时的中间状态，称为碳质中间相。而中间相球体具有光学各向异性和热致有序性的特征，展现出液晶的状态，因而也被称为碳质液晶。碳质液晶是芳香簇从无序聚集向有序聚集转变的产物。值得注意的是，在有序化的过程中，芳香簇中各稠环芳烃片状大分子的尺寸也可能在逐渐长大。碳质液晶的分子组成与结构仍然体现出混合物的特征。

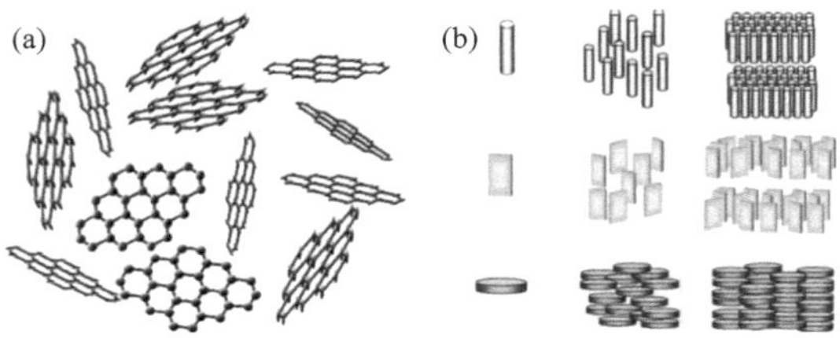

图 2-8 芳香簇与碳质液晶的基本构筑单元

(a) 芳香簇；(b) 碳质液晶的基本构筑单元

2.1.4 石墨微晶

1936 年，Hoffman 与 Wilm 通过 X 射线衍射技术研究炭黑结构时首次发现其与石墨晶体结构的本质差异。炭黑中碳原子排列不是石墨特征性的长程有序层状堆积，而是形成由平行堆叠的石墨层构成的短程有序结构。该结构中层间距

d_{002} 达到 0.343～0.346 nm，显著大于理想石墨 0.3354 nm 的层间距。基于此，他们提出了由石墨层平行堆积形成的短程有序排列结构模型，相较于理想石墨的层间距，炭黑中短程有序的石墨层间距明显更大。这一发现为后续石墨微晶结构的研究奠定了重要基础。

1942 年，Biscoe 与 Warren 进一步提出“乱层结构”概念，用以描述一种短程有序但长程无序的特殊结构，其本质是炭化过程中形成的稠环芳烃片状大分子虽呈现平行堆垛趋势，但层间未形成 *ABAB* 的周期性排列，且层平面内存在局部无序特征（图 2-9）。乱层结构的核心特征体现在两个方面：其一，石墨层平面尚未扩展至足够大的尺寸；其二，层间堆积方式亦未表现出三维有序性。具体而言，在乱层结构中，石墨层平面可沿 a 轴方向随机平移，亦可绕 c 轴方向随机旋转，这种无序的排列模式导致其无法形成三维周期性结构。参照晶体学中“晶畴”的定义，这类短程有序的石墨层平行堆积结构被界定为石墨微晶，或石墨微畴。

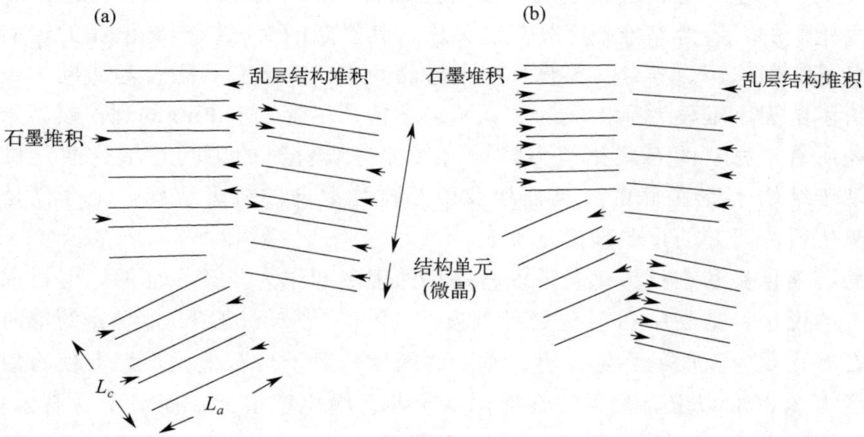

图 2-9 石墨微晶堆叠与乱层结构堆叠的区别

（a）石墨微晶内的乱层结构堆积；（b）单个石墨微晶的乱层结构堆积

石墨微晶与石墨微晶之间可以是完全无序或者相对有序的状态，而单个石墨微晶内部则保持着相对有序的结构特征。实验测定数据显示，石墨微晶的结构参数表现为：层平面内 L_a 为 2.1～12 nm，层堆叠高度 L_c 为 0.9～18 nm。以分子直径约 0.58 nm 的苯环为基本结构单元推算，每个石墨微晶中石墨层平面的面积大致相当于 4×4～20×20 个苯环缩聚形成的区域；在层堆叠高度方向，每个石墨微晶约包含 3～53 层石墨层。

石墨微晶的概念要和石墨单晶区别开。石墨单晶是指石墨内部除因缺陷导致的局部取向性差异外，其余区域的晶体学取向高度一致，从而表现出晶体固有的各向异性特征的石墨。其宏观外形既可为规则多面体，亦可呈不规则任意形态。在高炉炼铁过程中，从铁熔体中析出的高炉石墨，又称结集石墨，其结构与天然鳞片石墨高度相似，属于结晶完善的石墨单晶。

2.1.5 易石墨化炭和难石墨化炭

1951 年，Franklin 在研究高分子炭化和石墨化过程中发现，有一类炭经过 2000°C 的石墨化处理即可形成三维有序的石墨结构；而另一类炭无论经过多高温度的石墨化处理，都不会完全形成石墨结构。Franklin 将加热到 3000℃后可以转化为结晶石墨的炭称为易石墨化炭，而在任何温度下都不会转化为石墨的炭称为难石墨化炭。为阐释这一现象的内在机制，Franklin 提出结构演化假说：易石墨化炭的微观结构特征在于其石墨微晶呈现近似平行排列的有序结构，具有较高的结构有序度；在石墨化热处理过程中，这些有序排列的微晶能够通过界面融合与定向生长，逐步组装形成宏观尺度的连续石墨晶体结构。与之形成对比的是，难石墨化炭的石墨微晶堆叠序列高度无序，其复杂的交联结构对微晶的定向排列产生显著抑制作用，导致石墨化过程中微晶间难以发生有效融合与协同生长，最终保留了由无序堆叠微晶构成的交联网络结构。尽管 Franklin 的理论模型未能完全涵盖所有炭材料的石墨化行为特征（如部分炭材料的中间态结构演化机制），但其基于结构-性能关联的分类框架及微晶排列取向的机理解释，至今仍是炭材料石墨化行为研究的重要理论基础。

易石墨化炭和难石墨化炭是以石墨化处理温度作为分类标准的，但目前仍没有统一的说法。文献中石墨化处理温度用 2000℃、2500℃和 3000℃的都有。然而，石墨化反应温度的界定并不是重要的因素，对于难石墨化炭，即使石墨化处理温度为 3000℃以上，都无法石墨化，或者石墨化度很低；而对于易石墨化炭，即使在 2000℃甚至更低的温度下进行石墨化处理，都能形成明显的石墨晶体结构，石墨化度高。

易石墨化炭也称为软炭，其石墨微晶在炭化初期即呈现近似平行的层状堆砌趋势，在高温石墨化过程中，微晶通过界面滑移和定向融合，最终形成连续的石墨层状结构，层内碳原子排列规则，层间以范德瓦耳斯力结合。易石墨化炭的孔隙率低，高温可以让绝大多数孔隙闭合，使得结构致密化。难石墨化炭也称为硬炭，其石墨微晶排列高度无序，存在大量弯曲、交联的结构，炭化过程中形成的桥架结构阻碍了微晶的定向移动，导致层间堆叠杂乱，即使高温处理，石墨微晶的交联网络仍会保留，形成湍流无序结构。难石墨化炭的孔隙率高，包含大量的微孔，孔隙在高温石墨化作用下难以消除，形成刚性骨架。

迄今为止，有不同的结构模型用于描述易石墨化炭和难石墨化炭，最具代表性的仍为 Franklin 模型[图 2-10(a)]。难石墨化炭的结构模型存在一些争议，除了 Franklin 模型，Kawamura 模型[图 2-10(b)]和 Shiraishi 模型[图 2-10(c)]都常用于难石墨化炭结构的描述。不同原料及方法制备的难石墨化炭具有不同的结构特征，例如以煤焦油为原料采用热缩聚法制得的难石墨化炭更贴近于 Kawamura 模型；以高分子为原料采用热解法制得的难石墨化炭更倾向于 Shiraishi 模型。

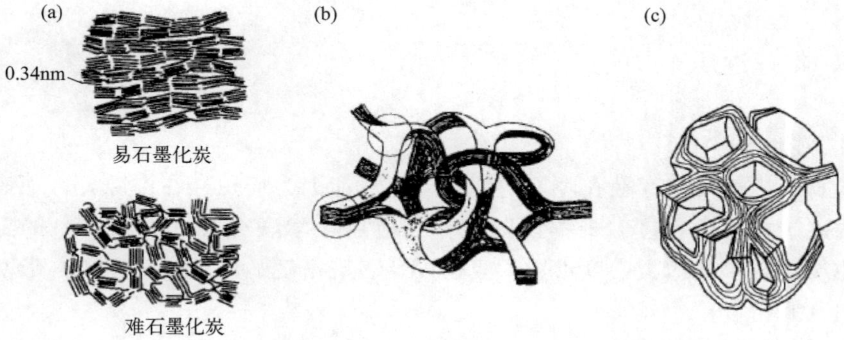

图 2-10 易石墨化炭和难石墨化炭的结构模型

(a) Franklin 模型；(b) Kawamura 模型；(c) Shiraishi 模型

2.1.6 石墨晶体的各向异性

石墨晶体的各向异性源于其独特的层状晶体结构，表现为不同晶体学方向上力学与物理性质的显著差异。石墨微晶和石墨单晶都具有各向异性，但由石墨微晶组成的多晶体炭材料不一定是各向异性，只有石墨微晶面取向或轴取向比较一致时，才具有各向异性，而点取向或无序取向结构的炭材料展示出各向同性。石墨晶体的各向异性体现在微观和宏观两个层面。微观层面主要是指单个石墨微晶的各向异性，主要体现在与石墨层平行和垂直方向上的区别，即沿着 a 轴和 c 轴方向上的区别。石墨微晶层内是高度缩聚的稠环结构，因而在 a 轴方向具有较高的弹性模量和热导率；而层间是通过范德瓦耳斯力结合在一起的，具有大量可自由移动的 π 电子，因而在 c 轴方向具有优异的电导率。

石墨晶体的各向异性导致石墨类材料也具有各向异性，单晶石墨、热解石墨、天然石墨的线（体）胀系数、热导率、电导率、磁阻强度、弹性模量等随取向的不同具有不同的数值，因而这些物理量具有方向性，统称为有向物理性能；密度、比热容、气孔率、碳氢比等不随取向的不同而发生变化，因而不具有方向性，统称为无向物理性能。石墨微晶和石墨单晶的各向异性非常显著。对于由石墨微晶构成的多晶石墨，其各向异性来源于内部石墨微晶取向的不均匀性。多晶石墨中石墨微晶取向不是随机分布的，而是在某些方向上有所偏重，这种取向称为石墨微晶的择优取向。因此常用石墨微晶的择优取向来表征宏观多晶石墨的各向异性。

2.2 炭材料的性质

2.2.1 物理性质

2.2.1.1 密度

炭材料内部可能存在孔隙和内缝，外部可能因为堆积存在空隙，因而有多种方法描述炭材料的密度，根据国际纯粹与应用化学联合会（IUPAC）的定义体系，主要包含以下四类密度参数：真密度、表观密度、堆积密度和颗粒密度。

（1）真密度

真密度是指炭材料实实在在的密度，即不计入炭材料内部和外部的孔隙和空隙，是炭材料绝对致密状态下质量与真实体积的比值。其中，真实体积包含晶体骨架体积及晶格缺陷体积，但不含任何孔隙，反映材料本征致密性，对评估炭材料的结晶度与烧结程度具有重要价值。数学表达式为：

$$D_{\mathrm{t}}=\frac{m}{V_{\mathrm{t}}} \tag{2-1}$$

式中，D_{t} 为真密度，$\mathrm{kg/m^3}$；m 为质量，kg；V_{t} 为真实体积，$\mathrm{m^3}$。

（2）表观密度

表观密度是指在计入炭材料内部的孔隙体积，而不计入外部因堆积产生空隙的条件下所得到的密度，是炭材料的质量和表观体积的比值。其中，表观体积包含闭孔体积，适用于评估多孔炭材料的微观结构特征，在活性炭吸附性能研究中具有重要作用。数学表达式为：

$$D_{\mathrm{a}}=\frac{m}{V_{\mathrm{a}}} \tag{2-2}$$

式中，D_{a} 为表观密度，$\mathrm{kg/m^3}$；m 为质量，kg；V_{a} 为表观体积，$\mathrm{m^3}$。

（3）堆积密度

堆积密度是炭材料堆积时产生的密度，计入所有的内部和外部的孔隙和空隙的体积，是炭材料的质量和堆积体积的比值。堆积密度是评价炭材料流动性、填充性能的核心指标，直接影响工业生产中的配料精度与成型质量。

$$D_{\mathrm{b}}=\frac{m}{V_{\mathrm{b}}} \tag{2-3}$$

式中，D_{b} 为堆积密度，$\mathrm{kg/m^3}$；m 为质量，kg；V_{b} 为堆积体积，$\mathrm{m^3}$。

(4) 颗粒密度

颗粒密度是针对颗粒状炭材料而言的，例如颗粒活性炭。它是炭材料颗粒的质量和颗粒体积的比值。颗粒体积包含颗粒内部孔隙但排除颗粒间的空隙。

$$D_p = \frac{m}{V_p} \tag{2-4}$$

式中，D_p 为颗粒密度，kg/m^3；m 为质量，kg；V_p 为颗粒体积，m^3。

上述四个密度在炭材料行业都有应用，有明确的国标规定了这些密度的测量方法，例如《炭素材料体积密度、真密度、真气孔率、显气孔率的测定方法》(GB/T 24203—2024) 及《木质活性炭试验方法　表观密度的测定》(GB/T 12496.1—1999) 等。此外，有的炭材料因为自身结构特征的原因，某些密度很难测量，例如活性炭含有发达的孔隙结构，但有些孔隙在制备活性炭的过程中被堵住了，形成盲孔，这部分孔隙的体积目前还很难测准，无法获得准确的体积计算真密度，因而在活性炭行业很少使用真密度。

2.2.1.2 吸附性

吸附是指两相物质接触时，某一相或者该相中的某一组分在分子间作用力或化学键的作用下，在两相的界面上发生富集而导致浓度或密度发生变化的现象。被吸附的物质为吸附质，具有吸附作用的物质为吸附剂。常见的吸附过程多为固体吸附剂对流体介质中的原子、分子或离子进行吸附，包括气相吸附和液相吸附。吸附和吸收并称为吸着，与吸收不同的是，吸附过程中的物质不会穿过相界面和另一相中的某一组分或多个组分发生化合反应而进行均匀地融合。吸附质自发或非自发地离开相界面而使富集效果减弱的现象被称为脱附。

炭材料的吸附性来源于疏松的结构、发达的孔隙和较大的比表面积。炭材料中有专用的吸附材料，如活性炭、活性碳纤维等。炭材料的孔根据贯通性分为开气孔、闭气孔和贯穿气孔。开气孔是指孔的一端与炭材料的表面相贯通，与外界相连，吸附质能够进入到孔隙中；闭气孔则是完全藏在炭材料内部的盲孔，不与外界相连，吸附质不能够进入到孔隙中，因而不具备吸附能力；贯穿气孔则是贯穿炭材料的结构，孔隙的两端均与外界相连，吸附质能够从一端进入到孔隙中，也能从另一端出去。开气孔是正常的孔，闭气孔和贯穿气孔都是因为制备过程中反应条件不合适产生的，应该尽量避免这两种孔的产生。吸附过程属于传质过程，通常吸附质由于浓度差可在相内发生传递作用，在相界面处富集。与其他传质过程不同的是，吸附过程一般不发生相与相之间的直接传递。因此，相界面的大小对吸附质富集量的多少起到了决定性的作用，进而决定了吸附剂的吸附能力。固体吸附剂外表面的面积是有限的，往往通过物理或化学方法扩大其内表面积，即形成发达的孔隙结构，提升吸附能力。

据国际纯粹与应用化学联合会（IUPAC）规定：直径小于 2 nm 的为微孔，2～50 nm 的为中孔，大于 50 nm 的为大孔。微孔有着与被吸附物质的分子属于同一量级的有效半径，是活性炭最重要的孔隙结构，决定其吸附量的大小；中孔作为不能进入微孔的较大分子的吸附位，对吸附量存在一定的影响，也起到大孔和微孔之间的吸附通道作用；大孔一般作为吸附质进入中孔和微孔的通道，对吸附过程影响不大。比表面积是指单位质量物料所具有的总面积，炭材料的比表面积包括内表面积和外表面积，吸附性主要源于内比表面积的作用。一般情况下，炭材料的比表面积越大，代表吸附能力越强。

根据吸附质和吸附剂表面作用的区别，可将炭材料的吸附分为物理吸附和化学吸附（图 2-11）。物理吸附是指吸附质与吸附剂表面之间通过分子间作用力进行的吸附，因而又称为范德瓦耳斯吸附。当吸附质与吸附剂表面的作用力大于吸附质分子内部的引力时，吸附质被吸附在吸附剂的表面，反之则称为脱附或者解吸。物理吸附过程中，没有化学键的形成，吸附质和吸附剂之间的结合作用很弱，因而吸附质容易发生脱附。例如，随着温度升高，分子运动增强，被吸附的吸附质极易脱附下来，吸附量下降。物理吸附有以下特点：①气体的物理吸附类似于气体的液化或蒸气的凝结，故物理吸附热较小，与相应气体的液化热相近，气体或蒸气的沸点越高或饱和蒸气压越低，它们越容易液化或凝结，物理吸附量就越大；②物理吸附一般不需要活化能，故吸附和脱附速率都较快，任何气体在任何固体上只要温度适宜都可以发生物理吸附，没有选择性，物理吸附是可逆的；③物理吸附可以是单分子层吸附，也可以是多分子层吸附；④被吸附分子的结构变化不大，不形成新的化学键，故红外、紫外光谱图上无新的吸收峰出现，但可有位移。化学吸附是指吸附质与吸附剂之间形成了化学键而产生的吸附，需要一定的活化能，故又称活化吸附。由于固体（吸附剂）表面存在不均匀力场，表面上的原子往往还有剩余的成键能力，当吸附质分子碰撞到吸附剂表面时，便与固体表面的原子发生电子交换、转移或共有，形成新的共价键或配位键，因而产生吸附作用。化学吸附过程中产生的化学键亲和力的大小取决于吸附质和吸附剂的分子特征，但远超过范德瓦耳斯力的作用，因而吸附作用力远大于物理吸附。化学吸附通常是不可逆的，一方面因为化学吸附产生的作用力很强，一般条件下很难脱附；另一方面因为脱附后的吸附质常常发生分子结构的改变，不再是原有的分子结构。化学吸附的速率大多进行得较慢，吸附平衡也需要相当长时间才能达到，升高温度可以大大地增加吸附速率；化学吸附的脱附也不易进行，常需要很高的温度才能让吸附质脱离吸附剂表面。化学吸附主要有以下特点：①化学吸附所产生的作用力与化学键力相当，远强于范德瓦耳斯力，具有明显的不可逆性；②吸附过程产生的吸附热近似等于反应热，吸附热和不可逆性是判断化学吸附的重要依据；③化学吸附是单分子层吸附；④化学吸附具有活化能和选择性。

2.2.1.3 气孔渗透性

炭电极、石墨电极与炭块等炭材料都含有一定的气孔，因而具有气孔渗透

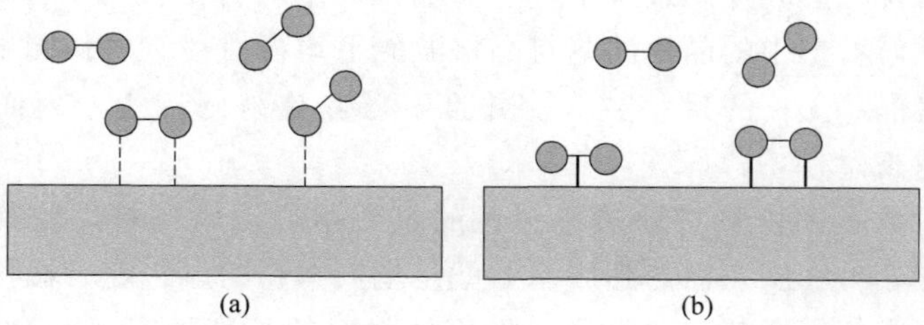

图 2-11 物理吸附与化学吸附

(a) 物理吸附；(b) 化学吸附

性，即在一定压力下，气体可以透过炭材料的性质。气体在炭材料中渗透流动的过程可分为三种。

(1) 黏性流动

常压下，当炭材料的孔径远大于气体的平均自由程时，气体分子与孔壁碰撞占主导，气体在孔径内的流动属于黏性流动，常见于常压下大孔的渗透过程。

(2) 滑动流动

如果气体压力减小，使气体分子的平均自由程接近孔径时，呈滑动流动，该模式对应中孔的渗透行为。

(3) 自由流动

当气体压力不大，并在毛细管内流动时，分子间碰撞可忽略，气体分子的平均自由程大于孔径，呈自由流动。自由流动大多发生在微孔中。

只有贯穿的气孔才具有气体渗透性，而与炭材料的气孔率、比表面积等参数并无直接关系。炭材料结构的致密性对气体渗透性具有显著影响，例如一般石墨的气体渗透率约为 $0.1\sim10\ cm^2/s$，而经过浸渍处理制得的不透性石墨的气体渗透率约为 $1\times10^{-8}\ cm^2/s$，玻璃炭和热解炭等结构更为致密的炭材料的气体渗透率可低至 $1\times10^{-12}\ cm^2/s$。在一些特殊领域应用的炭材料，对气体渗透性具有严格的行业标准，由相应的国标指导气体渗透率的测定，例如《铝用炭素材料检测方法，第 10 部分：空气渗透率的测定》(YS/T 63.10—2012)。

2.2.1.4 热学性质

绝大多数炭材料的导热性都非常好，如金刚石、高导热石墨等，如表 2-2 所示。导热是依靠电子、原子、分子和晶格热运动来传递热量的。炭材料导热主要依靠晶格结构振动产生晶格波的方式来传递能量，物理学中称它为声子传递能量。石墨类炭材料导热具有明显的各向异性，即石墨晶面方向具有优异的导热性，而在晶面之间导热性很差。石墨类炭材料中石墨层的择优取向限制了其在垂直晶面方向上的导热能力。热导率是评价炭材料导热性的重要指标。炭材料中，金刚石等具有规则晶体结构的材料都具有很高的热导率，而石墨等材料的热导率跟石墨化度密切相关。导热过程中产生的晶格波平均自由程与石墨微晶中 L_a 尺寸成正比例，而石墨中的晶格缺陷对晶格波的平均自由程有负面影响，石墨化度越高，石墨微晶中 L_a 的尺寸越大，并且石墨晶格缺陷越少，因而石墨化度越高、热导率越高。

热膨胀系数是评价炭材料热稳定性的重要指标。炭材料，尤其是石墨类材料，在受热时容易膨胀，而热膨胀系数就是指炭材料的体积随着温度的升高而增大的比例，通常使用线热膨胀系数（即固体材料的长度随温度升高而变化的量）来衡量。石墨类炭材料的线热膨胀系数也具有明显的各向异性。石墨电极在高温下会膨胀，为抵消热膨胀造成的应力，需要提前采取一些措施。热膨胀系数与炭材料的抗热震性、受热冲击时内部热应力的分布和大小密切相关，必须考虑线膨胀系数的匹配和差异对结构、性能的影响。

热抗震性是另一个评价炭材料热稳定性的重要指标。炭材料具有良好的导热性和力学性能，因而经常会被用于温度骤冷骤热交替变化的领域。当温度急剧地交替变化时，炭材料内部未被及时移走的热量就会产生温度梯度，导致内部膨胀和收缩同时发生而产生内应力，当内应力超过材料的结构强度时，炭材料就会发生开裂、破损等。热抗震性越好的炭材料抵抗因温度急剧变化产生的热冲击的能力就越强。

表 2-2 部分炭材料和常见物质的热导率、热膨胀系数及热抗震性

材料	热导率/[W/(m·K)]	热膨胀系数/(10^{-6}/K)	热抗震性
石墨烯	4840±440	0.5	极佳
金刚石	900~2320	1.0	优秀
碳纤维	2000	23	良好
石墨	2000~2500	1.2	中等
银	429	23.1	优秀
铜	401	17.7	优秀
铁	80	12.0	良好
氧化铝	30	8.0	较差
氮化铝	170~200（室温）	4.5	优秀
碳化硅	120~150	4.0	良好
聚乙烯	0.16	100~200	差
尼龙	0.24	80	中等
水	0.6	207（0~100℃）	差

2.2.1.5 电学性质

炭材料中既有超导体（石墨烯），又有半导体（石墨），还有绝缘体（金刚石），展现出从绝缘体到超导体的连续电学性质分布，其本质源于碳原子杂化方

式与晶体结构的量子调控。根据能带理论，电子形成的导带和价带之间的禁带宽度越大，势垒越大，因而自由电子很难跃迁到导带上，就越难导电。禁带宽度很大（一般大于 4.5 eV）的是绝缘体，禁带宽度居中的是半导体，禁带和价带重叠的是导体。也可以通过分析结构中有没有自由电子来判定炭材料的导电性。金刚石中碳原子的外层电子都参与 sp^3 杂化成键，没有自由电子，因而是优质的绝缘体；而石墨中碳原子的外层有 3 个电子参与 sp^2 杂化成键，未参与杂化的 p 轨道上的电子可以自由移动，因而属于良导体。石墨的导电性也具有明显的各向异性，石墨晶体在层面方向上的碳原子之间以共价键结合，而石墨层与层之间由范德瓦耳斯力结合，所以石墨沿层面的导电能力远高于沿垂直晶面方向的导电能力。

电阻率和电导率是用来衡量炭材料导电性的重要指标。电导率是用来描述物质中电荷流动难易程度的参数，与电阻率呈倒数。石墨类炭材料电阻率随着温度的变化而变化，一方面因为石墨晶体受热时，在价带上的电子激发跃迁到导带上，成为自由电子的数量多，电阻率减小；另一方面，温度升高时，晶格点阵的热振动加剧，振幅增大，自由电子的流动阻力加大，电阻率增加。所以当电子激发起主导作用时，炭材料的电阻温度系数为负值；而当晶格热振动起主导作用时，电阻温度系数为正值。炭材料的电阻率测试有相关国标，例如《炭素原料和焦炭电阻率测定方法》（GB/T 24521—2018），主要采用四探针法测量炭材料电阻率：

$$\rho=\frac{S(V-V_0)}{Ih}\times 1000 \tag{2-5}$$

式中，ρ 为电阻率，$\mu\Omega\cdot m$；S 为试样的横截面积，mm^2；V 为试样和线路的电压降，mV；V_0 为线路的电压降，mV；I 为电流，mA；h 为试样高度，mm。

2.2.1.6 光学性质

炭材料具有丰富多样的光学性质。金刚石在紫外光到远红外的波长范围内都是透明的，只有在 2.5～6.5 μm 之间因双声子吸收产生较小的吸收带，这使得金刚石成为多光谱光学应用的理想材料。然而目前报道的世界上“最黑”的材料是炭材料家族中的碳纳米管。由人工培养生长在铝箔片上垂直排列的碳纳米管阵列构成的梵塔黑，吸光率高达 99.965%。2019 年，麻省理工学院的科学家采用阵列的碳纳米管制备出了吸收率达 99.995%的最黑材料。

炭黑的光学性质具有重要的应用，悬浮于溶液中的炭黑粒子，既吸收光也散射光。当炭黑作为黑色颜料使用时，它主要吸收光，而反射光和散射光较少。通常用黑度、着色力和色相等指标来表征炭黑在基料或涂膜中的光学性质。炭黑黑度随着炭黑粒径的增大而下降，即粒径小的炭黑具有较高的黑度；炭黑结构增加时，其粒子由于凝聚在一起而容易产生絮凝作用，使黑度下降；此外炭黑的表面性质对炭黑的光学性质影响也较为明显。

炭材料中还有一类材料具有发光性，例如碳量子点。碳量子点具有光致发光的特性，其在光照下自身会发出明亮的荧光，并且具有良好的光学稳定性。目前，有关碳量子点的发光机理仍不明确，主要从量子限制效应、溶剂极性和表面陷阱三个方面给予解释。

2.2.1.7 力学性质

炭材料的力学性质包括抗拉强度、杨氏模量和蠕变特性等。炭材料中，具有规则石墨晶体结构的材料通常也具有优异的力学性质，例如碳纤维、石墨纤维具有优异的抗拉强度和杨氏模量；而金刚石具有非常高的硬度，如表 2-3 所示。

表 2-3 部分炭材料的抗拉强度、杨氏模量、蠕变特性及硬度

材料	抗拉强度/GPa	杨氏模量/GPa	蠕变特性	硬度（莫氏）
石墨烯	125~130	1.0~1.1	理论上抗蠕变性强，但实际复合材料受界面影响较大	10（金刚石级）
碳纳米管	100~300	0.5~1.0	单壁管抗蠕变优于多壁管，高温下性能稳定	10（接近金刚石）
碳纤维	3.5~7.0	200~900	纤维含量增加显著提升抗蠕变性，横向取向易蠕变	5~6
石墨烯纤维	1.45~8.0	100~200	缺陷控制后抗蠕变性能提升，高温稳定性优于碳纤维	8~9
石墨	20~30	10~20	层间滑移导致蠕变显著，高温下强度下降快	1~2
金刚石	20~30	1100~1200	几乎无蠕变，极端条件下仍保持稳定	10

抗拉强度是炭材料由均匀塑性变形向局部集中塑性变形过渡的临界值，也是炭材料在静拉伸条件下的最大承载能力。抗拉强度即表征材料最大均匀塑性变形的抗力。当炭材料拉伸强度在承受最大拉应力之内，其变形是均匀的，但超出之后，炭材料开始出现断裂或者局部集中塑性变形，因而反映了炭材料的断裂抗力。通常情况下，炭材料的石墨化度越高，其抗拉强度越高；而石墨烯、碳纳米管等都具有极高的理论抗拉强度，但因为无法形成宏观材料，故仍然难以应用。

杨氏模量，又称拉伸模量，是弹性模量中最常见的一种，指的是纤维状炭材料在受力时应力与应变的比。杨氏模量是描述固体材料抵抗形变能力的物理量，在炭材料中主要用于表征纤维状或者一维炭材料的抗形变能力。弹性模量表示材料所受应力与产生应变之间的关系，通常称为杨氏弹性模量。石墨晶体、石墨晶须、热解石墨和高模量碳纤维的杨氏模量均比较高，而一般炭材料

的杨氏模量比较低。与抗拉强度相似，大多数炭材料的杨氏模量随石墨化的增加而增大。

蠕变特性是固体材料在保持应力不变的条件下，应变随时间延长而增加的现象。它与塑性变形不同，塑性变形通常在应力超过弹性极限之后才出现，而蠕变只要应力的作用时间相当长，它在应力小于弹性极限施加的力时也能出现。炭材料在一定条件下都表现出蠕变的性质。由于蠕变，材料在某瞬时的应力状态，一般不仅与该瞬时的变形有关，而且与该瞬时以前的变形过程有关。碳纤维、石墨等炭材料都有蠕变，而且碳纤维比石墨的蠕变更加明显。具有石墨结构炭材料的蠕变特性也显示出各向异性，与石墨层相平行方向的蠕变小，而垂直于石墨层方向的蠕变大。

硬度是指材料局部抵抗硬物压入其表面的能力。炭材料家族中既有自然界最硬的物质金刚石，也有硬度相对较低的石墨。各种炭材料硬度之间的差异主要源于晶体结构。此外，碳元素可以帮助某些材料提高硬度，例如含碳量直接影响碳钢硬度。

2.2.1.8 表面性质

炭材料的表面性质包括物理性质和化学性质。表面的物理性质有润湿性和亲水性。润湿性是指液体润湿炭材料表面的能力，即一种液体在炭材料表面铺展的能力或倾向性。润湿性是由表面张力决定的，表面张力和表面原子之间的结合力密切相关，表面原子之间的结合力越强，表面张力越大。金刚石和石墨层面都具有极大的表面张力，两者对多数液体的润湿性都较差。但石墨的润湿性也具有各向异性，沿 c 轴方向一般具有良好的润湿性。亲水性是指带有极性基团的分子，对水有较大的亲和能力，可以吸引水分子，或易溶解于水。绝大多数炭材料的润湿性较差，因而展现出疏水的特性。为了增强炭材料（例如炭黑、活性炭等）的水溶性，就需要对其表面化学性质进行改性。

炭材料的表面化学性质通常与表面所具有的官能团相关。炭材料表面以碳元素为主，分子结构完整的炭材料展现出惰性的表面化学性质。通过表面官能团修饰（也即表面改性），往炭材料表面“接枝”不同的官能团，使其具有特殊的表面化学性质。一般情况下，炭材料的表面改性方法可分为氧化改性、还原改性和负载改性。氧化改性是借助浓硝酸、高锰酸钾等强氧化剂，对炭材料表面进行氧化，使其表面含有丰富的含氧官能团，从而增加极性、亲水性以及酸性等性质；还原改性是在氨气、氢气等还原性气氛下，对炭材料表面进行还原，从而增加非极性、疏水性和碱性等性质；负载改性是通过浸渍、接枝等方法将金属、金属氧化物、有机物、无机盐等负载到炭材料表面，使其具有特殊的催化、吸附等性质。此外，还有在炭材料表面进行掺杂和氟化等特殊的表面改性。通过表面掺杂氮、硫、硼等杂原子可以提升炭材料的电化学性能；对炭材料进行表面氟化改性可以降低表面的自由能，使其具有优异的热稳定性和化学稳定性。

2.2.2 化学性质

炭材料具有稳定的化学性质，常温常压下在空气或氧化性气氛中通常不会发生氧化反应。随着温度升高，炭材料开始逐渐发生氧化反应；并且炭材料的石墨化度越高，石墨晶体结构越完整，发生氧化反应的起始温度就越高。无定形碳从350℃左右开始发生氧化反应，而石墨类材料的起始氧化温度明显高于350℃。对于沥青等轻组分含量高、非碳元素含量高的炭材料，芳香度不高、芳环缩聚程度低，含有较多的桥键和支链等官能团，随着反应温度升高，这一类官能团会先发生热解反应。炭材料的氧化反应多为气固相反应，其反应速率取决于固体表面的氧化速度和气体在炭材料中的内扩散速率。炭材料表面的分子结构致密且非碳原子含量少，尤其是石墨化度高的炭材料，氧化反应速率慢；并且因气孔率低，气体内扩散的速率也慢。金刚石的晶型完整，比石墨的抗氧化性更好。

当炭材料应用于冶金行业时，炭材料作为还原剂与金属氧化物发生了固相反应，金属氧化物的生成自由能随着温度的升高而增大，而炭材料氧化反应的自由能随着温度升高而减小，因此高温条件有利于冶金反应的进行。此外，钙、铬、钒、锆、钨等金属元素都可以与碳元素结合形成碳化物。

炭材料具有良好的抗酸、碱性能，一般条件下与各种酸、碱的反应很不活泼，尤其是石墨化度高的炭材料。除王水、浓硫酸、浓硝酸等强酸可产生氧化侵蚀作用外，炭材料几乎能抵抗温度在沸点以下任何浓度种类酸的侵蚀；并且除了重铬酸钾、重铬酸钠及高锰酸钾等强氧化性的盐类溶液，炭材料对沸点以下的绝大多数盐类溶液都是稳定的。

2.2.2.1 气-固反应

炭材料只有加热到一定温度时才会与某些气体发生气固反应。一般来说，无定形碳或者石墨化程度低的炭材料在350 ℃左右即会与气体发生反应，而石墨化程度高的炭材料大致在450 ℃才有可能发生气固反应。

① 在较低温度下，炭材料与充足的氧气发生如下的氧化反应：

$$C+O_2 = CO_2 \qquad \Delta H=-94.03\ \text{kcal/mol} \tag{2-6}$$

② 在较高温度下，炭材料与氧气发生如下的氧化反应：

$$C+\frac{1}{2}O_2 = CO \qquad \Delta H=-26.62\ \text{kcal/mol} \tag{2-7}$$

$$CO+\frac{1}{2}O_2 = CO_2 \qquad \Delta H=-67.41\ \text{kcal/mol} \tag{2-8}$$

③ 在 700 ℃下，炭材料与水蒸气发生如下的反应：

$$C+H_2O=\!=\!=CO+H_2 \qquad \Delta H=+31.41\ \text{kcal/mol} \tag{2-9}$$

$$CO+H_2O=\!=\!=CO_2+H_2 \qquad \Delta H=-9.65\ \text{kcal/mol} \tag{2-10}$$

④ 在 900 ℃下，炭材料开始与二氧化碳发生反应：

$$C+CO_2=\!=\!=2CO \qquad \Delta H=+40.79\ \text{kcal/mol} \tag{2-11}$$

⑤ 炭材料与氢气在 1000 ℃以上才能发生气固反应：

$$C+2H_2=\!=\!=CH_4 \qquad \Delta H=-17.87\ \text{kcal/mol} \tag{2-12}$$

⑥ 常温下，炭材料在氟气中也会发生自燃反应：

$$C+2F_2=\!=\!=CF_4 \qquad \Delta H=-162.72\ \text{kcal/mol} \tag{2-13}$$

⑦ 炭材料与氯气在引入电弧的条件下能发生气固反应：

$$C+2Cl_2=\!=\!=CCl_4 \qquad \Delta H=-7.78\ \text{kcal/mol} \tag{2-14}$$

⑧ 炭材料与硫在 700 ℃以上才能发生气固反应：

$$C+2S=\!=\!=CS_2 \qquad \Delta H=-27.89\ \text{kcal/mol} \tag{2-15}$$

⑨ 炭材料与氮气在引入电弧 2500 ℃以上发生气固反应：

$$2C+N_2=\!=\!=(CN)_2 \qquad \Delta H=-73.88\ \text{kcal/mol} \tag{2-16}$$

在理想的石墨晶格里，碳原子均属于 sp^2 杂化，价键属于饱和态，化学性质稳定。但实际石墨的结构并非理想的点阵结构，具有两类化学活性点位：一类是石墨结构的边缘碳原子，石墨层平面并不是无限延伸的，是存在边界的，而边界的碳原子与平面内伯位缩合的碳原子相比活性高，容易发生反应；另一类是石墨层面内的缺陷，石墨层平面内存在一些缺陷，缺陷周围的碳原子如同边缘碳原子一样具有较高的反应活性，在一定的条件下容易发生化学反应。对于石墨化度低的炭材料，除了上述两点活性点位外，还有一些杂原子、官能团、无机质、不饱和共价键等都是容易发生化学反应的活性点位。

2.2.2.2 气-固反应动力学

炭材料与气体之间的反应包含 5 个步骤：①气体分子向炭材料表面运动；②气体分子被炭材料表面吸附；③炭材料表面的原子与气体发生反应；④反应产物脱附；⑤反应产物向外扩散。炭材料表面对气体的吸附速率和反应产物的脱附速率在气固相反应中起到决定性作用。气体的吸附作用首先发生某些活性点位上，通常是边缘碳原子。各种炭材料表面的活性点位的数量差异很大，这就使其与气体反应速度有很大的差别，可以使用有效活性点位计算气固相反应速率，有效活性点位 C_f 计算如下：

$$C_f=C(1-\theta) \tag{2-17}$$

式中，C 为活性点位的总数；θ 为被吸附物质占据的活性点位数。

因此，可以用有效活性点位 C_f 计算反应速率。例如，炭材料与氧气反应生成二氧化碳的反应速率可以用下式计算：

$$\frac{dP_{CO_2}}{dt}=KC_fP_{CO_2}=KP_{O_2}C(1-\theta) \tag{2-18}$$

式中，P_{CO_2}、P_{O_2} 分别为二氧化碳和氧气的分压，kPa；K 为反应速率常数。

显然，活性点位数量与炭材料本身特性和反应条件相关。炭材料的表面分子组成与结构决定了活性点位的数量，例如表面的官能团与气体更容易结合就会产生更多的活性点位，从而更有利于气体在炭材料表面的吸附及氧化；此外，反应条件的改变有可能激活炭材料表面的惰性点位，使其成为更易与气体结合的活性点位。随着炭材料表面不断地参与反应，原本在炭材料内部的结构逐渐暴露在气相中，因此炭材料内部的组成与结构对气固反应的持续性以及平均反应速率也有明显影响。

炭材料的气固反应需要经历 5 个步骤，每个步骤都影响着总的反应动力学，但是总的反应速率随着温度的升高而增加，即反应速率跟温度之间有相关性，符合阿伦尼乌斯方程。由此，可以基于阿伦尼乌斯方程推导出炭材料的反应动力学关系。

在炭材料的气固相反应中，必然会形成表面化合物。因此，对于反应初期，研究表明：①表面化合物的浓度对反应速率具有明显影响；②反应初始速率随炭材料中开口气孔容积的增加而增大，这是因为开口气孔增多，不仅扩大了参与反应的表面积、增加了活性点位数量，而且提升了气体在炭材料中扩散的速度，有利于气固反应的进行。

2.2.2.3 液-固反应

炭材料性质较为稳定，在绝大多数液相中都不发生反应，炭材料的液固反应一般指在液相中的氧化反应。炭材料在强氧化剂溶液中可以被氧化，例如在浓硫酸、浓硝酸、氯酸钾或高锰酸钾溶液中，炭材料中石墨层平面的片状稠环结构不受破坏，但是石墨层间因较弱的范德瓦耳斯力作用，在强氧化剂作用下，容易被氧侵入，使石墨层间距离增加，继而体积发生膨胀，生成氧化石墨的层间化合物。膨胀石墨、Hummers 法制备氧化石墨烯以及制备碳量子点等原理就是使用强氧化剂侵入插层。通常，石墨层平面的片状稠环结构并不是完美的迫位缩合，存在一些缺陷，而这些缺陷也会成为氧侵入的活性点位，使得稠环结构被分解或者生成含氧官能团。因此，在强氧化剂作用下，炭材料液固反应的最终产物是苯六酸。由强氧化法制得的氧化石墨又称为石墨酸，当其遇到水，晶格层面间吸收水分子而膨胀，产生胶凝化，过滤之后得到胶体溶液，这种胶体溶液可做成氧化石墨薄膜。

未经石墨化炭材料的液相氧化反应略有区别。易石墨化炭材料的液相氧化反应过程与石墨相同，生成氧化石墨，但难石墨化炭材料的液相氧化反应与之不同。难石墨化炭材料在经过液相氧化之后不会生成氧化石墨，而是直接生成苯六酸。

当石墨在较高温度的强氧化溶液中会发生剧烈氧化，直接生成二氧化碳。石墨微晶也在剧烈氧化的作用下分解、分散、气化，其反应速率与放射性同位素的自身崩坏情况类似，表达式为：

$$A=A_0e^{-kt} \tag{2-19}$$

式中，A 为未被氧化炭材料的量，kg；A_0 为参与反应炭材料的初始量，kg；k 为速率常数；t 为反应时间，h。

炭材料在液相氧化中的消耗速度与炭材料的密度、粒径以及石墨化度均相关（图 2-12）。一般情况下，石墨化度越高的炭材料，越容易被液相氧化，消耗速度也越大，这与气相氧化正好相反。这是由于石墨化度越高的炭材料，石墨层堆叠越规则，石墨层间没有杂原子和官能团，从而氧更加容易侵入；而在气相氧化中，气化剂的侵入能力弱，不会形成氧化石墨，从而反应速率较慢。

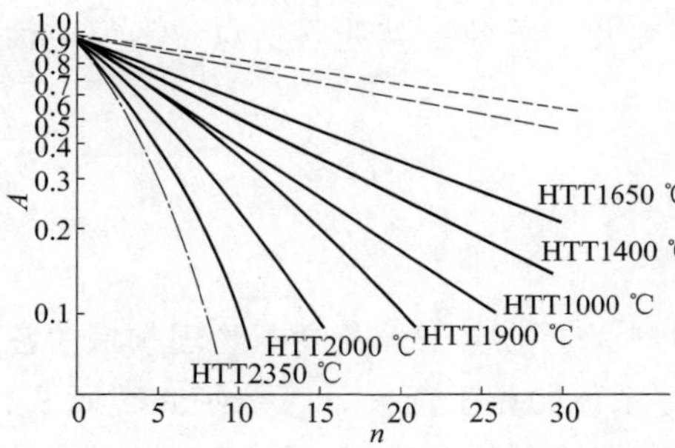

图 2-12　石墨化度对液相氧化反应速率的影响

------- 难石墨化的炭；------ 马达加斯加天然石墨；——— 易石墨化的炭（各种热处理温度）；—·— 人造石墨；A—未氧化的碳含量；n—氧化处理次数；HTT—热处理温度

2.2.2.4　反应的影响因素

炭材料的气相反应和液相反应除了与反应条件相关，主要还由炭材料本身性质决定，主要有：

（1）炭材料的石墨化度

石墨化度是衡量碳原子结构三维有序程度的重要指标。石墨化度越高，石墨层间距越小，晶格旋转越小，层面散乱的堆积越少，越接近于理想石墨的点阵常数。炭材料的石墨化度越高，气相反应的活性越小，而液相反应的活性越大。

（2）炭材料的致密度

炭材料的致密度反映了炭材料表面疏松的程度和多孔性。炭材料的致密度越低，结构越疏松、孔隙越发达，在进行气固反应和液固反应时，更方便反应剂的渗入，从而扩大反应面积，提升传质传热效率，加快反应速率。

（3）炭材料的纯度

炭材料在制备过程中不可避免地会残留非碳原子，如氮原子、硫原子等杂原子和铁、钠等金属原子。一方面，这些原子在炭材料中起到活性点位的作用，使得炭材料更容易发生气固反应和液固反应；另一方面，这些非碳原子可能起到催化作用，加速氧化反应的进程。铁、钴、镍、铜等金属及其氧化物是炭材料氧化的催化剂，而钛、钨等则起到抑制氧化的作用。此外，碱金属和过渡金属等对炭材料的气化反应具有显著的催化效果。关于杂质元素在反应过程中所起的作用有两种机理解释：氧传递机理和电子传递机理。前一种机理以铁元素为例：

$$xCO_2+yFe=\!=\!=Fe_yO_x+xCO \tag{2-20}$$

$$Fe_yO_x+xC=\!=\!=yFe+xCO \tag{2-21}$$

该机理认为铁元素作为氧化剂和还原剂不断地诱发氧化反应和还原反应的发生。相比之下，电子传递机理则认为杂质原子占据碳的晶格点位而引起 sp^2 杂化形成的电子分布产生了变化，导致了某些晶格点位的反应活性的提升，使得反应更容易进行。

2.2.3 碳的相变化

碳的相变化是材料科学、冶金工程及高压物理领域关注的焦点，碳相图描述了纯碳在压力-温度坐标系下的相平衡关系，是研究碳元素相变规律的重要工具。Bundy 于 1964 年以压力-温度图的形式给出了碳的相图，用于描述不同温度和压力下碳的相变化过程，并在 1980 年和 1989 年对相图做了修订。其间，虽然也有其他学者给出了碳的相图，但由于碳的熔点和沸点高，碳的同素异形体种类繁多，各类同素异形体之间的转化过程仍不明确，碳的相变化方面的研究仍然困难重重。Bundy 于 1989 年提出的碳的相图是目前研究碳的相变化的基础，描述了温度为 0～6500 K、压力为 0～200 GPa 范围内的石墨、金刚石、金属碳和液态碳之间的相变化关系。石墨、金刚石和液态碳的三相点的温度、压力分别约为 4500 K、11 GPa；金刚石、金属碳和液相碳的三相点的温度、压力分别约为 1300 K、65 GPa。液态碳是在高温高压下形成的，被认为是一种半金属。

在低压（＜12 GPa）下，石墨比金刚石的热力学性质更稳定，在高压（≥12 GPa）下则相反。石墨与金刚石之间的相转变存在巨大的能垒，只有当温度高于 3500 ℃时，金刚石才能自发地转变为石墨（图 2-13）。同样，若要实现石墨向金刚石的转变，仍然需要高温高压的苛刻条件。人造金刚石中的熔媒法，就是利用静态超高压和高温技术，将石墨等碳质原料和某些金属反应生成金刚石，压力为 5～10 GPa、温度为 1100～3000 ℃，对应于图 2-13 中区域Ⅶ。

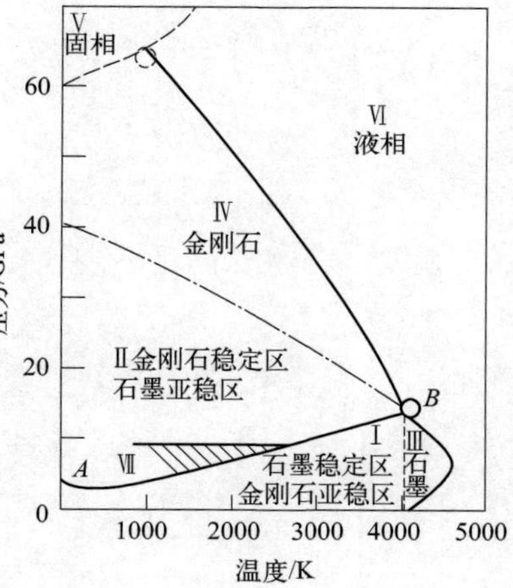

图 2-13 碳的压力-温度相图

第3章 炭材料原料

炭材料作为一类重要的功能材料，其原料来源具有显著的多元性与普适性，几乎所有含碳前驱体均可通过炭化、石墨化或活化等工艺转化为具有特定结构的炭材料。然而，不同原料在化学组成（如挥发分、固定碳含量及灰分杂质）、物理结构（如粒径分布、原始孔隙特征）及元素组成（如杂原子掺杂水平）等方面的固有差异，直接决定了其在炭化过程中的热解行为、中间相形成及最终炭材料的微观结构（如层间距、孔隙率、晶粒尺寸）与宏观性能（如导电性、机械强度、吸附性）。因此，在炭材料制备过程中，需根据目标材料的性能需求，针对性选择适配的原料体系，并匹配相应的制备工艺及后处理方法，以实现原料特性向目标材料功能的精准转化。基于此，本章将围绕典型炭材料原料体系展开系统论述，重点涵盖煤基原料、石油基原料、生物质基原料、天然石墨及纯化学物质等，深入解析其化学组成与物理特性对炭材料制备工艺的适配性及对最终材料性能的调控机制。

3.1 煤基原料

煤基原料作为一类重要的碳资源前驱体，特指以煤本体及其加工衍生产物为初始物质，经热化学转化与物理调控制备得到炭材料的关键碳源。这类原料的核心特征在于其分子结构中高度保留了煤原始的稠环芳烃体系，构成了煤区别于其他含碳资源的本质化学属性。值得注意的是，尽管煤在成岩过程中经历了复杂的地质变质作用，其分子骨架中仍不同程度地残留着未完全石墨化的短程有序芳香结构单元，这种“准石墨态”特征为后续炭材料的结构设计提供了天然的模板基础。通过采用有针对性的物理、化学手段，可有效调控煤基原料的交联程度、缺陷密度及官能团分布，进而精准调控最终炭材料的理化特性，这一转化过程可实现从低附加值的煤炭原料向高附加值炭材料的升级。

3.1.1 煤

煤是由一定地质年代的远古植物残骸没入水中经过生物化学作用，然后被地层覆盖并经过物理化学作用而形成的有机生物岩，是多种高分子化合物和矿物质组成的混合物。煤的形成包括两个阶段：①生物化学阶段，即植物遗体在沼泽或湖泊的厌氧环境中，经微生物分解与凝胶化作用，木质纤维素等组分转化为富含腐殖酸的泥炭（高等植物）或腐泥（低等植物及浮游生物）；②物理化学阶段，随着地壳沉降，泥炭层被沉积物覆盖，在温度和压力作用下发生脱水、脱羧及芳香缩聚反应，逐步按顺序转变为褐煤、烟煤及无烟煤，此过程称为煤化作用。煤的化学组成以高度缩聚的芳香烃化合物为主体，包含碳、氢、氧、氮及硫等元素，同时嵌布硅酸盐、硫化物等矿物质，形成复杂多相混合物。

根据成煤植物和生成条件的不同，煤可分为腐泥煤和腐殖煤两大类。腐殖煤是指由高等植物的遗体经过泥炭化作用和煤化作用形成的煤。腐殖煤是因为植物的部分木质纤维组织在成煤过程中变成腐殖酸这一中间产物而得名。腐殖煤是在自然界中分布最广、蕴藏量最大、用途最广的煤，占全球煤炭资源的90%以上，因高热值、可炼焦性及储量优势，成为能源、冶金、化工的核心原料。根据煤化程度的不同，腐殖煤又可分为泥炭、褐煤、烟煤以及无烟煤四个大类。腐泥煤是由低等植物及浮游生物形成腐泥转化而来。

泥炭的挥发分大于60%，镜质组反射率小于0.3%，煤化程度低，含有大量根、茎、叶等未分解的植物组织，导致泥炭中的木质素和碳水化合物的含量较高，并且泥炭含水量可达85%～95%。因此，泥炭并不是制备炭材料的优质原料。但经过焦化之后的泥炭焦可用于制备活性炭，而且通过溶剂萃取泥炭可以获得苯沥青、碳水化合物等，这些也可以用于制备炭材料。

褐煤的挥发分在38%～60%之间，镜质组反射率在0.3%～0.5%之间，它是泥炭沉积后经脱水、压实转变为有机生物岩的初期产物，含水量较高，达30%～60%；褐煤分子结构中保留大量未完全缩聚的芳香族结构单元及含氧官能团（如羧基、酚羟基、醇羟基等），导致其富含以游离态或结合态形式赋存的原生腐殖酸，含量通常大于10%，所含氧元素的质量分数普遍高于15%。这种化学组成的特殊性直接导致其宏观物理化学性质的显著差异：一方面，高含氧官能团与层间吸附水的协同作用使其表现出极强的吸湿性与风化敏感性，在露天储存条件下易发生氧化降解，导致热值衰减与强度劣化；另一方面，未完全聚合的分子结构赋予其较高的化学反应活性，但也同时导致其热稳定性较差，在300 ℃以上热处理即发生明显的脱羟基、缩聚反应，质量损失率可达10%～15%。褐煤的低阶特性虽限制了其作为高品位燃料的应用，却赋予其在能源转化与材料制备领域的独特价值。目前，褐煤主要作为气化、热解及提质工艺的原料，通过热解工艺可制得固定碳含量提升至40%～50%、挥发分降至15%～25%的半焦产品，该半焦因保留了部分未完全分解的有机质与发育的孔隙结构，可作为制备活性炭、活性半焦等炭材料的前驱体。尽管褐煤在炭材料制备中展现出原料成本优势，但其应用仍受限于煤化程度低带来的固有缺陷：一方面，高灰分与非碳元素的存在会降低炭材料的纯度与导电性；另一方面，未完全聚合的分子结构在高温炭化过程中易发生熔融流失，导致炭材料收率显著低于中高阶煤。因此，褐煤目前主要应用于对非碳元素含量限制较宽松的普通炭材料，而在超级电容器电极材料、高性能电池负极等对杂质含量与结构稳定性要求严苛的高端炭材料领域，其应用仍处于实验室研发阶段。

烟煤是自然界最重要、分布最广、储量最大、品种最多的煤种，在煤炭资源体系中占据核心地位，其形成经历了石炭纪至二叠纪原始植物残体在沼泽环境中的生物化学沉积作用，以及后续漫长地质历史时期的深埋成岩与热演化过程。烟煤的碳含量达75%～92%，挥发分占比在10%～38%之间，镜质组反射率为通常为0.5%～2.5%。烟煤的芳香度普遍高于褐煤，石墨化度亦随煤化程度加深而增加，反映出有机质从无序的腐殖酸向有序芳香族结构转化的特征；此外，烟煤的氧含量较褐煤显著降低，这是由于煤化过程中含氧官能团通过脱水和脱羧反应逐步脱除。基于煤化程度的连续演变规律，结合煤岩组分、黏结性及结焦性等关键指标，烟煤可进一步细分为12个亚类：长焰煤、不黏煤、弱黏煤、1/2中黏煤、气煤、气肥煤、1/3焦煤、肥煤、焦煤、瘦煤、贫瘦煤和贫煤等。烟煤因其独特的物理化学性质，已成为煤炭加工利用产业链的核心原料，其最主要的应用方向之一是冶金焦炭生产。焦化过程中，烟煤的挥发分逸出形成焦炭，焦炭作为高炉炼铁的还原剂与支撑骨架，对钢铁工业的能耗与产品质量具有决定性影响；此外，烟煤也是活性炭与活性焦制备的关键原料，发达的孔隙结构与表面官能团使其在气体吸附、水净化及催化领域展现出优异性能；部分高挥发分烟煤还可通过热解工艺生产煤焦油与煤气，实现煤炭资源的高附加值多元化利用。烟煤不仅是能源供给的重要载体，更是现代材料工业与清洁能源领域的核心原料。

无烟煤作为腐殖煤系列中煤化作用最完全的典型代表，在成岩作用与变质作用的长期共同影响下，经历了更为显著的芳香缩聚与石墨化进程，最终形成了以高度有序类石墨微晶为基本结构单元的致密矿物集合体。无烟煤中碳元素含量通常超过90%，灰分含量普遍低于10%，全硫含量大多低于1%，这种低杂质的化学组成为其在高附加值炭材料领域的应用奠定了基础。无烟煤的结构演化程度与其煤化进程呈显著正相关，其微观结构呈现出典型的“类石墨化”特征，微晶层间距接近天然石墨的层间距，部分高变质无烟煤的微晶尺寸接近天然石墨的微晶尺寸，这种高度有序的层状堆砌结构使其在分子水平上与炭基材料具有显著的本征结构相似性，因而无烟煤在炭材料制备领域展现出不可替代的优势。目前，无烟煤已发展成为制备高性能炭材料的优质前驱体，广泛应用于炭块、电极、电极糊、活性炭等炭材料的制备。

煤分子体系呈现出独特的高分子特性，但与传统意义上的均聚物存在显著差异。传统聚合物通常由单一化学结构的单体通过聚合反应形成，分子链具有高度均一性；而煤的分子体系本质上是一类“非均相聚合物”，其结构单元并非来自单一单体，而是由分子量分布宽泛、分子骨架相似但细节构型存在差异的一系列“相似化合物”共同构成（见图 3-1）。这类特殊的结构单元被定义为“基本结构单元”，其组成与形态特征深刻影响着煤的物理化学性质及后续炭化转化行为。微观上，基本结构单元呈现“核壳”的层级化特征。核心区域为高度共轭的稠环体系，由苯环、脂环、氢化芳香环及含杂原子的杂环通过桥键耦合而成，构成分子的刚性骨架；外围区域则为连接于核周边的柔性侧链与官能团，主要包括烷基侧链和含氧官能团、含氮官能团及含硫官能团等极性基团。这种“核壳”结构的动态平衡随煤化程度的演化呈现规律性调整。随着煤化作用由泥炭阶段向无烟煤阶段推进，基本结构单元的核心环系发生显著缩聚，环数从泥炭的 3～5 个逐步增至无烟煤的 10～15 个，形成更稳定的多环芳烃骨架；与此同时，外围侧链发生断裂降解，短链烷基占比显著增加，长链烷基及支化结构逐渐减少；极性官能团则因脱羟基、脱羧基等热解反应而数量递减，导致分子极性逐步降低。

煤的有机质构成其炭化转化的核心物质基础，属于典型的复杂高分子有机化合物体系。其元素组成以碳为主导，氢、氧次之，伴生氮、硫、磷等杂原子。值得注意的是，碳、氢、氧三者的质量总和通常占有机质的 95%以上（具体占比随煤阶升高呈指数增长），其中氢氧比随煤化程度加深显著降低（泥炭 $H/O\approx1.2$，无烟煤 $H/O\approx0.2$），反映了分子中脂环与含氧官能团的逐步脱除。相较于有机质，煤的无机质虽含量较低，但其组成（主要含 Si、Al、Fe、Ca、Mg 等元素）与赋存形态（如黄铁矿硫、有机硫、黏土矿物等）对炭材料的理化特性可能起到显著的影响。当煤作为炭材料的原料时，最终产物性能受多维度指标调控，主要包括工业分析、元素分析、组成结构及变质程度等。煤化程度的递增对炭材料各性能指标的影响呈现出系统性关联。

3.1.2 煤焦油

煤焦油作为煤热解过程的关键液态产物，是煤炭在隔绝空气条件下经高温干馏时生成的具有特征性刺激性气味的深色黏稠液态物质，其形成机制与粗煤气的冷却分离过程密切相关。当煤炭在焦炉或热解炉内完成反应后，生成的粗煤气需通过初冷器进行初步降温，此时煤气中大部分的高沸点有机组分（即煤焦油）因

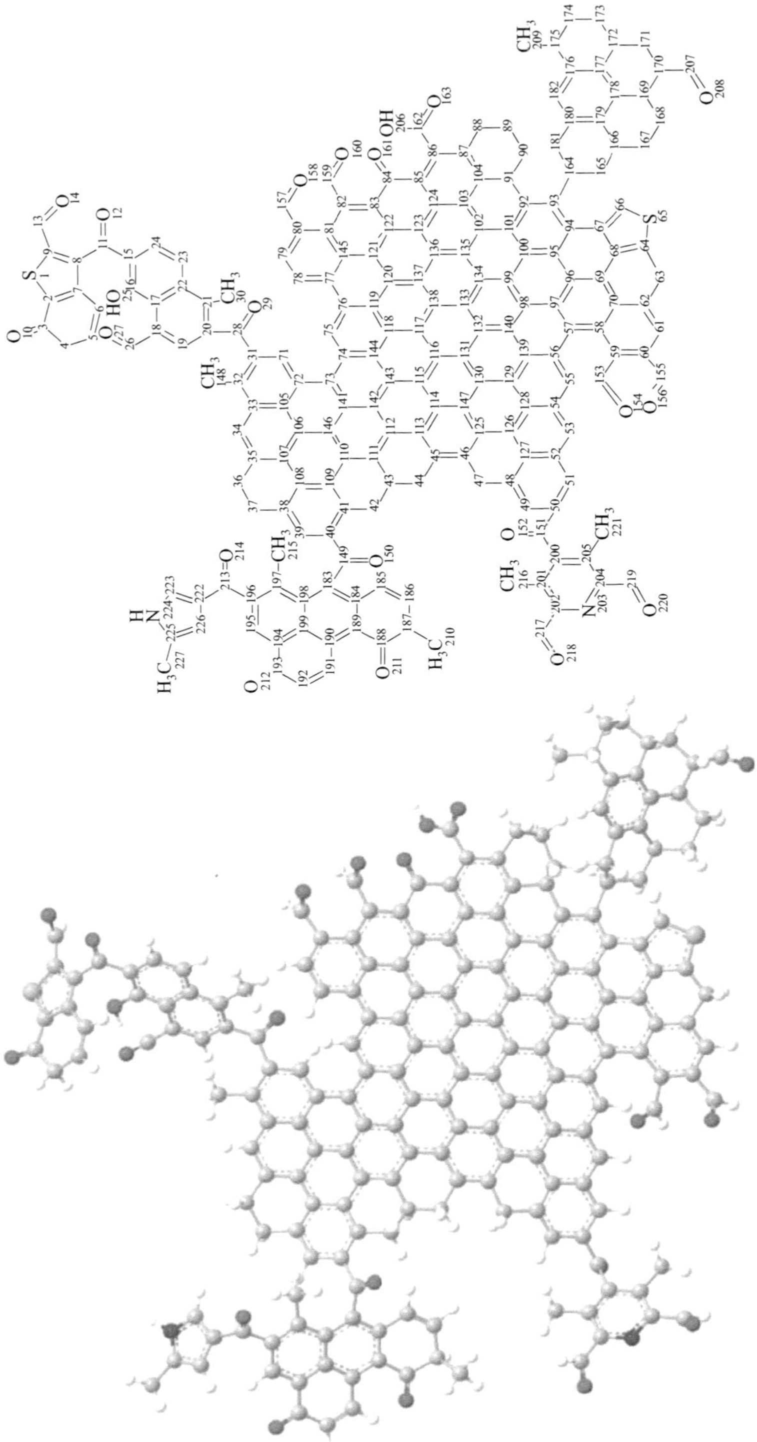

图 3-1 煤的基本结构单元

温度降低而凝结为液态，再经电捕焦油器等分离设备进一步提纯，最终获得煤焦油产品。根据热解温度的差异，煤焦油可划分为低温煤焦油（热解终温 450～650 ℃）、中温煤焦油（热解终温 650～950 ℃）和高温煤焦油（热解终温 950～1200 ℃）三类。其中，高温煤焦油是煤炭在高温焦化工艺中生成的主要液态副产物。相较于低温与中温煤焦油，高温煤焦油的形成过程伴随更剧烈的热缩聚反应：煤中的大分子有机质在高温下发生深度分解与重新组合，导致其稠环芳烃的含量显著增加，富含萘、蒽、菲等稠环芳烃及杂环化合物，同时酚类、喹啉类含氮化合物及含硫化合物的含量相对较低。这种组成特性使得高温煤焦油在化工加工中具有更高的利用价值，是制备炭材料的重要原料来源。

不同文献中对煤焦油热解温度区间的划分存在一定差异，这主要源于具体热解工艺及原料煤种的差异。例如，部分研究中将高温煤焦油的热解终温界定为 700～1000 ℃，但其核心区分依据仍为热解温度对煤有机质热解路径的主导作用，即温度越高，煤分子结构解聚程度越深，热缩聚反应越充分，最终形成的煤焦油在分子量分布、官能团组成及元素组成上均表现出显著的分异性。

煤焦油是一种具有高度芳香特性的复杂碳氢化合物体系，其化学组成呈现显著的多元性特征，主要由带/不带侧链的多环芳烃及含氧（酚类、呋喃类）、含硫（噻吩类）、含氮（吡啶类、喹啉类）杂环化合物构成，同时包含少量脂肪烃（如链状烷烃、烯烃）、环烷烃及不饱和烃（如单烯烃、二烯烃）等非芳香族组分。高温煤焦油的平均分子结构单元模型如图 3-2 所示。尽管煤焦油中多数单一组分的熔点较高（如萘的熔点为 80.2 ℃，蒽的熔点达 216 ℃），但其分子间通过 π-π 堆积作用、范德瓦耳斯力及氢键等多重弱相互作用形成低共熔混合物，这种特殊的微观聚集形态有效降低了体系的整体熔点，使得煤焦油在常温常压下仍能保持

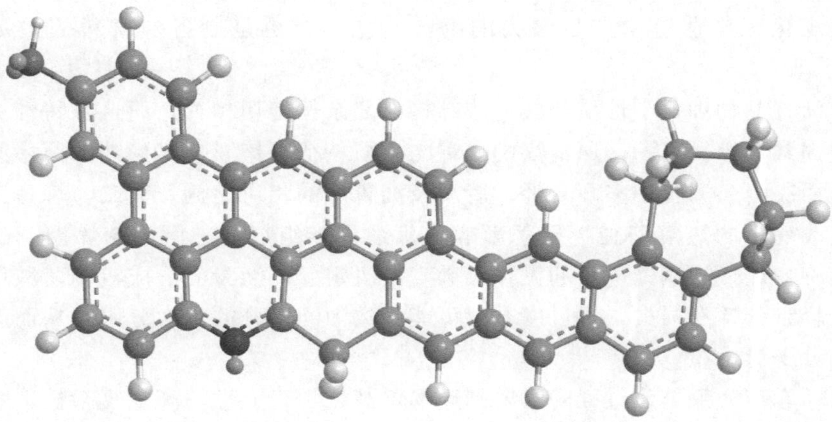

图 3-2 高温煤焦油平均分子结构单元模型

稳定的液态特性。

从煤焦油制取的温度梯度对组成的影响来看，高温煤焦油展现出更为复杂的化学多样性，目前已检测到超过 10000 种化合物。基于化学性质的系统性分类可将其划分为三类：以多环芳烃为主的中性烃类、以酚类及其衍生物为主的酸性含氧化合物及吡啶类、喹啉类等碱性含氮杂环化合物。相较于高温煤焦油，中低温煤焦油的组成特征存在显著差异，其含氧化合物占比更高，尤其是酚类及其衍生物含量可达 10%～30%，链状脂肪烃（包括正构烷烃、异构烷烃及烯烃）比例约 20%，而多环芳烃的相对含量则显著降低，这种组成差异本质上源于热解反应路径的温度依赖性。

煤焦油的芳香族特性赋予其独特的化学活性，其分子中富含的共轭 π 电子体系使其在热处理条件下易发生缩聚、交联等反应，反应活性高，易形成具有三维网络结构的稠环大分子。这种由小分子向大分子的转化特性，使其成为制备高性能炭材料的优质前驱体。目前，煤焦油在炭材料领域的应用已形成多元化技术路径：既可直接作为炭化原料，也可作为黏结剂、改性剂等功能性添加剂，具体应用场景涵盖传统炭材料、新型炭材料及碳纳米材料。

3.1.3 煤沥青

煤沥青（又称煤焦油沥青或煤焦沥青）是煤焦油加工过程中的核心重质馏分产物，具体指煤焦油经分馏提取轻油（苯、甲苯、二甲苯等轻质芳烃）、酚油（含酚类化合物馏分）、萘油（含萘及甲基萘馏分）、洗油（含喹啉、吲哚类化合物馏分）及蒽油（含蒽、菲等多环芳烃馏分）等轻质至中质馏分后的高温残渣。作为煤焦油资源化利用的重要分支，其产率通常占煤焦油总质量的 50%～60%，不仅是煤化工产业链中产量最大的副产物之一，更是制备炭材料的关键基础原料。

煤沥青的物理化学性质与其组成结构的复杂性密切相关，而这种特性主要受多维度因素调控：其一，原料煤的煤种与煤质特征直接影响煤焦油的原始组分分布，进而决定煤沥青中多环芳烃、胶质及沥青质的相对比例；其二，炼焦工艺条件通过改变煤的热解路径，显著影响煤焦油的族组成，进而影响煤沥青的族组成；其三，煤焦油蒸馏过程的操作参数直接决定了煤沥青的形成机制，减压蒸馏可减少轻组分挥发损失，但过度升温可能导致中间馏分的二次分解，从而改变残留物的分子量分布。

煤沥青作为煤焦化过程的重要副产物，其化学组成呈现高度复杂性，主要由多环芳烃及含杂原子（氧、氮、硫）的杂环有机化合物构成。从分子结构特征来看，其核心骨架以缩聚的多环芳烃为主体，具体表现为三环及以上稠环结构的芳烃类物质占据主导地位，同时分子中常嵌有含氧（如呋喃环、吡喃环衍生物）、含氮（如吲哚环、喹啉环衍生物）及含硫（如噻吩环、苯并噻吩衍生物）的杂环结构单元。煤沥青中碳元素的质量占比普遍超过 90%，氢元素质量占比则相对较低，通常不超过 5%，这与煤沥青高度芳构化的分子结构特征相吻合。煤沥青中其他杂原子的总质量占比虽较低，但其通过共价键与碳骨架结合形成的极性官能团，对煤沥青的溶解性、表面活性及化学反应活性具有关键影响。在分子量分布特性方面，煤沥青属于典型的宽分布共熔混合物体系。其分子量跨度极大，数均分子量（M_n）通常分布于 300～800 之间，重均分子量（M_w）可达 800～1500。这种宽分布特征源于煤热解过程中不同缩聚程度的芳香族化合物的共存，低分子量组分多为单环或双环芳烃及小分子杂环化合物，具有一定程度的结晶倾向（如萘、蒽等多环芳烃可形成片状晶体）；中高分子量组分则以稠合芳烃为主，分子链间通过桥健及 π-π 堆积等作用形成无定形网络结构。煤沥青的“共熔混合物”属性本质上是由不同分子量、不同极性组分的协同作用所决定的。其中，低分子量结晶组分的存在会在一定程度上破坏高聚物的无定形结构，形成“晶区-非晶区”的微相分离结构；而杂环极性组分则通过与不同组分形成的氢键、偶极-偶极作用等分子间作用力起到“分子桥接”效应，最终形成在宏观上表现为均相、微观上具有多相特征的复杂体系。这种特殊的组成与结构之间的关系，使得煤沥青在软化点、黏度、溶解性等物理化学性质上表现出显著的组成依赖性，也为后续通过调制、改性等方法制备炭材料提供了丰富的结构调控空间。

煤沥青作为煤焦化产业的重要副产物，其分类与应用体系建立于软化点这一关键物性指标之上。根据通用的软化点分级标准，可将煤沥青划分为三个主要品级：低温煤沥青（35～75 ℃）、中温煤沥青（75～95 ℃）和高温煤沥青（95～120 ℃）。各类煤沥青因分子量分布、喹啉不溶物含量及芳烃族组成等本征特性的差异，形成了差异化的应用价值体系。低温煤沥青因其较低的黏稠度和适中的结焦值，在建筑工程领域被广泛用作防水卷材的黏结剂和涂料成膜物质。在炭材料工业体系中，该品级沥青不仅是电极糊和铝电解槽阴极炭块的常规黏结剂，更是制备高性能炭材料的优质前驱体。其独特的短程有序分子结构使之在热解过程中易于形成择优取向的石墨微晶，这种特性使其在针状焦、中间相沥青及其衍生碳纤维、泡沫炭等先进炭材料的制备中占据不可替代的地位。中温煤沥青凭借适中的胶体指数和较高的结焦残炭率，在建筑防水工程中常作为改性沥青的基质材料，用于制备高耐候性防水涂层。在炭材料制备领域，该品级沥青经氧化改性或热缩聚预处理后，可转化为具有特定微结构的黏结剂沥青和浸渍剂沥青。其应用场景涵盖石墨电极、矿热炉用炭块等高温导电材料的结构增强，预焙阳极、阳极糊等铝用炭素的品质优化，以及通过定向热解工艺制备中间相炭微球，或经纺丝工艺制备通用级沥青基碳纤维。最新研究表明，经超临界流体处理的改性中温沥青可显著提升其在炭材料中的分散均匀性。高温煤沥青经改质处理后可制得软化点可调的改质沥青，此类沥青具有极高的芳香度和石墨化倾向，在炭材料工业中主要作为高性能导电剂和结构增强剂使用。其典型应用包括石墨电极的骨料黏结体系，优质预焙阳极和炭块的致密化成型，高密高强石墨、高温模压炭砖等特种炭材料的基质材料等。高温沥青基中间相沥青因具有高度有序的层状结构，且可通过工艺参数调控，有效优化碳质中间相含量和织构，进而提升炭材料的理化特性，已成为制备高导热等炭材料的关键原料。

鉴于煤沥青化学组成的高度复杂性，其分子体系中同时涵盖从低分子饱和烃到多环芳烃、含氧杂环化合物乃至沥青质等复杂组元，且各组分间存在强烈的分子间作用力网络，导致传统化学分离法难以实现单一组分的精准提取与表征。在此背景下，基于分子族群划分的族组成分析法已成为煤沥青组成解析的核心研究手段（图 3-3）。该方法的核心优势在于可在最大限度保持沥青分子结构完整性的前提下，通过系统化的分离策略实现对不同族群组分的有效区分。族组成分析法的理论基础是“相似相溶”原理，其技术路径本质是通过调控溶剂与目标组分的分子间相互作用，实现具有相似物理化学性质组分的定向富集。具体而言，煤沥青的溶剂萃取过程可视为多级分配平衡过程，不同芳构化程度的组分因分子极性、分子尺寸及共轭体系的差异，在特定溶剂中的溶解度呈现显著分异性。例如，弱极性的脂肪族组分更易溶于非极性或弱极性溶剂，而强极性的含氧杂环芳烃则倾向于分配至极性溶剂相中。尽管溶剂萃取法可通过溶剂极性梯度实现组分的粗分，但其分离产物本质上仍为多组分的共混体系。这是因为煤沥青中存在的化学组成连续性及同系物的分子量分布特征，决定了单一溶剂难以实现绝对意义上的“纯组分”分离。因此，族组成分析结果本质上反映的是特定溶剂体系下各相似族群的相对丰度，而非严格定义的单一化合物组成。

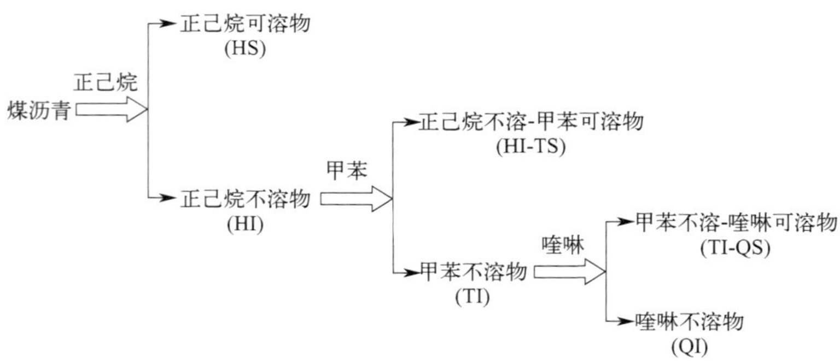

图 3-3 正己烷-甲苯-喹啉三级溶解体系的族组成分析法

目前，针对煤沥青族组成分析的溶剂体系已形成较为完善的分类框架，常用溶剂涵盖非极性（如正己烷、正庚烷、石油醚）、弱极性（如苯、甲苯、四氢呋喃）及强极性（如吡啶、喹啉）三大类。溶剂选择需综合考虑目标组分的极性特征、溶解性及溶剂分离回收难易程度等。其中，正己烷、正庚烷因能有效萃取弱极性的饱和烃及单环芳烃，常作为“饱和分”的基准溶剂；甲苯、苯则凭借适中的极性，可选择性富集双环及三环芳烃，对应“芳香分”的主要提取溶剂；而喹啉、吡啶等含氮杂环溶剂因具有强极性和配位能力，成为分离强极性多环芳烃及沥青质的关键溶剂。实际常采用多溶剂联用策略以构建完整的族组成指纹图谱。

煤沥青中甲苯可溶物称为γ树脂，γ树脂是带黏性的深黄色半流体，平均分子量范围 210～1000。γ树脂的作用是降低煤沥青的黏度，使沥青易于被炭质骨料及粉料吸附，但过量的γ树脂会降低沥青的结焦值，影响炭材料的体积密度和机械强度。甲苯不溶物旧称游离炭，是沥青不溶于甲苯的残留物，相对分子量在 1200～2100。甲苯不溶物的组分含量与焦油和焦化条件有关，焦化温度越高，热解越深，甲苯不溶物的含量越大；甲苯不溶物的黏结性不好，但加热后有可塑性，甲苯不溶物的含量过低，会影响炭材料的机械强度和气孔率；含量过高则会影响沥青的黏结性；甲苯不溶物可以参与焦炭网格的生成，其焦化值可达 90%～95%，在一定范围内，沥青结焦值随甲苯不溶物增加而增加。

不溶于甲苯但可溶于喹啉的组分称为β树脂，又称沥青树脂，β树脂的平均分子量范围为 1000～1800，是沥青中起黏结作用的主要成分，黏结性能随着β树脂含量增加而增加。β树脂常温时为固态，加热时熔融膨胀，焙烧后大部分形成焦炭。β树脂的含量对炭糊的塑性起主要作用，并且对焙烧品的物理力学性能如电阻率、热导率、机械强度等都有明显影响。β树脂的焦化值大、结焦性能好、孔壁结实、结构呈纤维状，导致炭材料的强度大、电阻小。

在煤焦油及煤沥青的化学组成研究中，喹啉不溶物是一类关键的极性组分，其定义为在一定温度及溶剂纯度下，既不溶于甲苯也不溶于喹啉的有机-无机复合颗粒集合体。从分子量特征来看，喹啉不溶物的相对分子量范围通常介于 1800～2600，依据其形成机制与来源可明确划分为原生喹啉不溶物（见图 3-4）与次生喹啉不溶物两类，二者的组成、结构及对炭材料性能的影响存在显著差异。原生喹啉不溶物是煤焦化过程的固有产物，约含 98%的有机组分及 2%的无机杂质，后者主要来源于煤基灰分及焦化过程中因热解不完全形成的大分子碳氢化合物颗粒（如未完全分解的树脂体或丝质体残骸）。其颗粒形态多呈不规则碎片状或团聚体，粒径分布范围较宽，为 0.5～30 μm 之间，且表面极性较高，与煤沥青的相容性较差。次生喹啉不溶物则主要源于煤焦油蒸馏过程中的非原生成分通过液相缩聚反应生成的中间液晶相颗粒。当煤焦油在高温下蒸馏时，除原生喹啉不溶物外的其他组分会发生缩聚反应，形成具有向列相液晶行为的中间相小球体。这类颗粒初始阶段呈规则圆球形，随着反应温度升高或时间延长，小球体可通过碰撞、融并逐渐生长为更大的液晶相聚集体。次生喹啉不溶物的分子结构以高度有序的稠环芳烃片状大分子堆砌为特征，极性较低，与煤沥青的相容性优于原生喹啉不溶物。

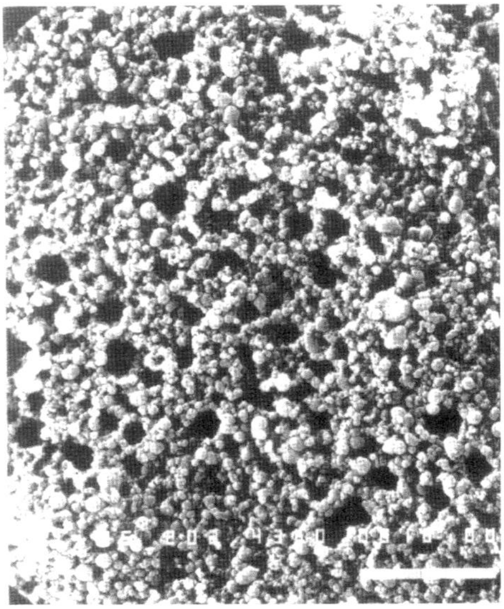

图 3-4 原生喹啉不溶物

喹啉不溶物作为煤沥青中的特殊组分，其对炭质骨料及粉料的界面行为及最终炭材料的宏观性能具有显著调控作用。一方面，由于喹啉不溶物的表面能较低且极性较弱，其与炭质骨料或粉料的界面润湿性较差，难以通过物理吸附或化学键合形成有效黏结，因此通常被视为“非黏结相”；另一方面，其作为填充剂分布于炭材料基质中时，可通过减少孔隙率、阻碍裂纹扩展等方式间接提升材料的体积密度（填充效应）、机械强度（应力分散效应）及导电性能（提供载流子传输通道）。然而，喹啉不溶物的含量需严格控制，通常低于5%的喹啉不溶物可优化上述性能；若含量过高，其刚性颗粒会阻碍沥青分子在炭化过程中的流动与交联，导致沥青黏结性能下降，进而降低炭材料的致密化程度与力学均匀性。

原生喹啉不溶物与次生喹啉不溶物的热膨胀特性影响存在显著差异。原生喹啉不溶物因含有大量不规则无机杂质及无序缩聚芳烃，在炭化过程中易诱导焦炭形成镶嵌结构，即惰性颗粒被短程有序的石墨微晶随机分割，这种结构的连续性较差，微孔隙对热膨胀应力的缓冲能力有限，导致焦炭的热膨胀系数显著升高。相比之下，次生喹啉不溶物在炭化过程中可通过液晶相的有序排列转化为广域流线型结构，其分子链的取向性与连续性更优，微孔隙分布更均匀，对热膨胀的吸收能力更强，因此对焦炭热膨胀系数的影响较小。这一特性使得原生喹啉不溶物的含量成为评估煤沥青制备高性能炭材料的关键指标，例如针状焦要求各向异性结构发达，而原生喹啉不溶物的高含量会破坏石墨微晶的定向生长，导致产品强度与导电性下降；此外，沥青基碳纤维需要沥青前驱体具有较低的热膨胀系数以保证纤维尺寸的稳定性，因此必须通过溶剂萃取、过滤或离心分离等工艺脱除原生喹啉不溶物。

3.1.4 煤液化沥青

煤直接液化沥青是煤直接液化后通过真空蒸馏分离出的副产物。煤液化沥青组成复杂，主要包括重质油等高沸点的有机物、半焦等液化高聚物、残留的煤直接液化催化剂、未反应的煤以及原料煤中的无机物质。煤直接液化工艺副产的液化沥青产量大，可占原煤消耗总量的20%～30%。

煤液化沥青可与煤共热解制焦油、共气化制合成气等，也可用来制备中孔炭、泡沫炭等特殊炭材料。加热时，煤液化残渣中只有重质油等高沸点有机物的成分可完全融化，形成均相的反应状态。若利用液化残渣制备通用级碳纤维，必须分离出其中可用的有机物成分。

煤液化沥青是不含水、高灰高硫、高挥发分含量、高发热量、强黏结性和膨胀性、低灰熔融性的有机、无机混合物。煤液化沥青的含量和组成随着不同的液化工艺以及煤的有机结构组成和无机矿物质组成的不同而有所不同。煤液化残渣中碳元素的含量高达70%～85%，其典型的组成为：重质油20%～30%、沥青烯20%～30%、前沥青烯5%～10%和四氢呋喃不溶物（未反应的煤和矿物质）45%左右，其中未反应的煤约占30%。煤液化残渣中的硫主要来源于参与液化的煤和含硫催化剂。煤液化残渣对温度非常敏感，在升温过程中表观黏度下降很快，且没有黏度峰，是剪切变稀的非牛顿型假塑性流体，温度越高越接近牛顿流体。煤液化沥青富含多环芳烃和氮、氧等杂原子芳香族化合物，它是珍贵的化工资源，但因其组成复杂，目前仍缺乏对其有效利用的方法。

煤液化沥青目前已被应用于中孔炭、泡沫炭、碳纤维、活性碳纤维、碳纳米纤维以及碳纳米管等炭材料的制备。

3.1.5 无灰煤

无灰煤是近年来基于溶剂热萃取技术开发的一种新型高性能煤基材料，其通过特定溶剂体系在温和至高温条件下对原煤进行选择性萃取，实现无机矿物质与有机质的高效分离（见图3-5）。无灰煤是具有低灰分、高热值、良好热塑性、环境友好等特性的新型高性能煤。无灰煤的灰分、水分明显低于原煤，且热值远高于原煤。无灰煤具有更好的热塑性和流动性、更低的软化点等优点。特别是，以低阶煤为原煤所制备的无灰煤可以很大程度上提高其热塑性能。无灰煤的分子结构含有较高的N、O杂原子，脂肪族支链较多，分子量分布范围广，且存在不少双键、三键化合物以及五元环结构的化合物，因此其应用领域的开拓仍较为薄弱。

无灰煤作为一种新型的高性能煤，具有清洁环保和经济实用等特性，已在配煤炼焦、活性炭制备，以及碳纤维、碳纳米管、石墨烯等高性能纳米碳材料领域显示出巨大的应用潜力。

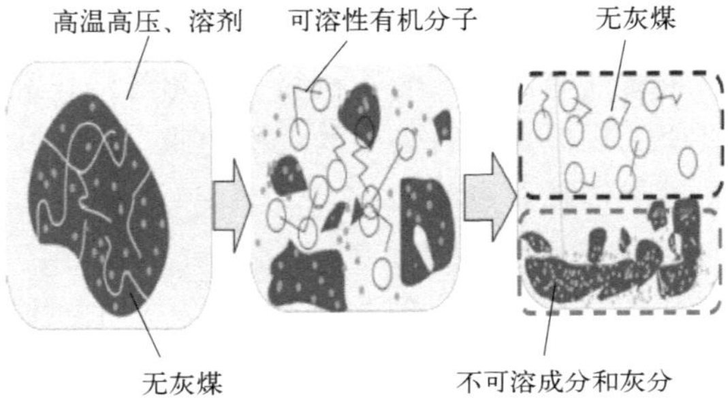

图 3-5 无灰煤的制备原理

3.2 石油基原料

石油基原料是指以石油或其衍生物为初始来源，通过炼油、石油化工等工艺加工得到的，用于制备炭材料的固态或液态烃类及非烃类化合物。石油基原料的核心特征是碳含量高、氢碳比适中，且含有烷烃、环烷烃、芳香烃及非烃类有机化合物。可用于制备炭材料的石油基原料包括石油沥青、减压渣油、催化裂化油浆及乙烯焦油等。

3.2.1 石油沥青

石油沥青是石油炼制过程中的副产物，具有复杂的化学组成和独特的物理化学性质。石油沥青的形成主要源于原油加工过程中的蒸馏、溶剂脱沥青、氧化及调和等工艺，其产量约占原油加工总量的2%～4%。石油沥青是由质量占比约45%～60%的芳香族化合物、25%～40%的脂肪族化合物及10%～15%的杂环化合物构成的复杂混合物，其平均分子量范围在1000～5000之间，显著低于煤焦油沥青。石油沥青的碳氢比通常为1.4～1.6，碳元素的质量分数约为

83%～87%，硫含量约为2%～5%，氮含量低于1%，氧含量则因加工工艺差异在0.5%～3%之间波动。相较于煤焦油沥青，其稠环芳烃的芳香度较低，且含有更多长链脂肪族侧链结构，这种分子特征直接影响其热稳定性和低温性能。

石油沥青的性能表现与其化学组成存在显著构效关系。石油沥青四组分测定法作为行业标准方法（NB/SH/T 0509—2010），将沥青分离为饱和分（saturates）、芳香分（aromatics）、胶质（resins）和沥青质（asphaltenes）四个组分，故也称为SARA分离法，如图3-6所示。

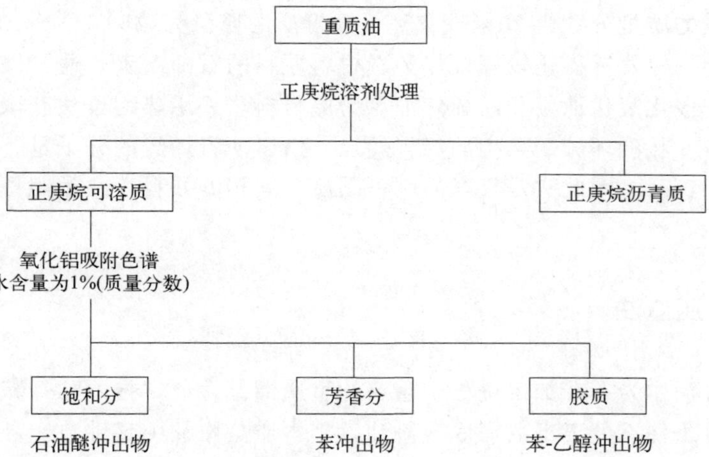

图3-6 SARA分离过程示意图

石油沥青中各组分占比直接影响材料性能。饱和分是由直链和支链脂肪烃以及烷基环烃和一些烷基芳香烃组成的，它们是非极性稠状油类，呈稻草色或白色。平均分子量范围类似于上述芳香族，其成分包括有蜡质及非蜡质的饱和物。此部分的含量占沥青的5%～20%。饱和分和芳香分在沥青中主要使胶质-沥青质软化（塑化），使沥青胶体体系保持稳定。芳香分是由沥青中最低分子量的环烷芳香化合物组成的，是胶溶沥青质的分散介质的主要部分。芳香分占沥青总量的20%～50%，是呈深棕色的黏稠液体，平均分子量在300～2000范围内。芳香分由非极性碳链组成，其中非饱和环体系占优势，对其他高分子烃类具有很强的溶解能力。胶质溶于正庚烷，与沥青质一样也是大部分由碳和氢组成的，并含有少量的氧、硫和氮。它是深棕色固体或半固体，极性很强，使胶质具有很好的黏附力。胶质是沥青质的扩散剂或胶溶剂，它与沥青质的比例在一定程度上决定了沥青的胶体结构的类型。从沥青中分离出来的胶质分子量范围为1000～50000，颗粒直径为1～5 nm，氢碳原子比为1.3～1.4。沥青质是不溶于正庚烷而溶于苯

（或甲苯）的黑色或棕色的无定形固体，除含有碳和氢外还含有一些氮、硫、氧。一般认为沥青质是复杂的芳香材料，极性很强，分子量相当大。大部分数据表明沥青质的分子量为1000～100000，颗粒粒径为5～30 nm，氢碳原子比约为1.6～1.28。沥青质含量对沥青的流变特性有很大影响。增加沥青质的含量，可生产出较硬、针入度较小和软化点较高的沥青，因此黏度也较大。沥青中沥青质的含量为5%～25%，我国石蜡基原油生产的沥青中沥青质含量一般在1%左右，中东原油生产的沥青质含量可达5%以上。四组分协同效应表现为饱和分与芳香分构成连续相，胶质作为分散介质，沥青质形成分散相。

一般认为，饱和分的质量分数为8%～15%、芳香分的质量分数为30%～50%、胶质的质量分数为25%～45%、沥青质的质量分数为1%～10%的石油沥青各项性能指标发挥得比较好。作为炭材料原料的石油沥青，通常以富含芳烃的减压渣油、催化裂化油浆和乙烯焦油等为原材料，采用热缩聚法获取。这种石油沥青中含有片状稠环分子结构的沥青烯烃，由于沥青烯烃的分子量、芳香度和热稳定性都比较高，因此它是较好的制备碳质中间相的原料，亦是制备炭材料的适宜原料。

3.2.2 减压渣油

减压渣油作为石油加工过程中重要的重质馏分，通常指原油经减压蒸馏装置在低于常压条件下分离出的塔底残渣油，其本质是原油中高沸点、高分子量烃类与非烃类化合物的复杂混合物。作为常减压蒸馏工艺的最终产物，减压渣油的组成与性质不仅直接决定了后续加工工艺的选择（如延迟焦化、溶剂脱沥青、催化裂化等），还是评估原油资源利用价值的关键指标。受原油成因、沉积环境及热演化程度差异的影响，不同来源减压渣油的化学组成与物理特性呈现显著异质性。

我国典型减压渣油的碳含量集中在85%～87%之间，氢含量为11%～12%，C/H介于0.5～0.7之间，这一特征反映了其相对于低沸点馏分油具有更高的不饱和程度与芳香化倾向。与国外减压渣油（如中东地区以石蜡基原油为主的产品）相比，我国减压渣油的硫含量普遍偏低，但氮含量相对较高。氮元素主要以吲哚、喹啉等含氮杂环化合物形式赋存于胶质与沥青质组分中，其共轭π键结构的稳定性显著高于硫醇、硫醚等含硫化合物，导致常规加氢脱硫工艺对其脱除效率较低，需采用更苛刻的加氢条件或催化剂体系。此外，我国减压渣油的胶质含量显著高于国外同类产品，通常达40%～50%；芳香分含量则相对较低，一般为30%左右；沥青质含量普遍低于3%，远低于中东减压渣油的5%～10%；饱和分含量则因原油来源差异较大。这种“高胶质、低芳香分、低沥青质”的族组成特征构成了我国减压渣油的典型标签，其中胶质作为沥青质的“分散介质”，其含量水平直接影响沥青质的胶体稳定性。高胶质体系中，沥青质通过胶束结构分散于胶质连续相中，可延缓其因碰撞聚集导致的结焦倾向；而低芳香分则限制了胶质对沥青质的有效溶剂化作用，可能加剧加工过程中的设备结焦风险。高芳香分、低沥青质的减压渣油还是制备高性能炭材料的优质原料，其丰富的芳香环结构可作为石墨化前驱体的基本单元，在高温炭化和石墨化过程中通过层状堆砌形成有序结构。

3.2.3 催化裂化油浆

催化裂化油浆作为石油炼制过程中催化裂化工艺的关键副产物，其生成量通常占催化裂化装置原料投入量的 6%～8%。催化裂化油浆呈深黑色至黑棕色，常温下表现出黏度较高的非牛顿流体特性，其流变行为呈现显著的剪切增稠或剪切变稀特征，这种特性与物料内部颗粒分散状态及分子间相互作用密切相关。催化裂化油浆的理化性质与原油的基属特征存在强关联性，不同基属原油（如石蜡基、中间基、环烷基）经催化裂化工艺加工后，所得油浆在组分分布及关键参数上呈现系统性差异。相较于减压渣油，催化裂化油浆因轻组分部分汽化及热裂化反应导致重质组分相对富集，其密度通常处于 1.05～1.15 g/cm^3，显著高于减压渣油的 0.95～1.05 g/cm^3；减压渣油在 50 ℃下的运动黏度常超过 1000 mm^2/s，而催化裂化油浆因经历反应器内的高温裂解过程，大分子烃类发生断链反应，其 50 ℃运动黏度多分布于 100～500 mm^2/s 之间，流动性更优；残炭值是表征生焦倾向的关键指标，催化裂化油浆因轻质化程度更高，残炭质量分数一般低于 5%，较减压渣油通常高于 10%的占比显著降低；催化裂化油浆硫质量分数集中于 0.5%～2.0%之间，较减压渣油减少约 50%，这主要归因于催化裂化过程中部分含硫化合物随油气逸出或发生脱硫反应；固含量则因反应过程中催化剂磨损及携带作用，催化裂化油浆的固含量可达 0.1%～0.5%，显著高于减压渣油。催化油浆的族组成呈现“高芳香分、中饱和分、低胶质沥青质”的特征：芳香分质量分数高达 70%以上，构成物料的主体；饱和分含量约 15%～20%，主要由环烷烃及链烷烃组成；而胶质含量约 5%～10%、沥青质含量通常低于 2%，这与催化裂化工艺中大分子烃类的裂解及缩合反应密切相关。催化裂化油浆富含饱和烃与芳香烃馏分，其中三环及四环芳烃在总芳烃中的质量占比超过 60%，分子结构呈现典型的“多环单核短侧链”特征，通常一个稠环芳烃核心主体连接 1～3 个 C1～C5 的短链烷基。这种结构特征直接反映在其氢碳比上，催化裂化油浆的 H/C 值维持在 0.7～0.8 之间，较减压渣油高出约 20%～30%，表明其相对于减压渣油具有更高的氢含量与相对较低的芳构化程度，这一特性使其在后续加工利用中具备独特的化学活性与能量密度优势。

基于碳质中间相形成理论，催化裂化油浆体系因其独特的分子结构特征展现出优异的中间相生成能力。催化裂化油浆体系的芳香性较大，中间相保持塑性的温度区间较宽，易于获得各向异性的易石墨化的显微结构。显然环烷基、中间基和石蜡-中间基催化裂化油浆亦是碳质中间相、针状焦、泡沫炭等炭材料的优质原材料，石蜡基原油催化裂化油浆经过适当调整，如脱除链状饱和烃等后，亦可作为制备炭材料的适宜原材料；另外，利用催化裂化油浆富含饱和烃和芳烃分子的多环单核短侧链特性，通过与减压渣油共炭化，还可改善减压渣油的成焦性能，制备优质针状焦。

3.2.4 乙烯焦油

乙烯焦油，又称乙烯裂解焦油，是石油化工领域中乙烯裂解装置采用蒸汽裂解工艺时，石脑油、轻柴油等原料烃类与裂解产物在 800～900 ℃条件下发生环化、芳构化及缩聚等反应生成的高沸点副产物。该物质在常温下呈黑褐色黏稠性液体，其组成、物理化学性质与裂解原料类型及工艺参数密切相关。工业生产中，乙烯焦油的产量约占裂解原料总投料量的 10％～20％，是乙烯装置重要的副产资源。

乙烯焦油含碳量大于 80％，碳氢比接近 1，硫和氮含量低，芳烃含量高。依据四组分测定法，乙烯焦油的芳香分质量分数通常超过 50％，是其区别于其他重油馏分的核心特征；而饱和分、胶质及沥青质的含量则呈现显著的原料依赖性：以轻柴油为裂解原料时，其乙烯焦油中饱和分含量显著低于石脑油裂解产物（因轻柴油原料本身链烷烃含量较低，热裂解过程中生成的饱和分更少），而沥青质含量则呈现相反的变化趋势（轻柴油分子量大、支链多，缩合反应更易生成沥青质）；当采用石脑油作为裂解原料时，所得乙烯焦油的沥青质含量较低（石脑油以链烷烃和环烷烃为主，缩合程度较弱），饱和分含量相对较高（环烷烃脱氢生成芳烃的同时，部分未反应的环烷烃保留在饱和分中）；对于石脑油与轻柴油的混合裂解体系，乙烯焦油的饱和分与沥青质含量则介于单一裂解原料对应的产品之间，但其胶质含量却显著高于两种单一裂解体系，这一现象可归因于混合原料中不同烃类的协同缩合反应，促进了胶质的生成。

基于上述四组分特征及分子结构特性，乙烯焦油在化工深加工领域展现出多元化的应用潜力。其芳香分中的萘、蒽等高浓度组分可通过蒸馏、结晶等工艺提取，用于制备精细化工产品；而更具工业价值的应用则集中于炭材料制备领域。值得关注的是，乙烯焦油中的沥青质作为关键组分之一，其分子结构为稠环芳烃大分子，在液相炭化过程中表现出特殊的反应行为，这类大分子的高反应活性会导致体系黏度急剧升高，阻碍中间相小球体的均匀生长与融并。具体而言，高黏度体系会破坏分子排列的有序性，使得平面分子堆积的平行取向度降低，最终导致中间相织构从理想的广域型或纤维状光学各向异性转变为粗镶嵌形态，难以满足高性能炭材料的要求。因此，未经处理的乙烯焦油，尤其是轻柴油系等重质原料制得的焦油，其沥青质含量通常高于5%，直接用于针状焦生产时，会导致产品热膨胀系数高、导电性差等问题。针对这一问题，工业上通常采用减压深拔工艺对乙烯焦油进行预处理，通过降低操作压力提高沥青质的挥发分，实现沥青质的选择性脱除。当沥青质的质量分数降至1%以下时，以饱和分、芳香分为主的剩余组分热缩聚反应可调控中间相织构向广域型发展，从而制备出热膨胀系数低、石墨化度高的优质针状焦。此外，乙烯焦油凭借其高芳烃含量及可调变的四组分分布，还可作为制备炭黑、高可溶性中间相沥青、通用级沥青碳纤维、沥青树脂及球形活性炭等多种炭材料的核心原料。

3.3 生物质基原料

生物质作为地球生态系统中重要的有机碳库，是指通过光合作用将大气中的二氧化碳、水及土壤中的矿物质资源转化为有机物质的生物有机体总称。相较于煤炭、石油等化石燃料，生物质能源含硫量低、氮氧化物排放少，且可通过热解等预处理技术进一步降低灰分与重金属含量，符合清洁能源的发展需求。作为生物质能源利用的重要延伸方向，生物质衍生炭材料因其独特的物理化学性质已成为新能源材料领域的核心研究对象。生物质基原料生产炭材料的方法涉及多学科交叉技术，其核心在于通过热化学转化实现生物质组分的高效利用。生物质基础化学组成的纤维素、半纤维素、木质素及生物质转化过程中关键产物的生物质焦油都可以作为炭材料的原料。

3.3.1 纤维素

在自然生态系统的生物质组成中，纤维素作为核心组分之一，通常占生物质干重的40%～50%，与半纤维素（10%～30%）、木质素（20%～30%）共同构成植物细胞壁的主体结构。其中，纤维素作为自然界丰度最高的天然高分子化合物，其广泛分布与独特性质使其成为当前生物基材料领域的研究焦点。纤维素主要赋存于高等植物的初生壁与次生壁中，是植物细胞壁的主要结构多糖；此外，部分微生物亦可通过酶促聚合反应合成纤维素，拓展其生物合成路径。纤维素可通过醚化、酯化等化学改性或溶解、再生等物理处理，衍生出多样化的功能材料，它已被视为未来替代石油基化工原料的关键生物基资源。

纤维素的化学本质是由D-葡萄糖通过β-(1-4)-D-糖苷键连接形成的线型高分子聚合物，其重复单元为纤维二糖（$C_{12}H_{22}O_{11}$），聚合度通常为500～15000，

其分子式可表示为 $(C_6H_{10}O_5)_n$，元素组成中碳（44.44%）、氢（6.17%）、氧（49.39%）的质量占比呈现典型的“高氧低碳”特征，这一特性与其分子链上密集分布的羟基密切相关。如图 3-7 所示，纤维素链因 β-(1-4)-D-糖苷键约 109°的键角与 C—O—C 键的旋转受限性，倾向于形成伸展的带状构象，分子链间通过大量分子内氢键及分子间氢键紧密结合，形成高度结晶的微纤丝结构，结晶度通常为 40%～70%。这种结构特征赋予纤维素高机械强度与化学稳定性，但也对其溶解与加工提出了挑战，即需通过强酸水解、离子液体溶解或纤维素膨化等手段破坏氢键网络。

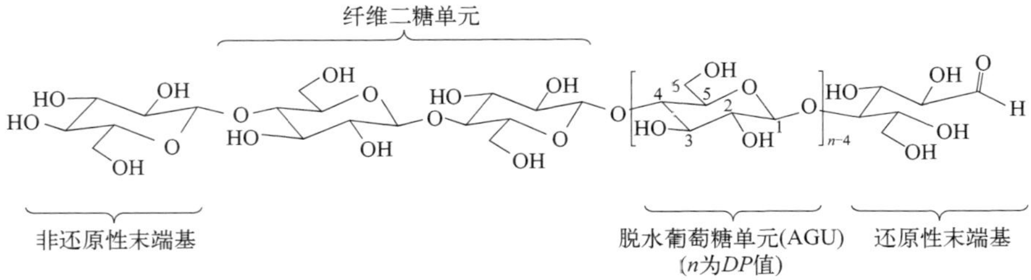

图 3-7 纤维素分子结构

纤维素链的端基化学性质差异显著，C1 位为还原性端基（含半缩醛羟基），可参与氧化、还原或糖苷化反应；C4 位为氧化性端基（羟基处于 β 构型），在强氧化条件下易发生氧化降解；链中 C2、C3 位的仲羟基（—CHOH）与 C6 位的伯羟基（$—CH_2OH$）则共同构成了纤维素的化学反应活性位点，是衍生化改性的主要靶点（如羟乙基化、羧甲基化）。

纤维素纤维作为生物基功能材料的重要分支，是以天然纤维素为原料通过化学改性或物理重组形成的功能性纤维集合体。根据制备工艺差异，它可细分为再生纤维素纤维（如黏胶纤维、莱赛尔纤维）和衍生纤维素纤维（如醋酸纤维、铜氨纤维）两大类。这类纤维继承了纤维素分子链的规整排列特征，其结晶区与非晶区的交替结构赋予材料独特的力学性能与化学响应性。黏胶基碳纤维作为碳纤维家族的先驱成员，其制备遵循“纤维素溶解-化学改性-纤维成型-热处理”的经典路径。黏胶基碳纤维由美国开发，用于耐烧蚀和隔热材料。黏胶纤维是将精制的纤维素与碱反应生产碱纤维素，该过程通过 β-(1-4)-D-糖苷键的部分断裂实现分子链的适度解聚；碱纤维素与二硫化碳反应生成纤维素黄原酸酯，将其溶于稀碱溶液中制成黏胶，通过湿法纺丝，并在凝固浴中与酸作用再生为纤维素纤维。黏胶纤维经过预氧化和炭化制得黏胶基碳纤维。纤维素还是制备碳气凝胶、多孔炭、碳量子点、碳纳米纤维等炭材料的原料。

3.3.2 木质素

木质素是一类广泛存在于高等植物细胞壁中的天然高分子聚合物，其化学本质为由对香豆醇、松柏醇及芥子醇等苯丙烷类结构单元通过醚键和碳碳键等多种共价键交联形成的三维网状芳香族生物大分子。作为自然界中储量最丰富的可再生芳香族碳资源，木质素与纤维素、半纤维素共同构成植物生物质的三组分体系，独特的化学组成与结构特性使其成为生物质资源高值化利用的关键研究对象。木质素主要由碳（质量分数 55%～65%）、氢（质量分数 5%～7%）和氧（质量分数 23%～30%）三种元素构成，其中碳元素的高丰度使其在碳基材料领域具有重要应用潜力。相较于化石资源中有限的芳烃储备，木质素是唯一可直接获取的可再生芳基化合物来源。

木质素分子的官能团体系呈现高度异质性，其核心骨架由芳环构成，每个苯丙烷单元携带一个甲氧基，部分单元还含有酚羟基、醇羟基、羰基及羧基等含氧官能团。这些官能团的协同作用赋予木质素复杂的化学微环境，酚羟基的存在使其具备弱酸性及氢键缔合能力，甲氧基的给电子效应可调节苯环的电子云密度，而羰基与羧基则作为极性基团参与离子交换或配位反应。此外，分子中广泛分布的位于苯环侧链的烯丙位及共轭双键不饱和双键构成了丰富的活性位点，使其在氧化、还原及自由基反应中表现出独特的反应活性。

木质素的转化利用面临显著的结构屏障。其分子内密集的三维网状芳环结构由 5～7 个苯环通过 C—C/C—O—C 键连接形成超分子体系与复杂的化学键合方式，导致其相较于含大量结晶区与分子间氢键的纤维素和支链多糖结构丰富的半纤维素具有更高的化学稳定性与空间位阻，如图 3-8 所示。这种致密的结构特征不仅阻碍了溶剂分子的渗透，更使得酶解、热解及催化转化过程中反应试剂难以有效接触反应位点，从而显著增加了其降解或功能化的难度。例如，传统酸法解聚木质素时，其三维网状结构会导致产物收率低且易发生缩合反应生成难溶的缩合型芳烃；而生物降解过程中，木质素过氧化物酶、锰过氧化物酶等虽能断裂醚键与碳碳键，但其作用效率受限于底物的空间可及性。

由于木质素的分子结构中存在着芳香基、酚羟基、醇羟基、碳基共轭双键等活性基团，因此可以进行氧化、还原、水解磺化、烷基化、卤化、硝化、缩聚或接枝共聚等化学改性后应用于制备碳纤维。由于其独特的聚合结构，木质素基碳纤维具备比表面积高、孔隙结构可调等优势，对于制备可充电电池以及超级电容器电极材料具有很大的潜力。此外，木质素还被用于制备碳量子点、碳纳米纤维等炭材料。

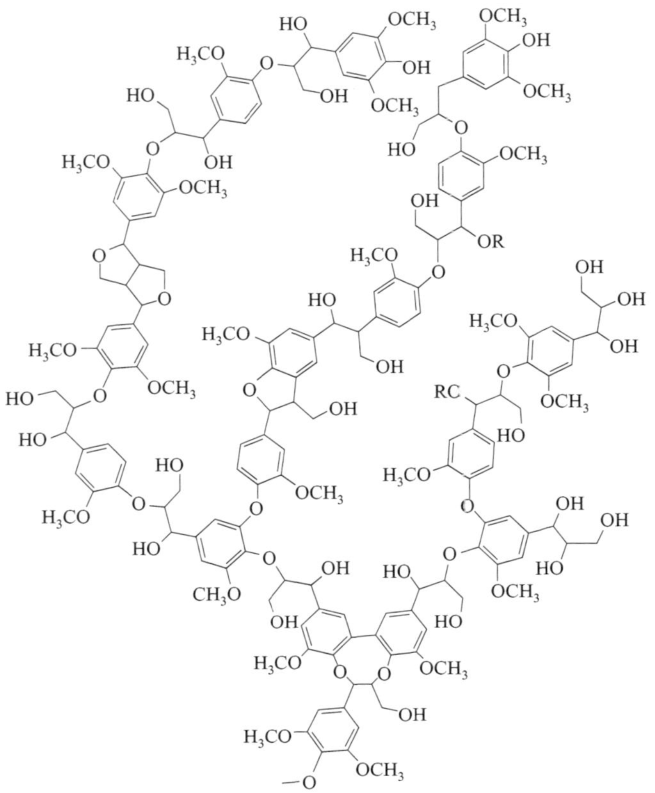

图 3-8　木质素分子结构

3.3.3　生物质焦油

生物质焦油作为生物质热化学转化过程中的典型液态副产物，其形成机制与热解、气化等关键工艺过程密切关联。生物质在限氧或无氧条件下经 400～1000 ℃热解，或在高温下与气化剂发生气化反应时，其纤维素、半纤维素、木质素大分子有机物经断裂、缩聚、芳构化等复杂反应路径，最终生成富含碳氢元素的液态副产物，即生物质焦油。该物质呈深褐至黑色黏稠液态，具有显著的胶体特性。根据生物质热解过程中焦油的生成机理，可将焦油分为初级焦油、二级焦油和三级焦油，其核心差异在于生成阶段及化学组成。初级焦油是生物质在热解初期温度低于 600 ℃的低温阶段产生的，生物质中大分子有机物发生断裂，生成的小分子片段即为初级焦油。初级焦油成分与原料结构密切相关（如纤维素热解产生呋喃类化合物、木质素热解产生酚类化合物），分子量较小，多为单环芳烃，稳定性差，易在高温下进一步反应转化为二级焦油。初级焦油在热解温度升高至600～800 ℃或停留时间延长时，发生环化、缩聚等反应，生成分子量更大、结构更复杂的化合物，即为二级焦油。二级焦油以双环芳烃为主，稳定性优于初级焦油，但仍可进一步转化为三级焦油。当热解温度进一步升高至800 ℃以上或停留时间足够长时，二级焦油发生深度缩聚反应，生成分子量更大、结构更稳定的多环芳烃（如菲、芘）及沥青质类物质，其成分以多环芳烃（3～7环）为主，含氧量低，热稳定性高，难以通过常规冷却法去除，是焦油净化的主要难点。

生物质焦油突破了传统化石燃料衍生焦油的单一性特征，呈现出多元组分协同存在的复杂体系，其核心组分为芳香族化合物，涵盖单环、双环、多环直至沥青质级的大分子芳烃；同时，含氧官能团的引入进一步拓展了其组成维度，包括脂肪族羧酸、酯类、杂环含氧物（呋喃、吡喃、糠醛）及酚类衍生物等。相较于煤焦油，生物质焦油的分子量分布更宽，且含氧量较高，这使其在氧化稳定性、热稳定性等方面表现出独特性。生物质焦油的化学组成具有显著的过程依赖性，其成分演变与反应温度、系统压力、物料停留时间及加热速率等关键工艺参数呈强相关性。高温短停留条件有利于抑制二次裂解反应，促进挥发性组分的定向缩聚，生成更多低分子量芳烃；而低温长停留条件则会加剧分子间的缩合反应，导致多环芳烃及沥青质含量显著增加。此外，加压操作可通过提高反应体系密度，促进自由基间的碰撞重组，进而改变芳烃的环化程度；加热速率的提升则会缩短热解物料在低温区的停留时间，减少含氧官能团的提前脱除，最终提高焦油中酚类物质的相对含量。基于上述特性，生物质焦油作为高附加值炭材料的前驱体受到广泛关注。生物质焦油已被用于制备碳纤维、碳纳米纤维、碳量子点、炭黑、多孔炭等炭材料。

3.4 天然石墨

天然石墨是一种黑色带有光泽、菱形对称的六方晶系的矿物晶体。晶体具有平行六边形片状体叠合的形态，表面通常带有纹理，质软并富滑腻感。石墨的特殊晶体结构，使其具有耐高温、特殊的抗热震性、导热和导电性、润滑性、可塑性、化学稳定性等优良的性能。

天然石墨是一种非金属矿物，它常与石英、长石等共生组成含石墨的岩石。在地球深处高压作用下，含石墨的岩石沿地隙上升，在接近地球表面压力较低的地方便分解成石墨矿脉，当质量达到了现代工业能利用的程度时，就称为石墨矿石。根据结晶形态，天然石墨分为晶质石墨和隐晶质石墨两类。晶质石墨结晶粗大，破碎后呈鳞片状，俗称鳞片石墨；隐晶质石墨的晶形不明显，晶粒小，俗称土状石墨或无定形石墨。

晶质石墨的形成方式依地质条件不同而有一定差异，中国的晶质石墨矿属于区域变质矿床，是含有大量有机质的沉积岩，在地层的高温、高压下，经过中、深程度的区域变质作用，炭质气化，在适宜的地质条件下结晶而成。晶质石墨矿石中，石墨晶体直径大于 1 μm，呈鳞片状（见图 3-9）；矿石品位较低，但可选性好。晶质石墨有很好的导电性、导热性、润滑性和抗氧化性能，在工业上用作制造电刷、润滑剂、铅笔芯和柔性石墨等产品的原料。晶质石墨根据固定碳含量分为高纯石墨、高碳石墨、中碳石墨及低碳石墨。高纯石墨（固定碳含量大于或等于 99.9%）主要用于柔性石墨密封材料，代替白金坩埚用于化学试剂熔融及润滑剂基料等；高碳石墨（固定碳含量 94.0%～99.9%）主要用于耐火材料、润滑剂基料、电刷原料、电碳制品、电池原料、铅笔原料、填充料及涂料等；中碳石墨（固定碳含量 80.0%～94.0%）主要用于坩埚、耐火材料、铸造材料、铸造涂料、铅笔原料、电池原料及染料等；低碳石墨（固定碳含量 50.0%～80.0%）主要用于铸造涂料。

图 3-9　天然鳞片石墨 SEM 图

隐晶质石墨的晶粒很小，平均尺寸为 0.01～0.1 μm，呈微晶的集合体，肉眼难以辨认，在电子显微镜下才能见到晶形；矿石呈微细鳞片-隐晶质结构，块状或土状构造。这种石墨是由煤田受热力接触变质而生成的，保留着煤质外貌和层状结构。矿石为黑色致密块状，有从无烟煤过渡到石墨的特征，石墨含量达 60%～88%，最低只有 15%。隐晶质石墨晶粒小，其性能比晶质石墨差，但用它生产的炭素制品机械强度高，多用于制造电池炭棒、石墨活塞环、石墨密封环、石墨轴衬、电车用电刷、天然石墨电极等产品。在电炭制品生产中，采用晶质石墨的目的是降低制品的电阻率和磨损率；采用隐晶质石墨主要是调整制品的硬度。

3.5 纯化学物质

相较于煤系、石油系等天然有机原料，纯化学物质因分子层面的明确性与结构有序性，在炭材料制备领域展现出独特的优势与局限。纯化学物质具有精确的分子式定义与稳定的三维空间构型，这种分子层面的"确定性"使其在转化过程中能够遵循可预测的反应路径，为反应动力学建模与工艺参数调控提供了坚实的理论基础。例如，高分子聚合物的炭化过程可通过控制升温速率、终温及保护气氛等参数，精准调控炭材料的微观结构与宏观性能；而低脂肪烃类在化学气相沉积过程中的成核与生长机制，亦可通过调节催化剂种类、反应温度及载气流速实现定向调控。然而，纯化学物质的工业化应用亦面临显著瓶颈，其合成制备通常涉及复杂的化学工艺，导致原料成本远高于煤焦油、石油沥青等天然资源，目前主要应用于高性能碳纤维、碳纳米材料等高附加值炭材料领域，以满足航空航天、电子器件等高端产业对材料性能的严苛要求。

3.5.1 高分子

高分子聚合物凭借其可设计的分子结构与成熟的工业化生产体系，成为当前炭材料制备中使用最广泛的纯化学原料类别。根据最终炭材料的性能需求，不同类型的高分子前驱体呈现出显著的应用分化。

（1）碳纤维制备

碳纤维生产工业中，聚丙烯腈基前驱体占据绝对主导地位。其分子链中富含的氰基基团在 200～300 ℃预氧化阶段可通过环化脱水反应形成共轭双键网络，随后在 1000～1600 ℃碳化阶段发生交联重构，最终生成具有高度取向性的石墨微晶结构，赋予碳纤维优异的比强度与比模量。此外，聚氯乙烯与聚苯乙烯虽因含氯或苯环侧基导致热稳定性略低，但通过优化沥青前驱体调制及预氧化工艺仍可实现炭化收率约 40%～50%，适用于制备低成本通用级碳纤维。

（2）多孔炭制备

酚醛树脂、聚酰亚胺及聚糠醇等高分子因分子链中富含芳香环与交联结构，经炭化、活化处理后可形成丰富的孔隙结构。其中，热固性酚醛树脂在水蒸气活化条件下可获得比表面积达 2000 m^2/g 以上的超高比表面积活性炭，广泛应用于超级电容器电极材料；聚酰亚胺则因分子链的刚性特征，更易制备出具有规则孔道结构的有序多孔炭，在气体分离与催化载体领域表现出独特优势。

3.5.2 芳香族化合物

芳香族化合物，包括萘、甲基萘、蒽、菲等多环芳烃及苯、甲苯等单环芳烃，凭借其共轭芳环的堆叠倾向性与热稳定性，成为制备高性能碳质中间相及碳纳米材料的核心原料。

（1）碳质中间相合成

以萘、甲基萘为代表的多环芳烃在 $AlCl_3$、HF/BF_3 等 Lewis（路易斯）酸催化剂的作用下，于 300～450 ℃发生催化合成反应，可形成具有各向异性的广域型中间相沥青。该中间相沥青经熔融纺丝、预氧化、炭化及石墨化处理后，可制得石墨化度大于 90％的超高模量碳纤维。此外，蒽、菲等稠环芳烃因分子对称性更高，更易形成结构均一的碳质中间相，适用于制备高结晶度炭/炭复合材料。

（2）碳纳米材料制备

苯、甲苯等单环芳烃通过化学气相沉积法可在过渡金属（如 Fe、Co、Cu）或非金属（如 SiC、Al_2O_3）基底表面发生分解、重组反应，生成碳纳米管、石墨烯等碳纳米材料。例如，苯在等离子体增强化学气相沉积条件下可制备出层数少于 5 层的石墨烯，其电导率可达 10^6 S/m 以上，适用于生产高频电子器件。

3.5.3 低脂肪烃类

低脂肪烃类（甲烷、乙烷、乙烯等链状烯烃与烷烃）因分子结构简单、气相反应活性高，是化学气相沉积法制备碳纳米材料的主要气态原料。其核心反应机制为：在高温与催化剂作用下，烃分子发生裂解生成具有优异反应活性的中间物，如甲基自由基、碳原子簇等，随后通过成核、生长与终止过程组装成特定形态的纳米结构。

（1）碳纳米纤维与碳纳米管制备

乙烯与乙烷因含不饱和双键，更易在 Fe-Mo/MgO 等复合催化剂表面发生定向吸附与聚合，生成具有高长径比大于 1000、直径为 50～200 nm 的碳纳米纤维。乙烯在 Ar/H_2 混合气氛中于 800 ℃反应时，可获得结晶度良好的多壁碳纳米管，其抗拉强度可达 30 GPa。

（2）炭黑制备

甲烷、乙炔等低脂肪烃类在部分氧化条件下可热解生成炭黑，并可通过调节烃类分子量与反应温度控制炭黑的粒径与结构度，从而优化橡胶的耐磨性与抗撕裂性能。

综上，纯化学物质凭借其分子层面的确定性与反应可控性，在高性能炭材料制备中具有不可替代的地位。尽管其经济性限制了大规模普及，但随着合成工艺优化与高端应用需求增长，纯化学原料在炭材料领域的应用前景将愈发广阔。未来的研究重点应聚焦于原料成本控制、反应机理深化及工艺技术创新，以推动纯化学物质在炭材料领域的高效、可持续应用。

第4章

炭材料的制备

炭材料的性能多样性源于其复杂的同素异形体特性。即便是以相同含碳前驱体为原料，通过不同制备路径所获得的炭质产物，其物理化学性质可能呈现出本质性差异，例如以乙炔碳源可制备出具有高电子迁移率的导电炭黑，也可合成出完全绝缘的金刚石颗粒。究其根本，不同的制备方法使得碳原子杂化方式与微观结构有序度发生了改变，从而导致材料性质产生了差异。通过精确控制反应热力学条件和动力学过程，可主动干预碳原子的聚集态演变过程，进而定向调控材料的分子构型、晶体结构、表面官能团及孔隙结构等。本章将系统梳理炭材料制备的基础理论体系与实践路径，重点阐释炭材料制备基础，包括炭化、石墨化、活化、功能化以及金刚石生成的方法与机理。

4.1 炭化

炭化是制备绝大多数炭材料的必经步骤，是有机前驱体在惰性气氛中的热裂解反应。炭化过程中，原料分子发生重整形成初始的碳骨架，使其转变为具有炭材料分子结构的特征的物质。目前，广义上的炭化包括热解、干馏、焦化等过程，是指固体或有机物在隔绝空气条件下加热分解的反应过程或加热固体物质来制取气态、液态和固态产物的过程。在炭材料制备中，炭化通常是指原料在惰性气氛或略带氧化性气氛中发生环化、芳构化、低聚化以及缩聚等反应生成气态和液态产物并形成以稠环芳烃大分子为主要构成的固态产品的过程。

对于炭化的定义，目前仍然没有统一的说法。在部分文献资料中，将焦油和稠油类物质生成沥青前驱体的过程称为炭化，也有将两种及其以上的原料反应生成沥青前驱体的过程称为共炭化的。沥青前驱体的生成过程包含了焦油和稠油类物质的环化、芳构化、低聚化以及缩聚反应，最终生成以稠环芳烃为主的沥青。

严格意义上说，这只属于热缩聚反应，其产物还不具有炭材料的分子结构特征。从沥青前驱体到最终炭材料的反应过程才属于炭化，例如沥青前驱体经炭化等步骤转化为碳纤维的过程。此外，煤的热解和焦化过程也不能等同于炭化过程。煤的热解和焦化实质上是煤经过干燥、预热、软化、膨胀、熔融、固化和收缩而炼制成半焦或焦炭。炭化只是热解和焦化过程中的一个步骤，不能完全将这些概念等同。在煤的热解和焦化过程中，当温度处于350～480 ℃时，煤的稠环大分子中的侧链和桥键等进一步分解，生成大量黏稠的沥青质的液体，这些液体与未溢出的气态产物和未分解的固态煤颗粒形成了胶体混合物系统，称为胶质体；随着温度继续升高至480～550 ℃时，胶质体中的液体进一步分解，一部分以气态析出，一部分固化生成半焦；当温度超过550 ℃后，半焦收缩变紧，产生裂纹并析出气体，生成焦炭。由此可见，准确地说，煤的热解和焦化过程中，当温度超过480 ℃后，才有炭化反应的发生。

炭化不应是笼统的热缩聚、热解、干馏、焦化等过程的统称。在炭材料制备中，炭化包括小分子的环化、芳构化、低聚化和缩聚等反应，尤其是要有芳环的缩聚和稠环片状大分子堆积形成碳骨架的过程。炭化过程中，芳香度逐渐提升，其终值与炭化反应条件相关。从炭化的反应路径看，炭化分为气相炭化、液相炭化和固相炭化（图 4-1）。

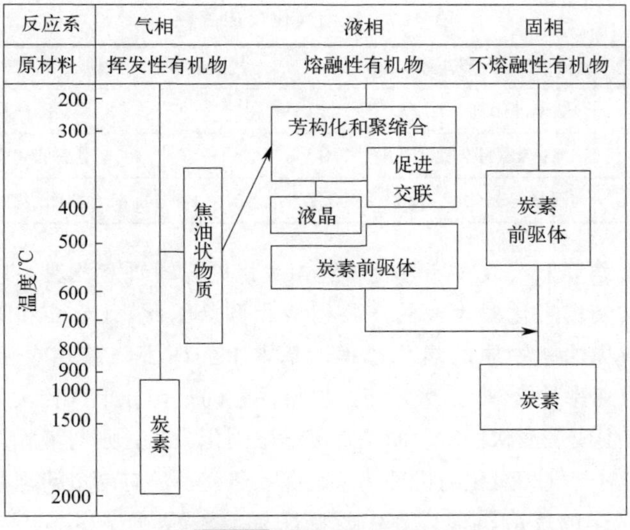

图 4-1 炭化反应路径

炭化和碳化是有区别的。碳化一般是指有机物脱水生成碳的过程或者其他元素与碳元素发生化合反应生成碳化物的过程。而炭化是用于炭材料制备过程中的概念，炭化反应生成的产品以含有碳元素为主，可以有其他非碳元素的存在，包含了一系列复杂的化学反应。

4.1.1　气相炭化

气相炭化是直接以气态物质或者液态物质经挥发之后形成的气态物质为原料，在 700～2000 ℃高温区间内，通过热诱导的键断裂、自由基聚合、芳构化及缩聚等复杂反应路径，最终生成固态炭材料的非平衡过程。气相炭化是典型的自由基链式反应。气相炭化的初始反应步骤是在高温条件下，原料发生热分解反应，原料分子中键能较弱的共价键在热作用下发生均裂，生成自由基，该阶段为自由基引发阶段。自由基反应活性高，因此极易发生自由基聚合，历经环化和芳构化形成苯环。以苯环为核，进一步进行低聚化与缩聚等反应，形成多环芳烃，多环芳烃进一步缩聚形成稠环片状大分子，该阶段为链增长阶段，主要是芳构化和缩聚反应。稠环芳烃片状大分子通过非均相和均相路径形成固态炭材料产物，因而该阶段为自由基链式反应的终止阶段。非均相成炭路径主要是稠环芳烃片状大分子在石墨、金属等非均相核的表面沉积，形成热解炭；而均相成炭路径主要是稠环芳烃片状大分子在分子间作用力等作用下直接堆积形成石墨微晶，石墨微晶进一步自组装继而生成固态炭。

气相炭化路径受温度、催化剂、反应环境调控，形成三类典型路径（见表 4-1）：

表 4-1　气相炭化反应路径

气相炭化反应路径	反应条件	成炭时间	产物示例
典型气相炭化	无催化剂，700～1600 ℃	10^{-3}～10^{-2} s	乙炔裂解制炭黑
催化气相炭化	铁/钴/镍等催化剂，800～1000 ℃	10^{-1}～10^{0} s	甲烷催化裂解制碳纳米管
基体沉积气相炭化	石墨等基体，1000～2000 ℃	10^{1}～10^{2} s	航天器耐烧蚀高致密热解炭涂层

通过对苯、萘等低环数多环芳烃的气相炭化过程的研究发现，其炭化产物的组成分布大致与其液相炭化时生成的产物组成相同。因此，Otani 和 Fitzer 等认为在纯粹气相中生成焦油状物质的炭化过程，基本上经历了与液相炭化相同的反应路径，但气相反应速率快 3～5 个数量级。值得注意的是，如果气相炭化的中间产物和最终产物并没有生成焦油状物质，而是直接缩聚固化成炭，则与液相炭化经历的反应路径不同。目前对于气相炭化的机理仍缺乏深入研究，还有诸多问题有待探讨。

根据气相炭化的反应机理，其主要特征有：

（1）高温

气相炭化的初始反应阶段需要让原料中的化学键断裂生成自由基，这就需要在反应初始时能够提供足够的能量诱发自由基反应，因而气相炭化通常在高温下进行，一般为 700 ℃以上。在诸多气相炭化原料中，甲烷和苯相对较为稳定，需要较高的初始温度才能形成自由基；乙烯、丙烯等其他小分子烃类的化学键断裂温度相对较低，在气相炭化的反应温度下极易发生热分解反应，形成大量的自由基。

（2）快速

气相炭化是以自由基链式反应为核心的非平衡过程，是典型的自由基反应，因而气相炭化的成炭速度很快，且炭化温度越高，成炭速率越快。例如，炭黑的生产过程是典型的气相炭化过程，从原料进入反应器到炭黑的生成，在千分之一到千分之几秒内完成。但微量氧气等杂质的存在可能导致自由基猝灭，终止了链式反应，导致气相炭化反应速率下降，成炭效率降低。

气相炭化一般是对碳原子数为 15～20 的小分子烷烃、芳烃化合物的炭化。由于气相炭化反应速率极快，这对炭化过程的控制和机理的研究都造成了困难，目前针对气相炭化的反应机理仍然存在不同学术观点。气相炭化应用中，主要包括：①烃类在无氧或有氧条件下气相成核和炭黑的形成过程；②在催化剂和非催化剂的固体基底上沉炭的反应过程；③在纳米级活性金属位点上催化分解并炭化形成纤维状炭的过程。炭材料中，热解炭、炭黑和气相生长碳纤维的制备过程都是典型的气相炭化过程。

4.1.2 液相炭化

液相炭化是以多环芳烃纯物质、含有多环芳烃的焦油和稠油类物质或在热作用下能够生成多环芳烃的低分子烷烃类及部分高分子类物质为原料，在惰性气氛或弱氧化气氛、350～600 ℃下，发生热裂解、环化、芳构化、低聚化和缩聚等复杂的化学反应，最终生成沥青前驱体或固态炭材料的炭化过程。液相炭化是最为常用的炭化方式，其本质是分子重排与结构演化，炭化过程中，原料首先转化为沥青状的物质，进而再缩聚形成碳化物，主要包含了三个主要反应阶段：①原料中烷烃、环烷烃等非芳烃组分脱氢生成芳烃的热裂解与芳构化的反应阶段；②芳烃分子缩聚形成稠环芳烃片状大分子的缩聚反应阶段及其在范德瓦耳斯力作用下有序排列堆积形成中间相小球的阶段；③中间相小球发生长大、融并、缩聚、固化等反应，生成沥青前驱体或固态炭材料的炭化阶段。需要注意的是，液相炭化过程并不总是会得到碳质中间相，通过控制反应条件可制得完全呈各向同性的沥青前驱体。

液相炭化起始的反应温度取决于原料的种类，焦油、稠油、乙烯裂解油等复杂的混合物反应活性好，通常 250 ℃左右就开始发生反应，而多环芳烃纯物质反应活性低，通常需要更高的温度或者催化剂的作用才能发生炭化反应。沥青是液相炭化过程中重要的中间产物，根据所制备炭材料的不同，需要调制沥青的性质也不同，例如制备碳纤维时需要沥青具有适宜的软化点、流动性、黏度和优异的纺丝性。从原料至沥青的过程是原料转化为以多环芳烃为主要组成的过程，是除去非碳原子、提高芳香度和为下一步炭化做准备的过程，这一过程通常还没有开始发生固相成炭，严格意义上只能属于芳香族化合物的缩聚反应。随着反应温度升高至 450 ℃左右，沥青继续脱氢缩聚开始成炭反应。沥青开始成炭的温度有待商榷，焦化过程中的胶质体固化成炭的起始温度应该在 480 ℃左右，而在碳纤维制备行业中，通常将 450 ℃定义为预炭化温度，事实上沥青在 450 ℃左右就极其容易固化生成无法熔融的炭颗粒。

与气相炭化相同，液相炭化整个过程中都有自由基反应的发生，但液相炭化反应温度较气相炭化低得多，因而其初始诱发不是靠化学键断裂所引发的自由基反应，而是芳香族分子核近距离的相互作用所诱发的氢离子迁移所产生的广义上的离子反应，这个反应所需的能量明显低于化学键断裂形成自由基所需的能量，因而更容易发生。

根据液相炭化的反应机理，其主要特征有：

（1）氢转移反应和自由基反应并行

液相炭化中，自由基反应和氢转移反应均具有重要的作用。自由基反应在低分子烷烃类及高分子等物质环化、芳构化等反应中发挥了重要作用，而氢转移反应在芳环缩聚过程中发挥了重要作用。氢转移反应使得部分芳香环受氢转化成氢化芳香烃产物。氢化芳香烃产物具有比原料分子更高的热稳定性，可以在后续的反应中失去氢，或者挥发。氢转移反应生成了一个反应活性极高的基团，可能是自由基，或者是一个不稳定的双键，易于进一步诱发热缩聚反应形成稠环大分子。液相炭化中，部分易断裂的化学键在热作用下分解，形成自由基；还有部分侧链带有烷基取代基的芳烃分子，其侧链上的取代基发生化学键断裂或者整个取代基与芳环断裂，形成自由基，诱导芳烃分子之间的低聚及缩聚反应。自由基反应是液相炭化中最主要的反应，分为两个阶段进行：第一阶段是通过化学电子转移产生 σ 自由基，σ 自由基极不稳定，反应性强；第二阶段是形成具有稳定 π 自由基的缩聚物，由于其具有离域性，被共振稳定化。缩聚增环反应主要是多环芳烃形成过程中的增环反应，主要包括下述几种类型。

① 自正丁基转变为菲的增环反应：

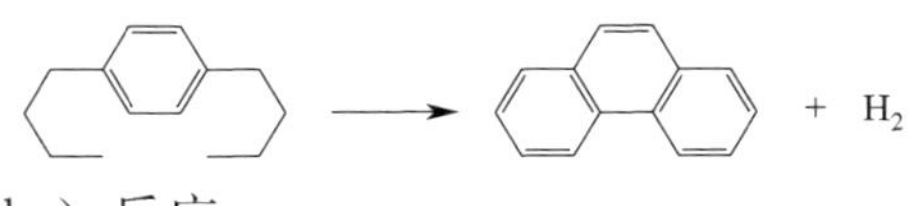

(4-1)

② 埃尔布斯（Elbs）反应：

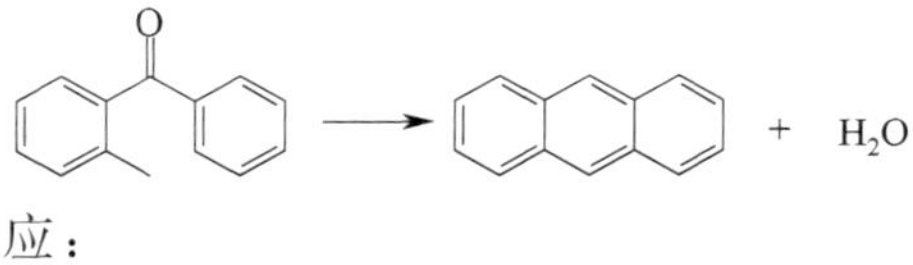

(4-2)

③ 桥键的增环反应：

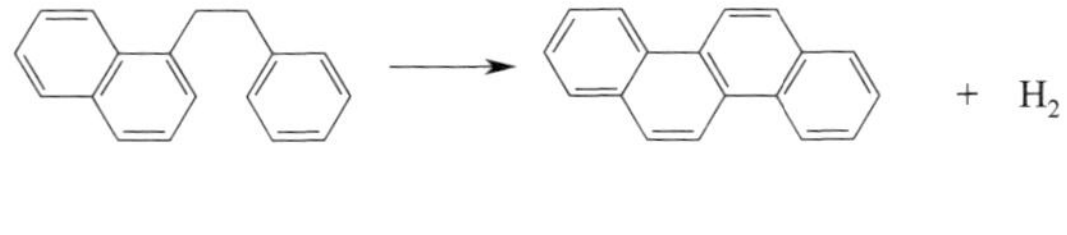

(4-3)

④ 狄尔斯-阿尔德（Diels-Alder）反应：

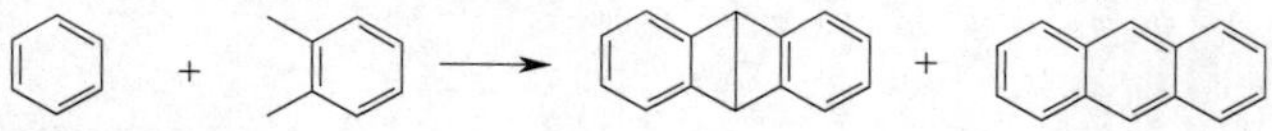

(4-4)

⑤ 芳核脱氢缩聚反应：

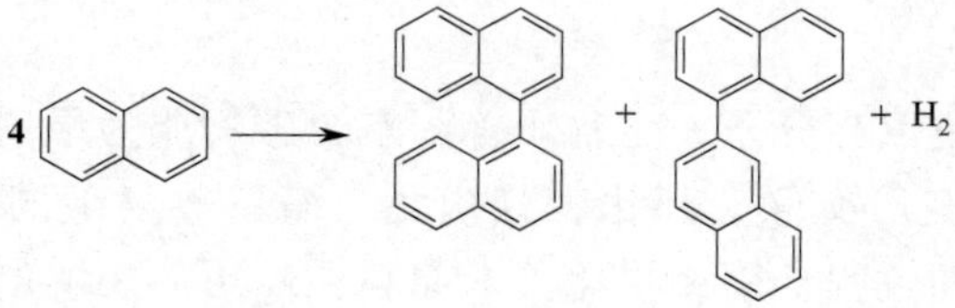

(4-5)

⑥ 重排反应：

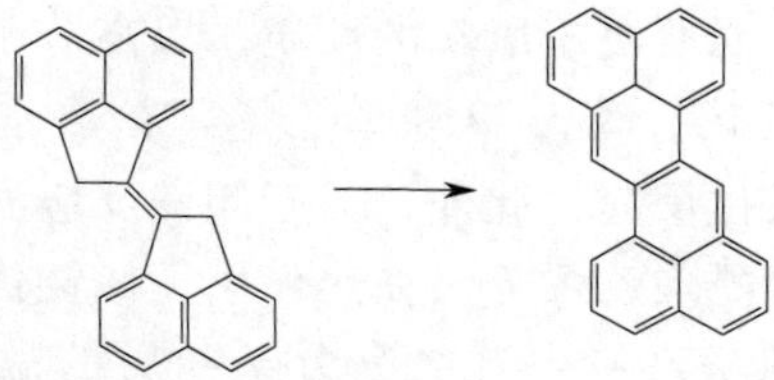

(4-6)

（2）以低聚物为特征的中间产物

在液相炭化从原料到沥青的过程中，能够观察到以多环芳烃低聚物为特征的中间产物。多环芳烃在液相炭化条件下的化学反应产物组成十分复杂，例如蒽在440 ℃下反应 5h 后，从蒽低聚物的二聚体到八聚体都大量存在，且每一种低聚体也有不同的异构体，其中蒽的四聚体和五聚体含量最高。多环芳烃低聚物的生成是液相炭化产物有别于高温气相炭化产物分子结构的一个重要特点。在某些原料的气相炭化中，也有低聚反应的发生，但是反应速率极快，低聚物立即缩聚固化成炭，无法检测到以低聚物为主要组成的中间产物。随着炭化温度的升高，多环芳烃的低聚物将逐渐转化成高度缩聚的稠环芳烃片状大分子。

（3）各向同性和各向异性之间的相变

液相炭化另一个重要的特点就是可以得到各向同性和各向异性的产物。液相炭化产物的各向异性特征源于稠环芳烃片状大分子在热场中的有序化转变，而各向同性则与无序交联网络的形成密切相关。在原料转化成沥青的过程中，可以通过调整反应条件控制稠环芳烃片状大分子的结构和相互位置，当稠环芳烃片状大分子相互平行有序排列、堆积时，可以形成各向异性。大多数情况下，各向同性和各向异性之间可以相互转化，并且随着温度升高，在生成固态炭材料后，炭材料中会继续保留各向同性和各向异性的特征。例如在制备半导体用等静压石墨时，需要通过多级升温抑制中间相的生成，最终产品各向同性度控制在 1.05 以上。因而，在制备炭材料时，需要根据炭材料的要求调控液相炭化的反应条件，定向制备出各向同性炭材料、各向异性炭材料或者两相混合存在的炭材料。

液相炭化在应用中，主要包括：①萘、甲基萘等纯化学物质的多环芳烃模型物的液相炭化过程，以及在催化剂作用下的液相炭化过程；②面向特定炭材料制备的沥青前驱体的合成及液相炭化调控过程；③液相炭化作用下的中间相形成过程。

4.1.3 固相炭化

固相炭化通常是以高分子、生物质等固态含碳物质为原料，在热作用下反应物保持固态不变，经历交联、环化、芳构化、缩聚等复杂的化学反应和结构转变，直接固化成炭的过程。固相炭化要求原料在经历热裂解的过程中不会发生熔融，不经历液相或气相转变，始终保持固态。

固相炭化能否发生主要取决于原料的性质，以高分子为例，对于主链极易断裂的高分子，如聚四氟乙烯、聚 α-甲基苯乙烯，在热作用下发生解聚，形成单体，因而无法发生固相炭化反应；此外，对于侧链反应温度低于主链断裂温度的高分子，如聚氯乙烯、聚醋酸乙烯等，在热作用下侧链优先断裂脱离或者发生化学反应，形成沥青状的热解产物，这类高分子经历的是液相炭化而不是固相炭化。固相炭化一般要求炭化先于解聚和热分解反应，或者在反应过程中发生环化、芳构化等一系列反应仍然能够维持三维交联结构，分子主链不会发生断裂形成单体或者沥青状产物，如氯化聚氯乙烯、聚偏二氯乙烯等，这类高分子在热作用下直接发生固相炭化反应，形成具有乱层结构的难石墨化炭。

根据固相炭化的反应机理，其主要特征有：

（1）炭化产物的结构取决于原料

固相炭化与气相炭化和液相炭化不同，没有小分子长大形成大分子的过程。经历固相炭化的高分子原料在主链断裂形成小分子前，就发生了支链之间的交联反应，形成三维结构，或在较低的温度下主链和支链一起开始发生环化、芳构化等反应形成稳定的三维结构。这类高分子不会热解成单体，因而原料中的分子组成和结构基本决定了最终炭化产物的分子组成与结构。固相炭化作用下，原料分子的碳链骨架经炭化后转化成复杂无序的结构保留在炭化产物中，其结构具有一定的“继承性”，即原料的纤维、薄膜、块体等原始形态和分子排列决定了炭化产物的微观结构和宏观形貌。

（2）容易形成难石墨化炭

以芳环为核，并以短链烷基或羰基和相邻芳环连接的三维大分子结构的高分子，在炭化过程中一般经历分子内缩合和环化反应，形成新六元环并迅速转成芳环，使原来分子中的单独芳环转成稠环大分子。稠环大分子构成了炭化产物中的分子单元并具有高温下的稳定性。在固相炭化后期，稠环大分子层面之间发生无规则排列，形成乱层结构，致使其转变为难石墨化炭。因而固相炭化一般得到无择优取向的难石墨化性炭前驱体，并且通过调整炭化条件也难以改变这种性质，但通过一些定向的拉伸等方法，可以提高稠环大分子层面的取向性，也可以经过固相炭化得到易石墨化炭。

固相炭化在应用中，主要包括：①酚醛树脂等高分子聚合物经过固相炭化成炭的过程；②为保留炭化原料结构，经固相炭化直接固化成炭的过程；③聚酰亚胺和聚噁二唑经固相炭化成易石墨化薄膜的过程。

4.2 石墨化

石墨化是在高温作用下将热力学不稳定的碳原子由乱层结构向石墨晶体结构的有序转化的过程。石墨化通常是对炭化产物的进一步处理，炭化产物包括易石墨化炭和难石墨化炭，易石墨化炭在石墨化过程中使得石墨微晶层面的面积扩大及层数增加，并且使石墨层与层之间的间距减小；而对于难石墨化炭，石墨化处理对分子结构的影响并不明显。事实上，并没有完全难石墨化的炭，一般情况下，即使是传统意义上的难石墨化炭，在经过石墨化处理之后，其结构的有序性和取向性都会有所改善。除了对结构有明显作用之外，石墨化处理还可以有效降低炭材料中氢、硫等非碳原子的含量。经石墨化处理的炭材料，其导电性、导热性、力学性能、化学稳定性等都会有明显提升。

从反应路径看，石墨化是高温深度的炭化，但目前炭化和石墨化的温度界线并没有统一的说法。对于易石墨化炭，通常当温度达到 1400 ℃以上，就可以观察到石墨结构明显逐渐变得有序。工业中采用的石墨化温度较高，一般都在 2000 ℃以上，甚至 3000 ℃以上。如图 4-2 所示，当热处理温度低于 800 ℃时，石墨微晶聚集在一起，并没有形成有序排列和堆积，此时既可以转化为易石墨化炭，也可转化为难石墨化炭；在 800～1500 ℃之间，石墨微晶开始有序排列和堆积，但石墨微晶的尺寸并没有长大，此时石墨微晶之间的关系几乎定型，仅依靠热处理并不太能够实现易石墨化炭和难石墨化炭之间的转变；在 1500～2100 ℃，石墨微晶在有序排列和堆积的同时，相邻的石墨微晶之间发生“择优取向融并”，使得石墨微晶尺寸长大形成石墨层，微晶边界消失释放界面能，驱动结构有序化，而“波浪起伏”状石墨层的形成标志着石墨结构的雏形已基本确定；当热处理温度超过 2100 ℃时，石墨层

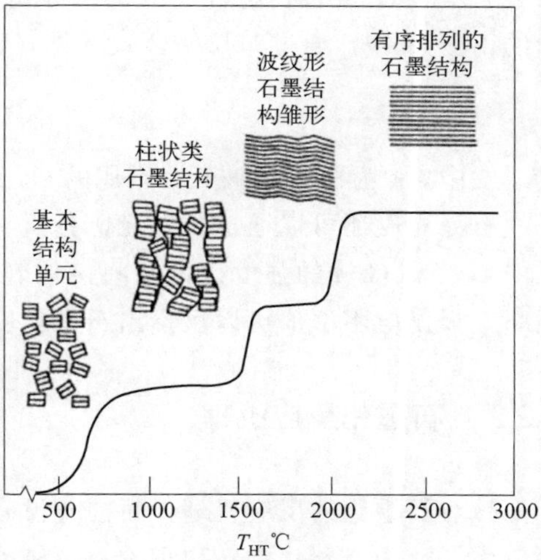

图 4-2 石墨结构随着石墨化温度升高的演变规律

趋近于平行排列，层间距减小趋近于理想距离，且高温作用使得碳原子迁移率提升，绝大多数晶格缺陷被逐步“修复”，通过“晶格完善化”消除褶皱和间隙原子。随着温度继续升高，碳原子动能接近极限，结构重排动力逐渐耗尽，缺陷浓度也降至最低值。

4.2.1 石墨化度

石墨化度是用来表示炭材料经石墨化处理后，石墨晶体结构接近理想石墨晶格的程度。理想石墨晶体中石墨层之间的间距为 0.3354 nm，而未经过石墨化处理的由稠环芳烃组成的二维碳原子层与层之间的距离为 0.3440 nm。随着石墨化处理的进行，石墨层与层之间的距离将从 0.3440 nm 向 0.3354 nm 缩小，因而可以用层间距来衡量石墨化度。石墨化度常用富兰克林公式进行计算，公式如下：

$$G=\frac{0.3440-d_{002}}{0.3440-0.3354}\times 100\% \tag{4-7}$$

式中，G 为石墨化度，%；d_{002} 为样品石墨层与层之间的实际间距，nm。

d_{002} 通过 X 射线衍射（XRD）分析进行确定。用 XRD 测定样品（002）晶面的衍射角 2θ，通过布拉格公式［见式(3-8)］计算层间距。

$$d_{002}=\frac{\lambda}{2\sin\theta} \tag{4-8}$$

式中，λ 为 X 射线波长，常用的 Cu Kα 辐射 $\lambda=0.154$ nm；θ 为衍射角，(°)。

石墨化度还可以通过拉曼光谱分析、电阻率法等进行确定。分析拉曼光谱结果中 D 峰和 G 峰的强度比可以间接地确定石墨化度；将石墨样品压实后测其电阻率，根据电阻率值可以反推出石墨化度。

4.2.2 石墨化反应机理

针对石墨化的反应机理，目前并没有定论，前人提出了各种不同的理论，应用较为广泛的有碳化物转化理论、再结晶理论及微晶成长理论。

碳化物转化理论是以碳化硅合成过程中发现的结晶粗大的人造石墨为依据而提出来的，该理论认为石墨化首先是通过与各种矿物质形成碳化物，然后在高温下分解为金属蒸气和石墨，而这些矿物质在石墨化过程中起到催化作用。显然，碳化物转化理论具有一定的局限性，其对有矿物质存在的碳化物分解形成石墨的过程来说具有一定的意义。

再结晶理论是在研究石油焦石墨化过程中提出来的，该理论认为石墨化原料中原本就存在着极小的石墨晶体，在石墨化过程中，石墨晶体相互结合形成较大的石墨晶体，或者与周边的碳原子结合形成新的晶体；而多孔和松散的原料，石墨晶体之间距离较远且周边碳原子运用受阻碍，表现出难石墨化的特征。再结晶理论很好地解释了石墨晶体的长大和取向的问题，但是对于原料中原本就存在的石墨晶体并没有给出明确的解释，XRD分析表明多数无定形碳中无预存石墨晶体结构，并且石墨晶体的运动和与其他晶体或碳原子的结合过程也没有详细解释。

微晶成长理论是在研究无定形碳的结构过程中提出来的，该理论认为无定形碳是由石墨微晶组成的，两者之间的区别主要在于晶体的大小；石墨化原料的母体物质都是稠环芳烃化合物，在热作用下形成巨大的平面分子的聚集体，即杂乱堆砌的六角碳网平面，这就是所谓“微晶”。这些“微晶”在二维空间是有序的，但在三维空间却无远程有序性，属于乱层结构。显然，微晶成长理论中的“微晶”就是稠环大分子片层，并不是真正的晶体。在石墨化条件下，“微晶”扭转而趋向于互相平行，接着逐渐长大和有序堆叠，形成石墨晶体结构。实际上，无定形碳和石墨中都含有“微晶”，只是面积大小和取向性存在差异，这些“微晶”被认为是无定形碳和石墨结构的构成基础，但并不是所有无定形碳中的“微晶”在石墨化过程中都会转化成石墨结构，这是因为母体物质的化学组成和分子结构不同，炭化生成的无定形碳就具有不同的“微晶”聚集状态，因而导致了易石墨化和难石墨化两种结构。石油焦、无烟煤等由于“微晶”基本平行定向，因此易石墨化；相反，糖炭、骨炭等由于“微晶”随机取向，杂乱无序，又多微孔，并含大量氧或轻基团，因此难石墨化。介于以上两种情况之间的有沥青焦、冶金焦等。微晶成长理论以稠环大分子片层为媒介，成功解释了石墨化母体物质、无定形碳和石墨之间的结构变化关系，但对于“微晶”聚集状态解释含糊。按照微晶成长理论的解释，即使难石墨化的无定形碳中的“微晶”在石墨化处理中也可以扭转而趋于平行，形成有序的聚集状态，进而转变为易石墨化炭。

石墨化机理比较复杂，现有的机理都有各自的局限性，还需要更加深入地研究。

4.2.3 催化石墨化

石墨化反应属于固相反应，石墨微晶重排及长大的速率很慢，反应温度高、时间长，需要消耗大量的能量。采用催化剂降低石墨化反应的活化能，从而在不提高石墨化反应温度的条件下，提高石墨化度，加快石墨化反应进程，对降低能耗、提高产品质量具有重要作用。

依据作用的不同可以将石墨化催化剂分为几类：①均质石墨化催化剂有硼元素；②催化形成石墨的催化剂有镁、钙、硅和锗元素；③催化形成石墨和乱层结构的催化剂有钛、钒、铬、锰、铁、钴、镍、铝、锆、钼和钨等元素。金、银、铜、锡、铅等对石墨化过程不具有催化作用。

常用的催化石墨化反应机理有两类。①不溶-淀析机理。无定形碳溶解于有催化作用的添加物中，形成熔融混合物，通过碳原子在混合物中的原子重排，形成石墨晶体析出。例如钢在高温、应力的长期作用下，珠光体内渗碳体自行分解出石墨单晶，这一现象就是一种催化石墨化；②碳化物形成-分解机理。无定形碳与有催化作用的添加物形成碳化物，碳化物在更高的温度下分解，生成石墨和金属蒸气，即石墨化机理中的碳化物转化理论。

当石墨化度较低时，催化剂的存在能够加快石墨化反应进程，但当石墨化度较高时，催化剂的存在往往会使石墨晶格形成缺陷，阻碍石墨化度的进一步提高。此外，催化剂有其最佳的添加量，添加量过低，催化作用不明显；添加量过高，会阻碍石墨晶体的生成。因为石墨化反应是固相反应，添加入催化剂后很难从石墨中移除，最终会以杂质的形式存留在石墨中，对石墨产品的性质产生负面影响。

4.2.4 电化学石墨化

电化学石墨化是一种通过熔盐电解等电化学手段，通常在低于 1000 ℃的相对温和的条件下将非晶态炭转化为高度有序石墨结构的技术，区别于传统的高温石墨化，电化学石墨化利用电场驱动碳原子重排，显著降低能耗并突破原料限制。

电化学石墨化的反应机理主要包含阴极极化脱氧和碳原子重排两个部分。阴极脱氧机制是指非晶炭中的含氧官能团在阴极还原反应中被电子还原，氧原子以气体形式脱除，消除氧原子对石墨微晶和石墨层有序化的阻碍；碳原子重排是指阴极脱氧后，碳原子在电场驱动下发生长程有序迁移，堆叠成石墨层状结构。镍等金属催化剂可加速碳原子重排过程，通过形成碳-金属中间体促进石墨晶格形成。针对电化学石墨化的反应机理，碳原子重排路径、金属催化剂的原子级作用仍需深入研究。

4.3 活化

活化通常是吸附类炭材料（例如活性炭、活性碳纤维、活性焦等）生产工艺过程中的核心步骤，位于炭化步骤之后进行。活化的主要作用是造孔，即通过物理和化学作用在炭材料表面和主体结构中刻蚀出发达的孔隙结构，使其具有一定的比表面积，使得炭材料具有优异的吸附性能并提升表面活性位点密度。活化方法有物理活化法、化学活化法及联合活化方法。

4.3.1 物理活化法

物理活化法是一种通过高温气体与炭化料反应制备多孔炭材料的工艺，其核心原理是以水蒸气、烟道气、二氧化碳、空气、氧气等作为活化剂，在 850～950 ℃的高温下与炭化料发生气固反应，通过刻蚀和烧失作用形成孔隙结构。可见，物理活化法也是基于化学反应进行活化的方法，即使用能与炭发生反应的活化剂，在炭化料的表面进行刻蚀，这一方面使得炭化料原有的闭塞孔隙裸露在表面，能够与吸附质接触；另一方面利用刻蚀作用，在炭化料的主体结构中继续产生新的孔隙结构。物理活化法采用的多为气体活化剂，它能够与炭化料均匀接触，而且对环境污染小，应用最为广泛。

活化的温度通常远高于炭化温度，因而在活化过程中，炭化料首先进一步炭化。当炭化料与活化剂接触时，其结构中的除石墨微晶以外的无定形碳发生氧化反应，以气体形式脱离，使石墨微晶暴露在活化剂中与之接触，而后石墨微晶与活化剂发生氧化反应。石墨微晶的氧化反应具有明显的各向异性，与石墨层平面平行的方向明显大于垂直石墨层平面的方向，即沿 a 轴方向氧化得更快。其原因主要为处于石墨层边缘和有缺陷位置上的芳香碳原子具有更高的反应活性，这些位点通常被称为“活性点”，该特征与石墨烯的反应活性类似。炭化料结构中的活性点不断氧化，形成 CO 或者 CO_2 等气体逸出，结构逐渐被刻蚀，在形成孔隙的同时，让更多的活性点暴露在活化剂中继续参与氧化反应，这是造孔阶段；当活化逐渐深入，已经形成的孔隙进一步扩大、扩宽，或者与相邻的孔隙融并形成直径更大的中孔或大孔，这是扩孔阶段。

由此可见，物理活化法中不同的活化剂对应不同的反应机理，例如以水蒸气为活化剂时，主要的反应就是碳与水蒸气之间的反应。活化剂的种类与流量、活化温度和时间、炭化料的组成与结构等都是影响物理活化法效果的重要因素。

4.3.2 化学活化法

化学活化法是一种通过化学试剂与炭化材料发生反应形成多孔结构的制备工艺，其核心在于利用活化剂的嵌入和刻蚀作用构建孔隙。化学活化法通常是采用氢氧化钾、磷酸、氯化锌等化学活化剂与炭化料均匀混合后，在适当的活化温度下，利用化学活化剂的侵蚀、水解、脱水及氧化等作用对炭化料进行造孔的方法。化学活化法的活化温度相对较低，活化后产品的得率高，通过选择合适的活化剂控制反应条件可制得高比表面积，甚至超高比表面积的炭材料。但化学活化法对设备腐蚀性大、污染环境，制得的炭材料产品中仍会残留一些化学活化剂，使其应用受到限制。

化学活化法所用的活化剂不同，反应机理也有些许差别。常用的活化剂有氢氧化钾、磷酸和氯化锌。

以氢氧化钾为活化剂时，当活化温度在500 ℃以下，氢氧化钾发生脱水反应生成氧化钾，此时炭化料主要发生了水煤气反应和水煤气变换反应。水煤气反应通常在600 ℃以上才能发生，而水煤气变化反应一般也需要催化剂的作用。显然，活化过程中这两个反应可以在500 ℃以下发生的主要原因是钾的化合物起到了催化作用。经过水煤气和水煤气变换生成的二氧化碳和氧化钾反应形成了碳酸钾。因此，在反应过程中可以观察到主要产生了氢气，而只有极少量的CO、CO_2 和 CH_4 及焦油类物质，活化初期消耗掉的碳主要生成了碳酸钾。炭化料中通常含有一定量的含氧官能团，如酚羟基、酰基等，氢氧化钾可以与这些含氧官能团发生反应，进一步促进炭的活化。如果炭化料中含有硅铝化合物，氢氧化钾与硅、铝的氧化物可发生反应生成可溶性的 K_2SiO_3 或 $KAlO_2$。另外，高温下氢氧化钾的强碱性会破坏炭化料中的化学键和分子结构，一些碳原子会从原来的结构中脱离出来，形成新的孔隙结构。同时，氢氧化钾还可以促进碳的石墨化过程，使碳的晶体结构更加规整，有利于孔隙的形成和分布。随着活化反应温度的升高，生成的碳酸钾又发生分解反应，生成了氧化钾和二氧化碳。当活化温度达到800 ℃左右，氧化钾在碳的作用下被还原，形成单质的金属钾，而碳元素以CO和 CO_2 逸出。金属钾的沸点为762 ℃，此时生成的金属钾开始析出，向炭材料表面移动，在移动的过程中会留下孔道，这些孔道会转化成孔隙，在物理-化学联合活化过程中也会成为活化剂进入炭化料内部的孔道，起到扩孔作用。

磷酸作为化学活化剂，主要用于生产以木制纤维素为原料的多孔炭材料，例如木屑活性炭、黏胶基活性碳纤维等。磷酸具有润胀、催化脱水、氧化等加速炭化和活化反应的作用。磷酸的电离作用能使纤维素的分子发生润胀、胶溶以至于溶解，因而磷酸可以渗透到纤维素分子内部，溶解纤维素形成孔隙；同时还有水解反应和氧化反应的发生，导致纤维素高分子逐渐解聚，与磷酸溶液形成均匀的塑性物料。由于磷酸具有一定的催化作用，可促使羟基以水分子的形式脱出，因而其具有很强的脱水作用，使得活化得率较高，并且最终炭材料的芳香度也较高。磷酸还有一定的氧化作用，在润胀侵蚀前驱体后，会进一步氧化已形成的炭，从而形成发达的孔隙结构。磷酸中的磷元素能与碳结合，在成炭的早期阶段作为成炭骨架。磷酸的浓度和浸渍时间、反应温度和时间以及前驱体的结构和性质对最终活化产品的性质都具有明显的影响。

氯化锌作为活化剂的反应原理与磷酸相似，氯化锌一般也是针对以纤维素为原料的吸附炭材料的制备。氯化锌可以对纤维素进行润胀，高温下进行催化脱水，而后作为成炭骨架，碳不断地沉积在氯化锌表面，促进芳环的缩聚反应，提高芳香度。

4.3.3 联合活化法

物理活化法反应速度慢，需要相当长的活化时间才能制备出优质的多孔炭材料，而化学活化法的化学活性剂用量大，对设备腐蚀严重，废水处理复杂，大大提高了多孔炭材料的制备成本。因此，出现了物理-化学活化法、化学-化学活化法和微波-化学活化法等联用的活化方法。

物理-化学活化法是将物理活化法和化学活化法联用，例如在活化过程中水蒸气和氢氧化钾联用。物理-化学活化法比物理活化法的反应速度更快、比化学活化法添加更少的化学活化剂，而且制备出的多孔炭材料也具有发达的孔隙结构，是目前工业中生成活性炭等炭材料最多采用的方法之一。

化学-化学活化法是在活化过程中采用两种及其以上的活化剂，例如先使用磷酸进行预先活化，然后再采用氢氧化钾进行二次活化。化学-化学活化法可以利用各种活化剂的特点，通常是为了制备高微孔率或者超高比表面积的多孔炭材料。

微波-化学活化法是在微波辅助的作用下，采用化学活化法制备多孔炭材料。微波加热是通过被加热体内部偶极分子高频往复运动，产生“内摩擦热”而使被加热物料温度升高，不需要任何热传导过程，就能使物料内外部同时加热、同时升温，加热速度快且均匀，因此可以缩短活化时间，提升反应效率。

4.4 功能化

炭材料功能化是指通过物理、化学或生物手段，在炭材料表面或内部引入特定的官能团、杂原子、金属及其氧化物、纳米粒子等其他功能组分，从而调控其表面性质、电子结构及化学活性，使其具备更优异的性能以满足特定应用需求的过程。炭材料功能化通过精准调控其化学与物理特性，解决了传统炭材料性能单一的局限。炭材料功能化常用方法有表面改性、杂原子掺杂及负载改性。

4.4.1 表面改性

表面改性也称为表面修饰，是借助物理和化学手段修饰炭材料表面的组成与结构，从而改变表面官能团种类和数量、极性与形貌等特征，使炭材料某一性质得到显著提升的方法。表面改性的常用方法包括氧化改性和还原改性。

炭材料制备时，在经历炭化之后，炭材料表面的官能团数量显著减少，主要以碳和氢原子为主，在碳骨架中可能存在少量的含氧、含氮等官能团；对于石墨化后的炭材料中官能团的数量更少。通过增加炭材料表面官能团的数量，可以使其具有特殊的性质，例如极性、亲水性等。使用氧化改性方法在炭材料表面“嫁接”大量的含氧官能团是最常用的表面修饰方法，炭材料表面的含氧官能团增加，炭材料的极性、亲水性、反应活性都会相应增强。氧化改性的方法包括两种：一是在氧化性溶液中浸渍，使得炭材料表面氧化，产生氧化性官能团；二是在氧化性气氛中进行煅烧，炭材料表面发生弱氧化反应，生成氧化性官能团。氧化改性对炭材料表面出现一定的“刻蚀”作用。除此之外，也可以在炭材料表面修饰含氮官能团、含硫官能团、含磷官能团以及与金属形成络合物官能团。

与氧化改性相对应的是还原改性，当炭材料表面含有一定量的氧化性官能团时，可以通过还原改性的方法，将含氧官能团移除掉。在诸多炭材料中，需要通过活化或者弱氧化工艺制得的炭材料（例如活性炭、活性焦等）通常具备这样的特点。通过还原改性移除活性炭表面的含氧官能团可以提升对非极性物质的吸附量。还原改性通常有两种方法：一是将炭材料在惰性气氛中高温煅烧，表面的官能团会分解移除，但这个方法对于移除稳定性较强或者碳骨架中的官能团需要在接近石墨化的煅烧温度；二是使用还原剂与炭材料进行反应，该种方法能够快速高效地移除氧化性官能团，但同时会在炭材料表面残留较多的还原性官能团。对于还原改性之后的炭材料，其表面极性降低，大多呈非极性特征，根据相似相溶原理，与非极性物质结合的能力增强。此外，对于多孔炭类需要发达孔隙结构的材料，还原改性对孔隙内表面官能团的移除也具有一定作用，因而可以使其比表面积增加，让更多的微孔与外界连通。使用不同的改性剂，对表面官能团的种类也有一定影响。浓硝酸、高锰酸钾、浓硫酸等氧化类改性剂可以增加炭材料表面羧基官能团的数量，双氧水可以增加羰基官能团的数量，氨气等还原改性剂可以增加表面氨基官能团的数量。

炭材料的表面官能团是进一步化学衍生或者与其他有机分子形成共价键（酯基、酰胺或醚键）的基础，同时也可以通过静电吸附或配位作用锚定金属离子及金属纳米粒子。除了引入官能团之外，在炭材料表面可以引入供电子或吸电子基团以调节炭材料的电学性能和光学性能等。利用等离子体对炭材料表面进行活化处理时，通过利用大量的活性粒子（电子、离子、原子等）作用于活性炭表面，不仅可以改变活性炭表面的物理结构，而且石墨层外围的碳原子可与氧自由基发生反应，从而改变其表面含氧官能团的数量，实现化学改性。目前等离子体表面处理具有效率高、速度快、节省能源等优点。其改性效果主要与放电功率、压力以及远程距离等因素有着密切关联。另外，也可以通过机械化学法、微波法、超声波法及光诱导法等在炭材料表面修饰一些自由基，使其表面功能化。

4.4.2 杂原子掺杂

杂原子掺杂是指通过化学键合或物理掺入方式，将氮、硫、硼、磷等非金属原子嵌入炭材料晶格结构中，形成具有特定电子态密度的异质界面。这种结构重构显著改变了炭材料的表面电子分布和酸碱特性，进而调控其电化学活性。自然键轨道理论分析表明，杂原子与碳骨架间的电荷转移量存在显著差异：氮和氧等电子受体型杂原子的电荷密度增加，而硼、磷等电子供体型杂原子的电荷密度降低，这种差异直接影响炭材料的氧化还原活性位点分布。

炭材料的杂原子掺杂通常分为后处理掺杂和原位掺杂两种方式。后处理掺杂是利用含杂原子的反应试剂、反应气体对炭材料进行热处理或者等离子体处理来实现的。在后处理掺杂法中，通常使用含有杂原子的气体对炭材料进行热处理，通过调节热处理温度，进而调节杂原子在炭基体中的含量及其物种。例如，氨气是制备氮掺杂多孔炭常用的气体，当炭材料经高温氨气处理时，其热解形成的自由基可以攻击炭表面，在掺入碳骨架的同时也起到刻蚀作用，从而增加了炭材料的孔隙率。然而，后处理掺杂法通常只能在炭材料的浅表面进行杂原子掺杂改性，而无法达到炭材料本体改性的目的。在炭材料形成过程中，同时进行杂原子掺杂，有助于将杂原子均匀地整合到整个碳骨架中，这需要使用原位掺杂的方法。原位掺杂一般是将含有杂原子的反应试剂与炭前驱体混合后同时进行炭化，在形成炭材料的同时可将杂原子均匀掺入到炭材料骨架中。

采用杂原子掺杂对炭材料表面进行官能化：一方面使炭材料表面缺陷位增多，能改善多孔炭材料对于电解液的浸润性能；另一方面杂原子可改变碳骨架的电子云密度，提高其电子导电能力。此外，这种表面掺杂的官能团在电化学过程中可通过官能团自身发生的可逆氧化还原反应提供赝电容，提高材料的电容值。

氧原子一般以含氧官能团的形式存在于炭材料表面，通过醌基和醌羟基等含氧官能团的可逆氧化还原反应提供赝电容。一部分氮原子可取代碳原子，其他的氮可在芳香烃的外围结构单元以官能团的形式存在，其中吡啶氮和吡咯氮主要起到贡献赝电容作用，石墨氮可提高炭材料的电导率。由于硼原子核外仅有三个价电子，因而硼原子取代碳原子后会产生一个带电的空穴，从而增加了材料空间电荷层的电荷密度和费米能级上的价态密度，而空间电荷层的电荷密度和费米能级上的价态密度影响着材料的双电层电容。此外硼掺杂会促进氧在炭材料表面的吸附，而引入的含氧官能团在充放电过程中可以发生法拉第反应，产生赝电容。

4.4.3 负载改性

负载改性是通过物理吸附或化学键合方式，将金属单质、金属氧化物、有机配合物及纳米离子等活性组分引入炭材料表面或骨架中，使得其具有特殊的功能特性。根据改性剂与炭基体的相互作用机制，负载改性可分为物理负载和化学键合。物理负载基于范德瓦耳斯力或孔隙填充效应，而化学键合通过配位键或共价键形成稳定的结合作用。

通常借助负载改性实现功能化的大多为多孔类炭材料，而浸渍法是一种操作简单且有效的功能化途径。通过浸渍法将改性剂注入多孔炭材料的基体中，或者通过分子间作用力、氢键等弱相互作用，可以达到以非共价键的形式修饰炭材料的效果。负载改性可以增强炭材料的吸附性、反应活性、导电性等性质，从而在吸附、催化、储能和分离等领域具有重要作用。

与表面改性及杂原子掺杂等功能化方法相比，负载改性的方法既可以实现炭材料功能化的目的，又可以避免炭材料原有的价键结构被破坏，从而影响炭材料本身所具备的特性。负载改性属于非共价键修饰法，利用弱相互作用将改性剂与炭材料进行复合，改性剂的引入拓展了炭材料的应用。负载改性通常在碳基催化剂的制备方面应用较多，该方法将具有催化活性的金属原子或者金属氧化物负载在炭材料表面，使其具有催化活性。

4.5 石墨与金刚石的相转化

目前，金刚石的制备主要有化学气相沉积法和高温高压合成法。其中，高温高压合成法是金刚石制作的主要方式。这种方法运用了高压下碳的稳定性和石墨转变成金刚石的性质，金刚石晶种在高温高压下吸收碳原子，逐渐扩大并长成完整的金刚石结晶体。

三方晶系石墨在高压下，各石墨层会沿 c 轴方向相互接近，即层间距被压缩至 0.3354 nm 以下；在高温下碳原子的振动频率和幅度加剧，由于层间碳原子错开半个晶格，当层间相邻原子的振动方向相反时，层与层间相对应的原子会有规律地上下靠近，并相互吸引而缩短距离。原来处在平面六边形晶格结点上的碳原子，有一半产生向上的垂直位移，另一半相邻的碳原子则产生向下的垂直位移，使平面六边形晶格有规律地扭曲起来，同时由于上下相邻两层的碳原子在靠近后相互吸引，原来自由分布于石墨层上下的 π 电子相互“连线”，形成垂直于石墨层的共价键（图 4-3）。这样，石墨层与层之间的结合方式由分子间作用力变成共价键，使每个碳原子都以共价键与相邻四个碳原子相连，再经过晶格振动逐渐向能量最小的结构转变，即转变为金刚石结构。

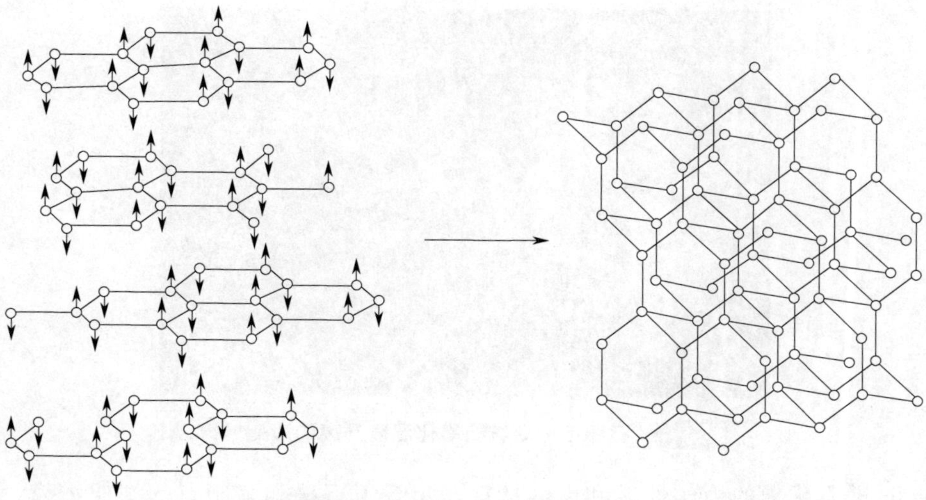

图 4-3 石墨转变为金刚石的晶格变化

显然，石墨向金刚石的转化主要是靠碳原子之间相互作用力的改变导致杂化形式的改变而实现的，而高温高压是驱动石墨层不断振动和接近的诱因，垂直分布于石墨层上下的自由电子在成键过程中发挥着重要作用。因此，直接转化机理的本质就是在高温高压的作用下，石墨层中各碳原子的价电子由三个 sp^2 杂化轨道以及一个 $2p_z$ 轨道转变为四个 sp^3 杂化轨道，从而相邻的两个石墨层之间新形成的共价键使得它们相互靠近，再在外力和振动的作用下，两个石墨层之间发生滑移，最终形成金刚石的正四面体晶体结构。石墨不需要经过原子拆散就可以直接转变成金刚石，这种转变方式显然要比把石墨中的碳原子拆散重新组成金刚石的方式容易得多。只有三方晶系石墨才能直接转变为金刚石，而以 ABA 型堆叠的六方晶系石墨要先转变为三方晶系后才能转变为立方晶系金刚石。此外，六方晶系石墨在高压下容易发生变形。当石墨由六方晶系石墨转变成三方晶系石墨时，在瞬间施加一定的温度和压力，就可以制得六方晶系金刚石。

金刚石在高温低压条件下也能产生往石墨的逆向转变，当温度大约为 2000 ℃时，由 $2p_z$ 电子形成的垂直方向上的共价键又可再断裂，金刚石结构还原为石墨结构，这就是所谓的金刚石石墨化。

有关石墨转化为金刚石最新的研究机理表明：石墨层通过局部键合形成共格界面（金刚石成核），通过共格界面向石墨区域推进（金刚石生长），实现石墨到金刚石的转变。结构基元的不同组合形成了变化多样的共格界面结构，导致在金刚石相变区域形成了丰富的亚结构（层错、孪晶、金刚石多形体等）。这种全新的固固相变机制不同于经典的成核生长和协同切变机制，并可能适用于其他的共价材料。这类具有石墨/金刚石共格界面的杂交炭材料命名为 Gradia（图 4-4）。

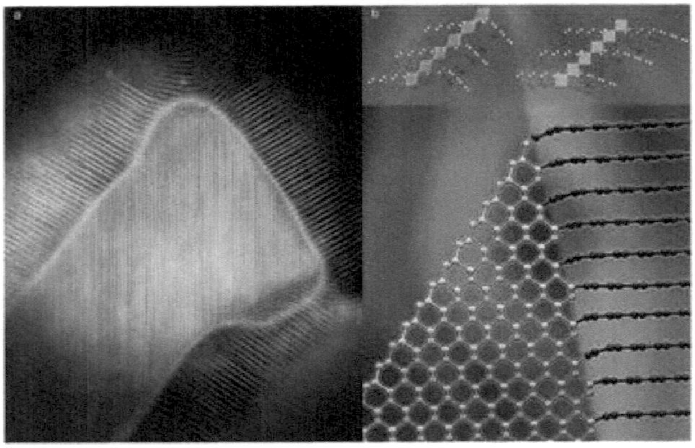

图 4-4 石墨结构随着石墨化温度升高的演变规律

Gradia 兼具优异的力学性能和电学特性，集合了石墨和金刚石的性能优势。此外，其性能还可通过改变石墨和金刚石的比例进行进一步调控，是实现导电/超硬、极韧/极硬等优越性能组合的新一代高性能炭材料。

第5章

碳质中间相

碳质中间相作为炭材料家族中至关重要的前驱体，其典型的结构及形态特征构成了决定后续炭材料性能的“结构基因”，是影响炭材料性能和应用的关键因素。因此，控制碳质中间相形成和形态发展及其向炭材料转化过程中的结构发展具有十分重要的科学意义。碳质中间相的形成与演变机制是理解炭材料结构与性能关系的关键突破点。碳质中间相独特的液晶态特性为研究碳质前驱体的分子自组装、热缩聚及相变行为提供了理想模型。碳质中间相作为炭材料科学的核心前驱体体系，其重要性体现在基础理论突破、材料性能调控及多领域应用拓展等多个维度。本章将系统阐述碳质中间相的发展历程、形成理论体系、合成制备技术及相变演化机制。

5.1 碳质中间相发展历程

碳质中间相的研究始于 20 世纪 60 年代，1961 年澳大利亚学者 Brooks 和 Taylor 在煤焦化过程中首次观察到具有光学各向异性的中间相小球体生成、长大和融并的现象，明确了这些中间相小球最终生成镶嵌织构的过程，揭示了沥青由各向同性向各向异性转变的微观机制，这一发现被认为是炭材料科学的重要里程碑。随后的 20 世纪六七十年代，研究者成功开发了各向同性沥青基碳纤维的制造技术，在各向同性沥青合成过程中他们发现了沥青在液相炭化过程中可以生成不溶于喹啉等溶剂的各向异性小球体，从而进一步研究了中间相球体的结构特征，逐步掌握了中间相的形成规律，成功开发出石油系针状焦和中间相沥青基碳纤维，并开始用延迟焦化法制备煤系沥青焦。1970 年左右，日本学者 Otani 利用四并氢萘为原料，制备出了高性能沥青基碳纤维，推动了碳纤维的工业化进程，同时也推动了碳质中间相的理论研究与应用研究。1971～1975 年，中间相研究进入理论深化阶段，研究者发现了中间相在磁场中的取向性，合成出了具有不同织构的中间相球体，并且从沥青的液相炭化过程中分离出了中间相碳微球；70年代后半段，各国学者聚焦于中间相分子结构模型的研究，发现了具有新取向的中间相球体，还对中间相的形成过程进行了原位研究，在热台上采用偏光显微镜原位观察了中间相的形成与相变过程。80年代，热缩聚、共炭化、加压炭化、催化缩聚等各种中间相的合成方法被开发出来，中间相球晶、可溶中间相、优质针状焦等各种特征的碳质中间相及以其为前驱体的高性能炭材料被逐步制备出来，同时确定了中间相新结构和光学单轴负性液晶等各种理化特性。1990年后，关于碳质中间相的研究重点转向应用拓展与结构调控，中间相炭微球、泡沫炭、中间相碳膜、高密度高强度炭材料等新型炭材料相继问世；借助SEM技术揭示了中间相炭微球织构特征，推动中间相沥青基炭材料的多元化应用。随着表征技术的发展和研究的深入，日本学者持田勲（Mochida Isao）提出了微域构筑理论。进入21世纪，中国学者王成扬提出了颗粒基本单元构筑理论，进一步完善中间相形成理论。随着人们对中间相沥青的大量研究，关于中间相沥青的制备工艺也不断提高，人们对碳质中间相的各种形态结构、形成机理、性质调控及应用领域等方面都有了更为深刻的认识。碳质中间相经过近几十年的发展，不仅完善了中间相形成与演变的理论体系，更通过工艺创新实现了从基础研究到产业化的技术跨越。

5.2 碳质中间相定义

碳质中间相（carbonaceous meso-phase）是重质芳香烃类有机物在液相炭化过程中形成的一种介于液态与晶态之间的特殊液晶态物质，其本质是由平面缩环芳烃大分子通过热缩聚、芳构化和分子取向形成的有序结构体系。该过程始于350～500 ℃范围内的液相炭化，原料中的高分子有机物经历热解、脱氢、环化、芳构化、低聚及缩聚等复杂的化学和物理反应，生成具有平面结构的稠环芳烃大分子层积堆砌形成的具有光学各向异性的液晶相，最终在表面张力作用下演变为球形、镶嵌型、流线型或广域型等组织形态的中间相结构。碳质中间相的核心特征包括：①液晶相特性，表现为偏光显微镜下的光学各向异性条纹；②动态演化性，表现为从分子层积到球体形成的多级结构演化过程；③易石墨化特性，经后续炭化与石墨化处理可形成高取向石墨结构。碳质中间相作为炭材料前驱体，其分子组成、微观结构与光学织构直接影响最终炭材料的导电、导热及力学等性能。

5.3 碳质中间相织构

碳质中间相作为材料科学领域的重要概念，其术语根源可追溯至液晶物理学中“中间相”的定义——特指物质在相转变过程中呈现的介于典型液态与晶态之间的过渡状态。具体而言，碳质中间相是煤焦油沥青、石油渣油等重质芳香烃类有机原料在液相炭化反应体系中，通过分子热缩聚、芳构化及取向排列等复杂过程形成的具有向列型液晶特征的有序结构体。其核心构成单元为具有平面或近平面结构的稠环芳烃大分子，它们通过 π-π 共轭作用形成层状堆砌的准二维有序排列，同时保留了液体的流动特性，构成了典型的“软物质”液晶相体系。

基于形态发生学与结构演化特征，碳质中间相可依据其聚集态组织形态划分为不同类别，分类依据主要是各向异性物质在正交偏振光下呈现的单色区域大小，具体包括微观尺度下以独立球体形式存在的中间相小球体，以及宏观尺度下呈现连续网络结构的镶嵌型、流线型和广域型中间相组织。碳质中间相织构的分类方法较多，有 White 法、Sanada 法、Patrick 法、Grint-Marsh 法等，但每种分类法的基点都非常相似。目前，常用的是将碳质中间相织构分为各向同性、镶嵌型（或马赛克镶嵌）、流线型（或纤维状）和广域型四大类。其中，镶嵌型中间相以规则排列的球体单元通过点接触方式连接为特征，流线型中间相则表现为球体间的流延融合形成长程有序的纤维状结构，广域型中间相更进一步发展为大尺寸连续片层结构，其组织形态的差异本质上源于分子热缩聚反应速率、原料分子量分布及反应体系的传质条件差异。镶嵌型又分为细粒镶嵌型、中等粒度镶嵌型、粗粒镶嵌型；流线型细分为中等流线型、粗流线型、广域流线型，如表 5-1 所示。

表 5-1　碳质中间相织构划分的通用标准

织构名称		光学特征
各向同性		没有光学活性（也被称为是碳质中间相的母液）
镶嵌型（或马赛克型）	细粒马赛克型	各向异性半径< 1.5 μm
	中等粒度马赛克型	各向异性半径在 1.5~5 μm
	粗粒马赛克型	各向异性半径在 5.0~10 μm
流线型（或纤维状）	中等流线型	各向异性长度< 30 μm、宽度< 5 μm
	粗流线型	各向异性长度在 30~60 μm、宽度在 5~10 μm
	广域流线型	各向异性长度> 60 μm、宽度> 10 μm
广域型		各向异性半径≥60μm

碳质中间相的光学织构是其微观结构与宏观性能关联的核心表征参数，光学织构直接反映中间相液晶的形成与演化过程，如图 5-1 所示。不同织构的碳质中间相具有不同的性质，镶嵌型中间相由长径比较小的中间相球体相连而成，球体之间的相界面存在过渡层，孔隙率较大，适合做耐磨、抗冲击的炭材料；流线型中间相由长径比为 1.5～3 的纤维状各向异性结构相连，排列取向具有一定的规律，适合做高取向性、高强度的炭材料；广域型中间相具有连续

的片层结构，长径比较大，缺陷和孔隙较少，适合做各向异性、高导热、高导电的炭材料。以碳质中间相为前驱体，不同的炭材料需要具有不同的织构，这需要通过控制合成反应条件来实现。碳质中间相光学织构不仅是材料微观结构的“指纹”，更是连接分子设计、工艺优化与性能调控的核心纽带。其研究不仅深化了对炭材料形成机制的理解，更为开发高性能炭基功能材料提供了理论依据与技术路径。

通常，碳质中间相织构可能是几种织构的混合，即可能同时具有镶嵌型和流线型或同时具有流线型和广域型。此外，中间相沥青各个区域的织构可能存在微小的差异，因而偏光显微镜镜头聚焦的地方可能对织构划分产生影响。

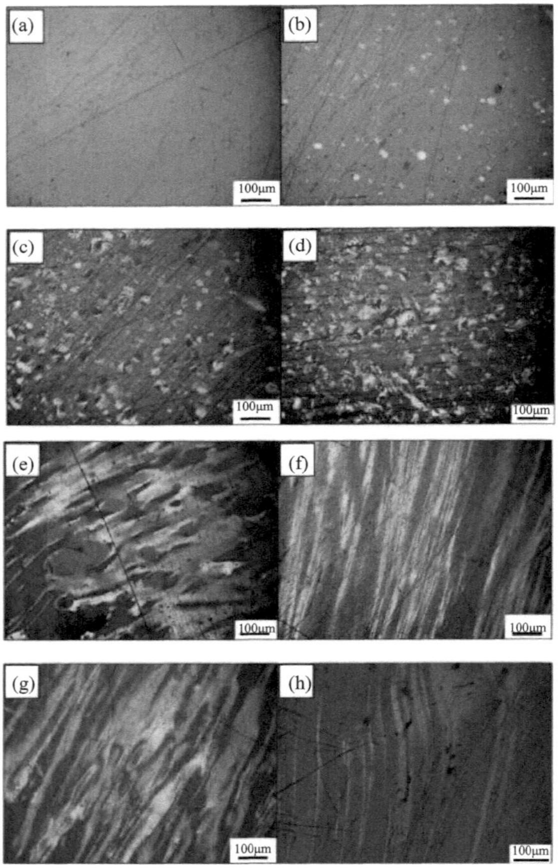

图 5-1 中间相织构的分类

(a) 各向同性；(b) 各向同性沥青中存在少量的中间相小球；(c)(d) 镶嵌型；(e)(f) 流线型；(g)(h) 广域型

5.4 碳质中间相形成理论

作为兼具液固双重特性的特殊材料，碳质中间相展现出独特的物理化学行为：在微观结构层面，其分子层状堆砌赋予其显著的光学各向异性——当通过偏光显微镜观察时，可观测到由分子长轴取向一致性引起的消光干涉条纹，这是液晶相最直接的实验证据；在宏观物理性质上，既保留了液体的流动性（表现为可测量的黏度与剪切应力响应）与形变能力（在外部剪切力作用下可发生取向排列），又呈现出晶体的物理属性，如确定的介电各向异性（平行与垂直于分子长轴方向的介电常数差异可达 2～3 个数量级）、热导各向异性（沿分子层状面的热导率约为垂直方向的 5～10 倍）及磁各向异性（在磁场作用下，分子层状面会沿磁力线方向定向排列，形成磁化强度的各向异性）。这种多维度的各向异性特征，使其成为制备高性能碳基功能材料的理想前驱体，其结构演化规律与性能调控机制已成为炭材料科学研究的核心方向之一。

碳质中间相的形成是一个液相炭化的过程，这是易石墨化的有机原料达到高度石墨化的必经之路。从化学角度来说，炭化过程主要包括原料的热分解脱除轻组分和热缩聚形成大分子两个过程，其间伴随着活性氢的转移；从物理学角度来说，炭化过程包括中间相小球的形核、成长、融并、长大和解体重构形成炭结构等一系列过程；从热力学角度来说，炭化过程是自发进行的，在较高温度下裂解缩聚生成的平面状自由基分子在表面张力作用下发生卷曲并进一步形成表面积最大的微球，此即为中间相的成核过程。随着反应的进一步进行，在微观上表现为中间相微球继续长大、融并直至无法维持表面张力最小状态便发生解体，而在宏观上则表现为融并后的大球体沿着一定的方向不断长大并形成有序的区域型结构。

碳质中间相的形成理论经历了从传统解释到现代模型的逐步完善过程，其核心是解释稠环芳烃在热缩聚过程中如何形成具有各向异性的液晶态结构。人们对碳质中间相形成理论的研究基本上可分为三个阶段：第一阶段主要对中间相的形成过程进行唯象学解释，这就是中间相的传统形成机理；第二阶段，Mochida 对传统形成机理的不合理之处进行了修正，并提出了碳质中间相的形成和发展是不同结构单元之间的连续构筑，这就是“微域构筑理论”；第三阶段，王成扬等在研究非均相成核中间相形成的基础上提出了“颗粒基本单元构筑”理论。

5.4.1 传统中间相形成理论

传统中间相形成理论由 Brooks 与 Taylor 首次系统提出，其核心机理可归纳为以下的递进过程。原料体系中稠环芳烃在热作用下依次经历热分解、芳构化及缩聚反应，逐步生成具有圆盘结构的缩合稠环芳烃片状大分子，又称碟状分子。此类平面片状分子在热运动驱动及外场作用下，通过分子间 π-π 相互作用逐步实现有序取向排列。随后，在范德瓦耳斯力主导的分子间吸引作用下，取向排列的平面分子发生有序层积和堆积，形成具有层状结构的层积体。当大量层积体聚集时，体系为降低表面能以维持热力学稳定，在表面张力驱动下自发组装形成球形晶核，即初始的中间相小球体。随着热处理过程的持续，中间相小球体通过从周围母液中不断吸收未反应的稠环芳烃分子实现体积增长。当两个相邻小球体相互接触时，球体内相邻稠环芳烃平面分子层通过 π-π 相互作用插入并共价结合，促使双球界面处分子层发生融合，最终合并为单一的大尺寸球体。此过程可重复进行，大球体间持续碰撞融合，形成更大尺度的中间相球体。值得注意的是，当球体尺寸增大至临界值时，表面张力对体系能量的稳定作用逐渐减弱，无法抵消球体内部因分子热运动产生的畸变能，最终导致球形结构解体，转化为无规则排列的体型中间相。传统中间相形成理论首次从分子反应动力学与热力学平衡的角度，系统阐释了中间相从分子级缩聚到宏观结构演变的完整路径，为理解沥青基炭材料的各向异性形成机制奠定了基础。由传统理论解释的中间相形成过程如图 5-2 所示。

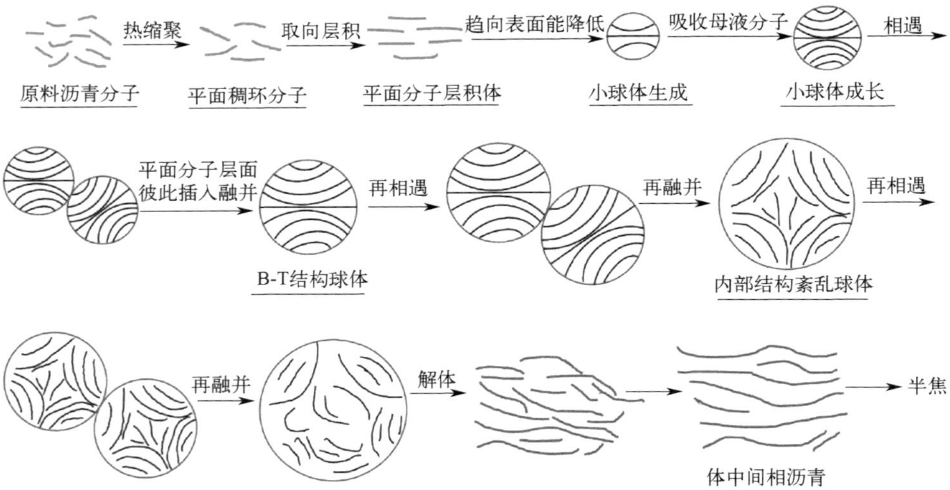

图 5-2　中间相形成和发展过程传统理论示意图

B-T—Brooks-Taylor

传统唯象学虽对碳质中间相的形成机理进行了概括性阐释，但其关于中间相生长机制的描述存在显著局限性。该理论认为，中间相的长大过程在微观层面表现为球体内稠环芳烃平面分子的相互插入，宏观层面则体现为球体碰撞引发的融并行为，二者共同驱动球体持续发育。然而，实验观测与理论预测存在关键矛盾：通过高温热台动态观测技术对中间相形成过程的实时追踪发现，中间相球体的生长过程并未表现出显著的球体融并行为。其典型演化路径通常为小球体通过持续吸积母液中的稠环芳烃分子逐步生长为大球体，当球体尺寸达到临界值时发生解体，转化为区域性中间相结构；不同区域间的中间相主要通过界面作用融合形成更大尺度的区域性中间相，而非依赖球体间的直接融并。此外，从能量转化的角度分析，传统理论假设的“分子层相互插入”过程需要克服如 π-π 堆积层的定向重组与共价结合能等极高的能量势垒，这与热处理过程中体系的实际能量供给条件存在显著不匹配，从能量守恒与转化的角度难以实现。综上，传统唯象学理论对中间相形成机理及生长过程的描述，因与实验观测的现象特征不符，且在能量合理性层面存在根本矛盾，已难以准确解释中间相的真实演化机制。

为阐明传统中间相形成理论中关于相邻球体融并行为的理论假设，我国学者费又庆团队于 2016 年采用高温离心分离法获取了中间相球体样品，经预氧化及炭化处理后，利用扫描电子显微镜对其融并行为展开了观测，如图 5-3 所示。中间相球体在相对低温（220 ℃）条件下即可通过层状结构的平行取向形成类韧带状连接的“接触态”，基于狭窄的中间相层状结构在内部形成的强键合作用突破了传统认知中高温融并的机制局限。值得注意的是，当中间相球体间距足够小时，其层状结构的层积体可沿任意方位实现平行对接，可以是 U/O 型或 Y 型，从而在中间相球体表面不同区域构建多级的三维连接网络（见图 5-4）。这一发现不仅揭示了中间相球体自发组装的微观动力学特征，更为理解中间相衍生炭材料的结构演化规律提供了直接实验证据。

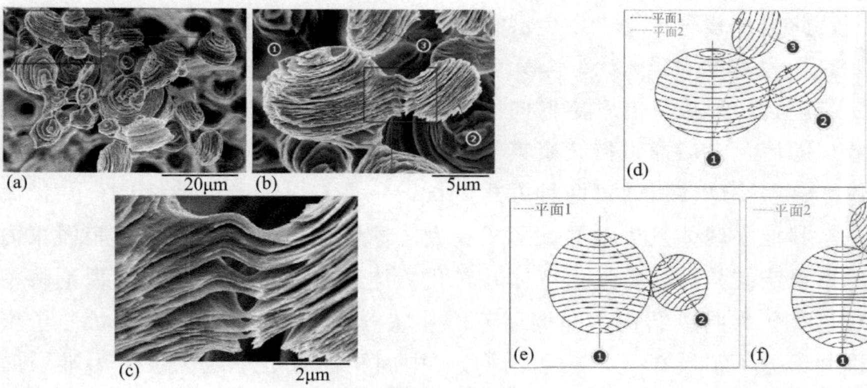

图 5-3　中间相球体的接触与融并过程

❶❷❸代表 3 个球体

5.4.2　微域构筑理论

微域构筑理论由日本学者 Mochida 提出，该理论认为碳质中间相的形成过程

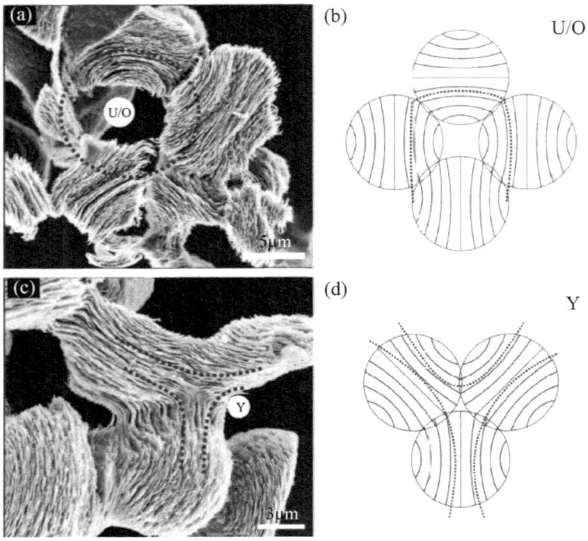

图 5-4 中间相球体融并的对接方式

是先形成具有规则形状的片状分子堆积单元，然后由片状分子堆积单元构成球形的微域，再由微域堆积成中间相球体，避开了传统中间相形成理论中的一些不足和争议。微域构筑理论对中间相形成机理的解释可归纳如下：原料中的稠环芳烃经热解、芳构化及缩聚等一系列反应，首先生成稠环芳烃片状分子。在范德瓦耳斯力驱动下，此类片状分子逐步发生层积作用，形成具有规则几何形态的片状分子堆积单元。作为基本的分子组装单元，这些片状分子堆积单元通过聚集、层积等作用进一步整合，形成具有一定取向度的准取向分子组装单元球体，即中间相沥青的微域。随后，微域通过持续聚集与结合，在表面能的驱动下逐渐发育为中间相小球体。这些小球体可通过两种方式生长：一是与周围微域持续结合并扩大体积；二是与其他小球体发生融并，形成更大的球体。当大球体生长至表面张力无法维持球形稳定结构时，将发生解体并转化为体型中间相。微域构筑理论将中间相的形成过程分为四级结构，即稠环芳烃片状分子（一级结构）、片状分子堆积单元（也称为分子组装单元，二级结构）、中间相沥青的微域（也称为准取向分子组装单元，三级结构）和中间相球体（四级结构）。值得强调的是，微域构筑理论规避了传统中间相形成理论中“小球体相互碰撞后，稠环芳烃平面分子层相互插入、结合促使小球体长大”这一解释较为模糊的论述，可以同时有效解释均相成核和非均相成核制备中间相的过程。微域构筑理论还能合理地解释中间相球体连续长大的现象。然而，由于微域构筑理论将炭材料在 XRD 下的平均微晶作为真实的微域，从而引入了实际上并不存在的片状芳香分子层积形成的规整片状分子堆积单元，因而该理论体系仍存在一定的局限性。图 5-5 直观展示了基于微域构筑理论解析的中间相形成过程。

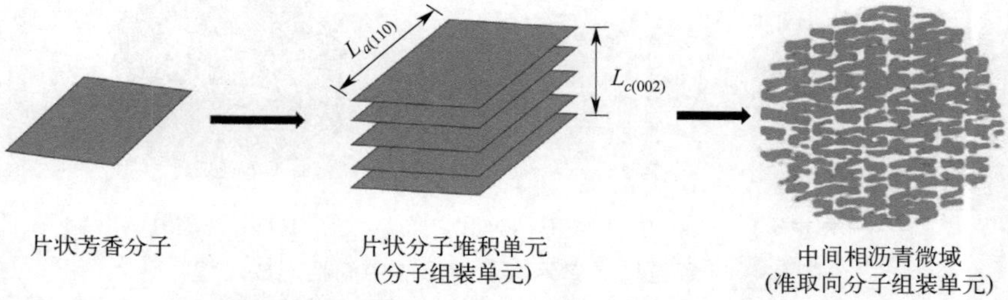

图 5-5　微域构筑理论阐释的中间相形成过程

5.4.3　颗粒基本单元构筑理论

颗粒基本单元构筑理论是在微域构筑理论基础上提出的，该理论将中间相形成过程分解为三级结构的连续构筑，三级结构分别为稠环芳烃片状大分子层、中间相构筑单元和中间相球体。原料经过芳构化、缩聚等反应形成具有一定尺寸和形状的单层稠环芳烃片状大分子，即为一级结构。当一级结构数量不断增加时，离域大 π-π 键发挥作用使得一级结构有序堆积逐渐转化为球形、棒状或其他形状的中间相基本构筑单元，即为二级结构。在碳质中间相形成初期，基本构筑单元的形成过程就是碳质中间相的成核过程，当球核达到一定数量时，便会直接堆积形成中间相球体的三级结构，三级结构不断与其他二级结构相互结合、堆积，使得中间相不断长大，形成体型中间相。中间相球体的长大过程是不断形成的构筑单元连续堆积的过程，这符合观察到的实验现象，同时也说明了中间相球体融并长大传统解释的不合理，因为“如果球体是靠融并长大，那么在球体长大的过程中球体的尺寸就会出现不连续性”，而实验中往往观察不到这种情况。当相邻的中间相球体之间靠近，且接触时间较长时，后续堆积到球体上的构筑单元就会把这些球体连接起来，同时球体接触的部分也会发生分子间的化学键合，使得球体表现为融并。对于具有较好流动性的中间相球体，还会发生球体内部的分子重排，形成融并体，进而形成体中间相。颗粒基本单元构筑理论不仅弥补了前两种理论的缺陷，而且对煤系、石油系和萘系中间相形成过程都能很好地解释，是目前最为成熟和全面的中间相形成理论。颗粒基本单元构筑理论解释的中间相形成过程如图 5-6 所示。

体系的黏度往往是控制中间相构筑单元形成和球体构筑过程的一个重要因素，同时体系黏度的高低也控制了球体之间能否接触和接触时间的长短。因此，黏度也是影响中间相形成和发展的一个非常重要的因素。解析碳质中间相的形成过程，化学反应和物理作用在中间相形成和发展的不同阶段分别起着不同的作

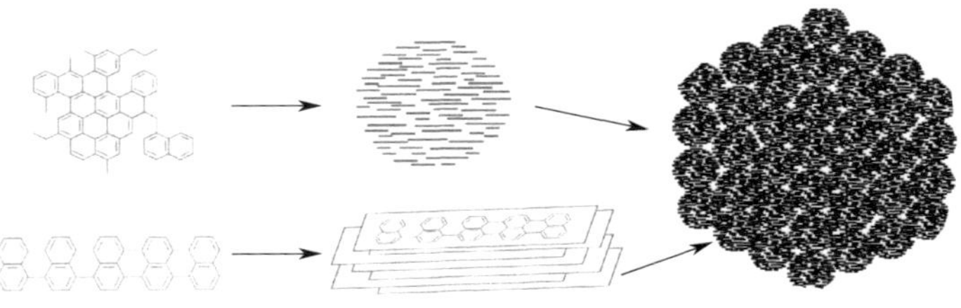

(a) 中间相分子　(b) 中间相基本单元构筑　(c) 中间相球体

图 5-6　颗粒基本单元构筑解释的中间相形成过程

用。在中间相形成初期（即成核阶段），芳香分子很小，分子间的大 π-π 键很弱，使得物理的分子堆积作用同样很弱；体系在热作用下主要发生芳香分子的脱氢缩聚反应，使芳香分子不断长大。显然，该阶段的化学作用占主要地位。而在中间相发展初期和中期（主要指球形中间相生成和长大阶段），芳香分子已长大成为具有一定尺寸的平面片层分子，分子间的大 π-π 键作用力明显增大，使得片层分子产生层积，形成中间相构筑单元，进而产生构筑单元的堆积形成中间相球体。与此同时，体系内的小分子继续缩聚长大形成中间相分子；另外，中间相球体内部的片层分子也不断缩聚长大。

系统考察碳质中间相在形成初期与中后期的形貌演化与结构特征可得：在体系动态演化过程中，化学反应与物理调整的协同作用主导了具有内部大分子有序层积结构的碳质中间相球体的构建。具体而言，当演化进入后期阶段（涵盖中间相球体解体、体中间相生成及半焦形成等关键过程）时，体系内高活性反应组分的缩聚反应趋于停滞，尽管化学作用并未完全消失，但其对结构演变的驱动效应已显著减弱；另外，伴随体系黏度显著升高，分子间的层积作用与结构重排能力均受到显著抑制，此时化学反应与物理调整的协同作用呈现弱化特征，整个过程表现出化学反应与物理调整的弱协同主导机制。

在中间相球体的生长进程中，尺寸较大的构筑单元会优先沉积于球体表面。当球体生长速率较快时，未充分长大的构筑单元会被快速沉积于球体表面，这一过程会导致体系中游离构筑单元（即未完成沉积的构筑单元）的尺寸缩减，进而使得最终中间相球体表面的颗粒尺寸呈现一定程度的减小。沉积后的构筑单元会因内部分子活性增强而发生“融合”现象，即相邻构筑单元的分子通过化学键合相互作用，导致单元间界面逐渐模糊直至消失；与此同时，单元内部的芳香分子持续发生缩合反应，实现分子尺度的生长。在中间相球体的生长过程中，其内部结构同步发生动态调整，具体表现为碳层的排列有序性逐步提升，碳层间距呈现持续减小的趋势。随着反应进程的加深，体系内的轻组分因气化逸出或参与了缩聚反应而逐渐减少，中间相球体的数量与体积同步增加。这一过程显著提高了球体间的接触概率与接触时长，促使接触区域的分子间发生化学键合，最终在宏观尺度上表现为球体的“粘连”现象。当反应持续推进时，后续沉积的构筑单元会与现有球体发生共同沉积。若此时体系及球体内部仍保留充足的小分子物质，且大芳香分子具备足够的自调整能力，大分子将会驱动球体内部分子进行适应性重排，直至原始球体形态消失并形成新的球体结构，此过程即称为中间相球体的融并。融并的持续发生将导致球状中间相的最终解体，并最终转化为体中间相。这一转化过程与碳质中间相的表面张力特性及体系黏度参数密切相关。

由于非均相成核碳质中间相生成体系的黏度较大，大芳香分子堆积形成构筑单元时排列不是十分有序，进而造成由构筑单元堆积形成中间相球体内部的结构复杂以及中间相球体融并形成体中间相沥青时内部分子不能有效地调整方向而只能形成粗镶嵌型织构。与非均相成核的碳质中间相相比，均相成核体系的黏度较低，芳香分子的排列易于形成有序的堆积，其构筑单元堆积形成的中间相球体内部分子也易于重新调整取向而形成 Brooks-Taylor 型结构（地球仪结构），并且球体融并后内部分子进一步调整取向可以形成广域流线型体中间相。研究发现碳质中间相形成初期体系中存在的固体异相物质，即在反应条件下不溶和不融的颗粒物质（如原料中含有的喹啉不溶物或在原料中添加的鳞片石墨和氧化铝粉等），可以充当“核”物质，使得大芳香分子直接堆积到上面形成中间相球体的核，以致形成结构多样的碳质中间相球体。尽管碳质中间相形成初期体系中的喹啉不溶物等固体异相物质能够改变其“颗粒基本单元构筑”成核的方式，但中间相球体的长大过程没有改变，仍旧是由芳香分子形成基本构筑单元，然后构筑单元在小球体上堆积形成大的中间相球体。

在碳质中间相形成的初始阶段引入特定化学添加剂（如含硫化合物），其形成路径可能发生显著偏离，不再严格遵循“颗粒基本单元构筑”的经典成核与生长机制。以体系中添加较高浓度硫添加剂为例，此类活性组分可通过催化作用显著加速芳香分子的缩聚反应，促使分子在短时间内快速生长为大尺寸稠环芳烃片状大分子。此类稠环芳烃片状大分子的形成速率远超其层积组装为中间相球核或构筑单元的动力学过程，导致分子无法完成经典的球核形成、球体生成及生长等阶段，而是直接通过分子间的持续缩合与堆叠，最终演化为体中间相结构。这一现象本质上反映了化学添加剂对中间相形成路径的调控作用，即通过改变分子反应活性与组装动力学，突破了传统颗粒基本单元构筑的演化框架。

5.5 碳质中间相的合成方法

当前，精准调控中间相沥青的合成过程已成为炭材料科学领域的重要研究内容，其核心科学问题在于通过分子结构的精准设计优化沥青前驱体的物化性质。现阶段主流的合成策略主要包括直接热缩聚法、共炭化法、加氢聚合法、催化合成法、卤化诱导法以及其他衍生方法（如交联合成法、烷基改性法等）。这些方法的理论基础均源于热力学与动力学调控机制，通过调节稠环芳烃的堆积行为及分子间作用力，最终实现中间相微晶结构的定向构筑，赋予沥青分子结构以可控性。

从分子组装机制视角解析，中间相的形成本质上是稠环芳烃分子通过堆叠排列完成成核的相变过程。其具体可分为均相成核与非均相成核两种模式：均相成核是指在均匀液相体系中，通过热缩聚反应促使原料中的稠环芳烃分子自发堆叠形成成核中心；而非均相成核则是通过引入固态颗粒作为异质成核位点，降低成核势垒，诱导芳烃分子发生取向吸附排列，从而显著提升成核速率。相较于均相成核，非均相成核对诱导芳烃有序排列进而合成中间相具有更显著的促进作用。结合晶体成核理论，非均相成核通过固态粒子作为异质晶核，有效降低了成核所需的自由能壁垒，并借助其特定形态结构引导小分子物质的取向排列，从而强化晶体成核过程。因此，成核剂的选择需重点考量材质类型、粒径尺寸及表面形貌等关键参数。实际上，在众多工艺方法中，其本质上可归结为对中间相球体成核方式的差异化调控策略。

均相成核是指在反应体系中组分均匀分布，且不存在固体粒子等第二相物质的成核方式。在这种状态下，体系中的喹啉不溶物含量被控制在极低水平，几乎可以忽略不计，相应地，灰分含量也保持在微小的范围内。在均相成核的主导下，所生成的中间相球体尺寸分布宽，其体中间相呈现广域流线型织构。在整个中间相的形成与生长过程中，球体生长、融并现象持续发生，并且球体的形成主要靠稠环芳烃自身的堆叠形成“晶核”，最终成长为中间相球体。与均相成核相比，非均相成核的发生通常是在初期阶段，且伴随着体系中第二相的存在，这些第二相如固体粒子，与主体液相性质截然不同。这些固体粒子统称为体系中的喹啉不溶物。非均相成核的发生具有明显的阶段性特点，在相变初期体系无显著的融并现象，同时能够快速生成中间相小球。通过非均相成核机制产生的中间相球体内部，其消光纹呈现出多晶域交织的复杂结构。添加剂的形态和尺寸，在这一过程中起着至关重要的作用。添加剂的不同形态，无论是颗粒状、纤维状还是片状以及其尺寸的大小，都将以不同的方式与体系中的其他组分相互作用，进而改变中间相的最终结构。最终，形成的体中间相呈现出类似马赛克的镶嵌型织构。

合成碳质中间相的原料主要有煤系沥青、石油系沥青和纯化学物质。碳质中间相的结构和性质对原料特征和反应条件具有极强的相关性。比如，煤系沥青由于具有很高的芳香度，制备的碳质中间相容易出现镶嵌型结构；石油系沥青中的杂原子会严重影响所制备的碳质中间相沥青的性能；而纯化学物质原料成分单一，但反应活性差，通常需要催化才能发生缩合反应形成中间相。因此，原料本身特征的差异会导致碳质中间相的性质差异较大。针对不同的原料，需要采取适宜的合成方法。

5.5.1 热缩聚法

热缩聚法又称为热聚合法、热缩合法、热处理法等，是原料在惰性气体的保护下，利用原料自身较好的反应性，直接加热使其发生环化、芳构化、分子重排、缩聚等反应生成碳质中间相的方法。热缩聚法不需要复杂的反应设备，简单易操作，成本低廉，是目前最常用的碳质中间相的合成方法。但热缩聚法的使用必须满足 2 个条件：①原料必须具有较好的反应性（例如多环芳烃），或者在受热过程中能够生成多环芳烃（例如聚氯乙烯等高分子材料），这些反应物在没有催化剂的条件下，也可发生一系列反应生成以稠环芳烃为主的碳质中间相；②反应物必须具有良好的熔融性，即反应物在加热后能够得到均相的反应物。碳质中间相的制备通常发生在均相反应体系中，若反应物中有受热不熔化的组分存在，则会影响中间相合成反应的进行，从而导致碳质中间相的性质较差，并且这些不熔化的组分会一直残留在碳质中间相中，影响后续使用。

热缩聚法制备碳质中间相性质的好坏取决于原料的组成及性质。一般情况下，通过改变反应温度和反应时间仅能够控制缩聚反应进行的速度和深度，达到控制沥青前驱体性质的目的，但很难高效地实现分子调控；通过改变气氛，如在制备过程中采用空气吹扫，可以增加沥青的氧化性，可以改变碳质中间相的分子量分布、黏度和软化点等；通过改变惰性气氛的速率，可以控制参与反应小分子化合物的含量，从而可以调整碳质中间相的分子量分布和软化点。这些反应条件之间也存在耦合作用，因而需要通过大量试验寻找最优反应条件。

热缩聚法制备碳质中间相的过程属于液相炭化。原料在 350 ℃以上的反应温度下发生复杂的热分解和热缩聚反应，包括断键、脱氢、缩合、聚合等，并生成稠环芳烃片状大分子。稠环芳烃上的烷烃支链通过断键、脱离形成小分子物质从体系中逸出，同时在反应体系中形成大量的活性自由基。稠环芳烃片状大分子则进一步有序排列、堆积形成中间相小球体。热缩聚过程中小分子物质的脱除使反应体系黏度变大，因此通过这种方法得到的中间相沥青软化点一般较高。

一般煤系和石油系沥青采用热缩聚法合成碳质中间相时，都需要较高的反应温度和较长的保温时间，热自由基反应温度高于芳烃分子沸点；另外，通常情况下采用这两种原料，尤其是煤系沥青，制备碳质中间相时需要加压处理，反应过程比较剧烈，难以控制，体系黏度急剧上升，所制得的碳质中间相分子量分布较宽。

5.5.2 共炭化法

共炭化法起源于配煤炼焦过程，是为了弥补不同煤种的缺点，通过多种煤共炭化的方法达到改善焦炭质量的目的。共炭化法是一种通过向炭化体系中引入共炭化剂，与原料共同热解或缩聚，从而促进中间相的形成或改善中间相沥青性能的工艺方法。其核心在于利用添加剂与原料之间的相互作用（如氢转移、烷基转移、结构重组等），优化反应路径，生成具有高取向性液晶相的碳质中间相。因而，采用共炭化法通常是为了消除某种原料单独进行热缩聚反应时制得的中间相性质不足的缺陷——通过加入其他物质进行共炭化以消除这种缺陷。例如，将无灰煤与乙烯焦油共炭化制备碳质中间相可以解决无灰煤中含氧量高的问题。共炭化法需要对原料性质有充分的了解，其本质和热缩聚法类似，所以也很难通过改变反应条件实现分子结构精准调控。使用共炭化法制备碳质中间相的最优条件通常也来源于大量先行试验的探索和经验的积累。

共炭化法以混合物共裂解机理为基础，共炭化剂的加入可以促进原料快速转变为中间相，或是调节中间相产品的某些性质。如果以良好的溶剂作为共炭化剂，则能够有效降低反应体系的黏度，促进中间相小球长大和融并，从而更有利于形成大流域体型中间相结构。目前，常用的共炭化剂包括四氢萘、四氢喹啉、十氢萘等。

5.5.3 加氢聚合法

加氢聚合法作为一种通过氢气或供氢剂参与的催化加氢反应调控原料分子结构的工艺技术，其核心机制在于利用氢转移反应降低原料缩合度并优化分子排列有序性，最终制备得到高中间相含量、低软化点且流动性优异的碳质中间相沥青。具体工艺过程中，原料与供氢溶剂经混合后，在高温高压条件下实施加氢反应，旨在提升原料 H/C、脱除杂原子并增加分子环烷结构含量，最终实现原料芳香度降低与流变性能优化。加氢聚合过程可赋予原料适宜的缩聚反应活性，使其在中间相形成过程中维持适中的黏度与软化点，有效抑制半焦等不熔炭颗粒的生成；同时，环烷结构数量增加可以优化稠环芳烃大分子间的相互作用力，从而显著提升原料的流动性。然而，该方法存在显著局限性：需消耗大量供氢溶剂，如四氢萘、十氢萘、9,10-二氢蒽等，且高温高压的反应条件较为苛刻；此外，反应后需进行溶剂脱除，导致工艺步骤烦琐、制备成本较高。

从反应机理角度分析，加氢聚合过程可促进芳烃分子有序堆叠与排列；同时，环烷结构的富集有效抑制芳烃分子的过度缩合，延长热反应进程，为后期中间相小球的融并提供有利条件。进一步调节反应温度、反应压力、氢油比等加氢条件，可实现对中间相沥青光学结构及分子组成的精准调控。由加氢聚合法制备的碳质中间相表现出独特的结构与性能关联特征。随着氢含量的增加，产物中碳质中间相含量逐步提升，软化点显著降低，热稳定性增强；同时，其各向异性区域尺寸呈现规律性增大，分子组成中烷基支链与环烷结构的比例亦显著增加。上述特性使其在高性能炭材料制备领域具有重要的应用潜力。

5.5.4 催化合成法

催化合成法也称为交联合成法，是指在催化剂的作用下，以芳烃化合物为原料，通过官能团的连接合成较高分子量的低聚物，再由低聚物进一步热处理制得碳质中间相。目前该方法主要采用的是 Lewis 酸催化剂，包括 $AlCl_3$、HF/BF_3 以及固体超强酸 ZrO_2/SO_4^{2-} 等。催化合成法通常以萘、甲基萘、蒽等纯化学物质为原料，这些原料反应活性低，在热作用下难以发生缩聚，需要催化诱导。$AlCl_3$ 和 HF/BF_3 都是常用的 Lewis 酸催化剂，被广泛应用于 Friedel-Craft 反应中。早期曾采用 $AlCl_3$ 作为催化剂合成碳质中间相，虽然能够促进中间相的形成，但反应结束之后，很难将 $AlCl_3$ 从中间相中移出，会有少部分残留在产品中，从而对碳质中间相的后续利用造成影响。Mochida 关注到 HF/BF_3 混合之后的催化性能，HF/BF_3 催化剂能够提供较强的酸性离子 H^+，并具有体积较大的阴离子 BF_4^-，阴离子亲核性较弱，作为质子供体在较低的温度下与芳环上的 π 键生成络合物，从而降低芳香环上的电子云密度，并进一步形成带正电的碳氢基团；由带正电的碳氢基团在最大活性位进攻第二个带活性位的芳香分子得到二聚体；二聚体进一步聚合，最终制得质量收率高于 90% 的三聚体到十聚体的低聚物（图 5-7）。在 Lewis 酸催化剂的作用下，芳烃化合物的苯环被活化发生低聚反应，生成低聚物，进一步热处理低聚物即可得到具有高度光学各向异性的、广域型的碳质中间相。

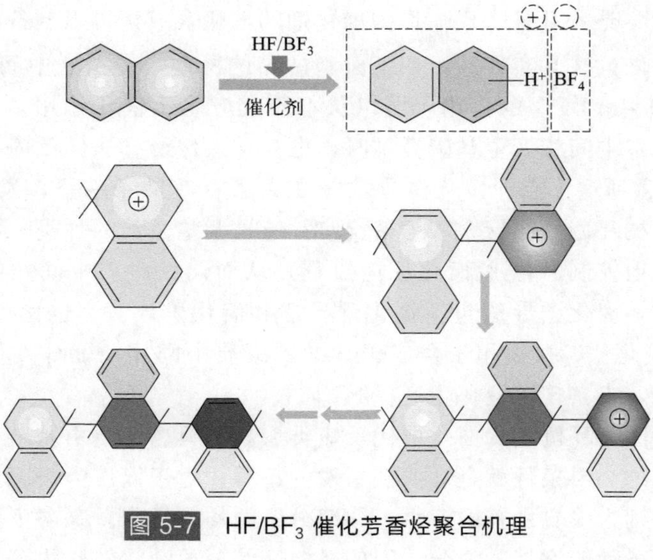

图 5-7 HF/BF_3 催化芳香烃聚合机理

在反应过程中，随着芳烃分子尺寸的增大，各碳原子电子云密度发生变化，活性位会有所不同。并且，芳烃与质子供体的络合作用力减弱，因此大芳烃分子的反应活性进一步降低。由于 F^- 亲核性极强，如果反应物料中含有少量水会造成电离，聚合反应中的催化剂会有一定的消耗。因为 HF/BF_3 沸点较低，所以在脱除催化剂时，可以通过减压或常压蒸馏的方式将催化剂从生成的沥青中去除。减压蒸馏的方式可以大幅度降低催化剂脱除温度并减少停留时间。如果直接采用氮气吹扫需要很高的温度才能将催化剂完全脱除。

HF 和 BF_3 必须以复合的方式使用。HF 有利于促使芳香环直接缩聚，几乎不引发氢转移反应，难以诱导取代反应和环化反应，产物结构中缺少必要的环烷烃结构和取代基团。因而，若只用 HF 作为 Lewis 催化剂，产物的芳香度很高，取代度低，环烷环数含量少，容易形成不熔融的固体碳和焦的颗粒。这表明单独使用 HF 可能更多地发生芳环的缩聚反应，而很少发生氢转移形成环烷结构，不利于后续的反应。HF/BF_3 的组合可以大幅度提高单一 Lewis 酸的酸性，并提供大体积亲核性较弱的质子供体，因而具有较高的催化活性。

催化合成法制备碳质中间相的优点在于能够进行一些分子设计，从而控制中间产物的组成结构。Mochida 采用催化合成法成功制备出高模量碳纤维用的碳质中间相沥青前驱体。该中间相呈现 100%广域性、软化点低、流动性好、纺丝性好、聚合度高。但 HF 和 BF_3 的腐蚀性极强，分别具有不同的腐蚀特性，组合后对设备的要求较高，且具有更大的安全与环保隐患。

5.5.5 卤化诱导法

Mochida 发现采用 HF/BF_3 作为催化剂的催化合成法可以制备出流动性好的碳质中间相，该方法其实就是用到了卤素诱导的机理，但是这中间除了 F^- 的作用外，还有 H^+ 和 BF_4^- 的作用，所以从本质上应属于催化作用。早期 Otani 使用聚氯乙烯制备中间相沥青基碳纤维时，也存在氯化诱导法的反应机理，只不过 Otani 没有注意到这一点。卤化诱导法是在卤素存在的条件下，发生取代反应，从而可以控制稠环芳烃的聚合和缩聚反应；通过调整卤素的种类、添加量和反应条件可以有效地控制卤化-脱卤化反应过程，从而调控碳质中间相的组成、结构与性质。目前，卤化诱导法包括氯化诱导法和溴化诱导法，也称为氯化-脱氯化法和溴化-脱溴化法，主要用于合成碳纤维的碳质中间相前驱体，但仍然处于实验室研究阶段，未实现工业化生产。

卤化诱导法芳环侧链的卤化取代反应类型属于典型的自由基链反应，而自由基链反应发生的必要条件就是需要链引发的过程。对于以溴为卤化剂诱导的取代反应，链引发则为溴自由基的产生，即溴分子的均裂反应。高温下溴分子通过吸收热能而使分子动能增加，溴分子间的碰撞又使分子动能转化为分子内能，当内能增加至足以克服分子共价键键能束缚时，溴分子均裂成两个溴自由基。生成的溴自由基选择性攻击甲基上的氢进而发生链的传递。卤化诱导法的反应机理如图 5-8 所示。在溴自由基存在的情况下，原料中芳环脂肪族侧链中的氢容易被溴自由基取代生成溴化物；然后在高温下与另一个芳环上的氢结合后生成溴化氢，之后通入惰性气体吹扫出反应体系。通过脂肪族侧链的交联可进行芳环的齐聚。当溴的量较小时，芳环的侧链被溴单质取代；通过去除溴化氢，芳香环的脂肪族侧链形成交联结构，从而形成低聚物。

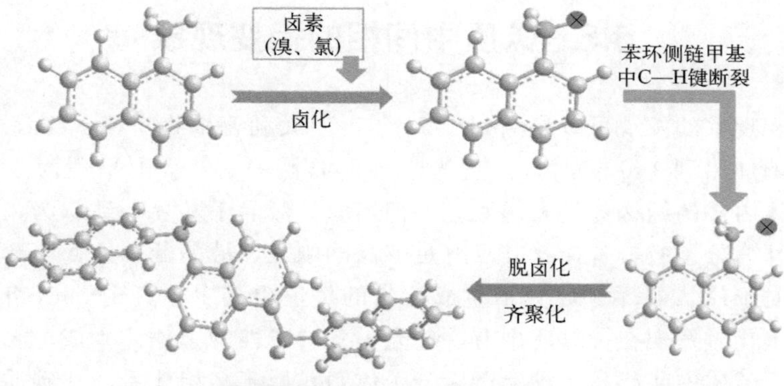

图 5-8　卤化诱导法反应机理

在卤化诱导法下，可以生成环烷基、芳香基的侧链以及桥健，并且即使在缩合反应后，这些基团也能很好地保留，而环烷基和桥健有助于碳质中间相分子结构中存在更多的线型和交联结构。在反应过程中，随着溴添加量的增加，碳质中间相的分子结构逐渐从交联立体结构转变为缩合多环芳烃的大分子平面结构。因此，可以通过控制溴含量促进碳质中间相交联立体结构的形成。小分子和相对较轻的组分在卤化诱导中通过芳环连接会形成长侧链，这些长侧链在脱卤步骤中发生环化和芳构化反应，而不用直接移除，可以提高最终碳质中间相的产率和齐聚程度，并且可以防止热处理过程中的过度聚合。在溴化诱导法中，随着反应温度的升高，溴分子的动能增大，可以通过分子间的有效碰撞转化成为分子内能，进而促使 Br—Br 键均裂的概率大为增加，因此反应温度的升高可促进溴化反应的进行。实验证明溴化产物中的组分不会随着反应时间的延长而改变，因此可以通过溴化和脱溴化过程实现可控合成，从而避免过度缩合。

卤化诱导法中，氯的作用机理与溴相似，即认为在氯化反应中，氯自由基诱导芳环侧链上的脂肪族基团发生取代反应，生成氯代芳香族化合物；在脱氯化过程中，芳环侧链上的取代氯与另一个芳环侧链上的氢结合后生成氯化氢脱除，从而促使两个芳香化合物形成了交联结构，继而生成以三聚体和四聚体为主的芳香族低聚物。芳香族低聚物进一步发生缩聚反应，形成以稠环芳烃片状大分子为构筑单元的中间相沥青。但是氯的电负性和原子直径比溴小，因而氯自由基的反应活性比溴高，空间位阻比溴小。氯自由基诱发所需的能量小，比溴自由基更易诱发，且终止氯自由基链式反应的基团少，链式反应更为持久，因而氯化反应通常在温和条件下即可进行。此外，氯自由基的反应活性高，不仅可与芳环侧链 α 位发生取代反应，还可以与 β 位发生取代反应，且可能生成邻、间、对位异构体的混合物，易发生多取代反应，导致氯化产物种类更为丰富。

5.6 碳质中间相的相变现象

中间相现象的发现可以追溯到 1888 年，澳大利亚植物学家 Reinitzer 将胆甾醇苯甲酸酯加热到 146 ℃时，出现光学各向异性——外表上呈现为一种混浊流体，而液体内部的结构却具有规则性。但当时，液晶学术界一致认为，出现液晶的必备条件为分子应具备棒状并且有足够高的刚性，液晶分子上含有苯环和强极性基团。对于片状稠环芳烃分子生成液晶的报道也甚少，直到 1961 年，Taylor 在研究煤焦化时发现在镜煤质中有一些光学各向异性的小球体生成、长大进而融并的现象。碳质中间相是一种复杂大分子体系，属于多相体系，在碳质中间相生成和转化的过程中存在相变机理，可以用相图来表示相变过程。国际炭素表征和术语委员会于 1978 年提出了完整的液晶分类法，因为碳质中间相属于液晶，该分类法显然适用于这个液晶分类法，但是缺乏针对性。1982 年，钱树安基于炭材料的研究提出了更具针对性的层片状碳质高聚稠环层片状大分子体系液晶类型的分类，并称之为新分类法（见图 5-9）。

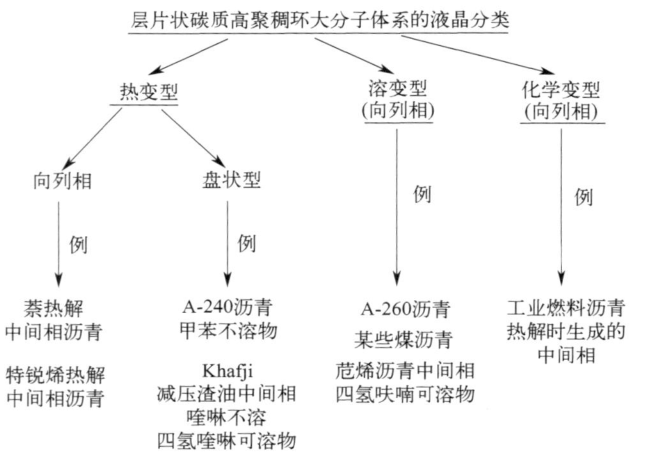

图 5-9 碳质中间相液晶类型的新分类法

5.6.1 热变型

热致变型液晶是一类通过温度变化驱动液晶相与各向同性相之间转变的功能材料。根据相转变温度区间的差异，可将其划分为低温热致向列相液晶、中温热致向列相液晶及盘状（discotic）型液晶三类。

低温热致向列相液晶的液晶-各向同性相转变温度通常低于 400 ℃，其典型结构单元包括齐聚苯类、联苯类及其衍生物，如三亚苯、三苄基苯衍生物、2,3,6,7,10,11-六羟基三亚苯基苯、五联苯及六联苯等。

中温热致向列相液晶的向列相-各向同性相转变温度约 450 ℃。美国学者 Lewis 首次报道了合成沥青中存在此类液晶：他在热台显微镜下观测萘的热解过程时发现，当温度升至 350 ℃时，体系呈现大面积融合中间相与单球结构共存的形态；随着温度升高，中间相逐步向各向同性相转化，并于 475 ℃完全转变为各向同性相；冷却至 410 ℃时，中间相重新生成。这一可逆相变行为证实，萘沥青热解生成的中间相属于典型的中温热致向列相液晶。Lewis 进一步指出，纯萘热解制得的中间相沥青之所以具有普适的热致向列相-各向同性相转变特性，关键在于其分子量低且分布均匀。由于萘分子无侧链结构，热解过程中分子缩聚反应速率缓慢，使得可逆的向列相-各向同性相转变早于不可逆炭化反应发生，从而完整保留了相变过程的可观测性。

盘状型液晶在向液相转变过程中表现出同质多晶特性，即在不同温度区间呈现差异化的液晶形态。以 2,3,6,7,10,11-六羟基三亚苯基苯为例，其在熔融后、向列相形成前的 168～183 ℃温度范围内，会首先转变为柱状结构。Zimmer 于 1981 年在研究 A-240 沥青甲苯不溶组分的炭化过程时，进一步揭示了此类液晶的复杂相变行为：当升温至 320 ℃时，该组分仍为各向同性固体，内部片状芳烃分子呈无序排列；温度升至 340 ℃时，体系瞬间转化为微细粒状中间相，其中片状芳烃分子平行堆砌可达 100 层；继续升温至 360 ℃，部分微细结构粗化，另一部分则转变为各向同性液体；400 ℃时，粗化粒状中间相比例增加，且各向同性基质中出现典型的 Brooks-Taylor 型球体结构；460 ℃时，球体转化完成，体系最终呈现两种共存形态，即 340 ℃生成的微细粒状结构与后续形成的粗变形微结构，全程失重仅 6%（图 5-10）。A-240 沥青甲苯不溶组分中间相的相变行为与分子构型及分子量分布密切相关，340 ℃时的转变属于物理过程，源于分子取向平行化，失重约 3%；温度进一步升高后，分子不稳定脂链断裂并发生二次缩聚，驱动微粒结构粗化；部分分子可能先转变为各向同性液相，脱除脂链后通过二次聚合形成大尺寸平面分子，这些分子在分子间作用力作用下平行堆砌，最终形成典型的 Brooks-Taylor 型中间相。综上，A-240 沥青甲苯不溶组分碳质中间相是典型的盘状型液晶，其相变过程涵盖了多种液晶态的动态演化。

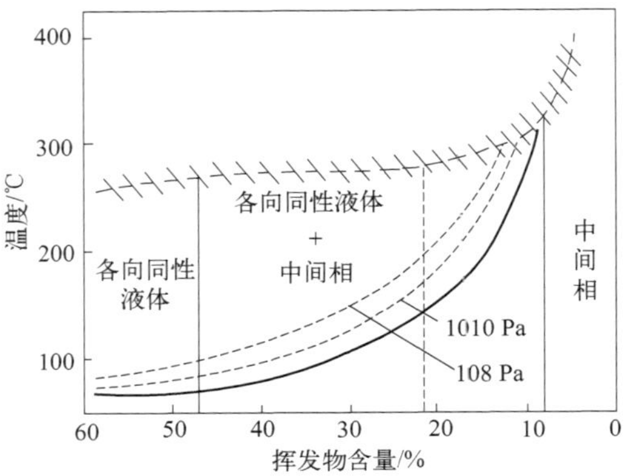

图 5-10 A240 石油沥青的相图

5.6.2 溶变型

溶变型液晶是指液晶相和同性相的转变，它来源于浓度或温度变化或者二者同时变化，以浓度为主变数，温度为辅变数。

1975 年，Lewis 发现沥青中液晶成球初期的小球隐现带有可逆的性质，认为这效应归因于溶解-析出现象，而非真正的相转变。因为在常温下中间相分子的浓度已超过了此温度所允许的临界浓度，而在 400 ℃下，由于中间相分子的溶解度大大提高了，所以在此条件下允许临界浓度也大大地提高，此时中间相也就消失。现在看来，那时 Lewis 实际上已经发现了中间相沥青的溶变型本性。决定一个特定溶质在确定溶剂中的溶解度有两个因素：温度和溶质与溶剂之间的亲和能密度。一般要求溶剂和溶质有相等的亲和能密度。与沥青母液相比，中间相分子具有比较高的亲和能密度值，因此一定温度下它在母液中的溶解度比非中间相分子低。依据这一观点，采用蒸出非中间相分子和热缩合反应可以增加中间相分子的浓度，导致中间相分子在母液中的浓度达到过饱和，从而析出。

1980 年，Riggs 等报道：在 425 ℃下去除炭黑油中的可挥发组分饱和烃与环烷-芳烃后，以沥青烯和极性芳烃为主要成分的重渣油中就开始缓慢地形成中间相。依据该研究结果推测，溶变型液晶中同相的生成条件之一是必须去除所用原料中的非中间相组分，即可挥发组分饱和烃与环烷-芳烃，使剩下的分子结构与刚性的芳香片状分子更加相似，如此，在一定的条件下就可形成溶变型液晶中间相。富集中间相分子以使它达到过饱和浓度而析出的另一个方法是用溶剂去除沥青中非中间相分子的母液组分。几乎与此同时，Fitzer 等用四氢呋喃萃取苊烯热转化生成的中间相沥青，结果有一部分中间相溶解于四氢呋喃，但当经蒸馏去除四氢呋喃后，剩下的中间相则又析出呈球状；如果在析出的中间相中加入苊烯单体，中间相又隐没了。研究表明，由燃料系和纯芳烃化合物合成的中间相沥青具有溶变型液晶的特征。可以将该类合成沥青看作是由生成的中间相分子和母液非中间相分子组成的溶液，通过调节溶液的浓度和温度，可以使得中间相液晶体时现时隐。因此，以片状稠环芳烃分子为结构单元的碳质中间相也应属于溶变型液晶的一个类型。

5.6.3 化学变型

以煤焦油沥青等为原料，中温热解制备的中间相液晶具有化学变型不可逆性，因此在制备过程中观察不到向列相-同性相之间的转变。其原因在于这些沥青原料热解体系具有高的平均分子量，发生相转变需要很高的温度，加之沥青原料的反应性高，在这一相转变达到以前，不可逆的缩聚反应已导致中间相结构不熔化生成半焦（见图 5-11）。

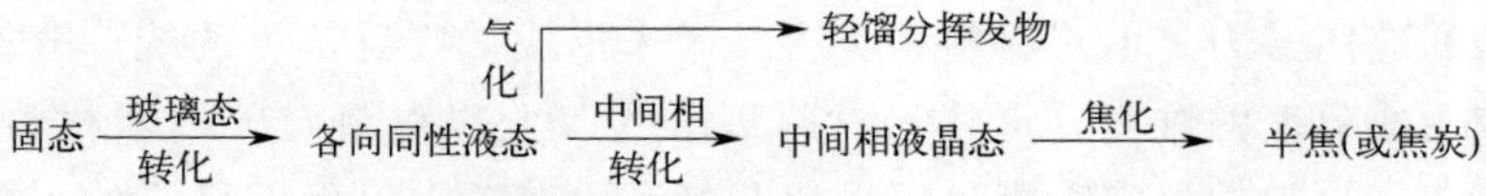

图 5-11 化学变型相变过程

第6章

工业炭材料

炭材料作为一类重要的功能材料，在能源、环境、电子、航空航天等领域展现出广泛的应用潜力。但炭材料种类多，尚未形成被广泛认可的统一分类。基于工业化应用成熟度的维度，可将炭材料划分为工业炭材料与碳纳米材料两大类。其中，工业炭材料的界定需满足以下核心特征：其一，已形成稳定的规模化生产工艺，具备完整的上游原料供应与下游产业链配套；其二，在至少两个国民经济关键领域实现规模化应用，产品性能满足工业级技术标准；其三，技术经济性经过市场长期验证，具备可持续的产业化发展潜力。相较于仍处于实验室研发或中试阶段的碳纳米材料，工业炭材料更强调技术落地的现实可行性与产业应用的普适性。本章将围绕具有典型代表性的工业炭材料展开系统论述，包括炭黑、活性炭、碳纤维及针状焦。这些材料不仅在工业体系中占据重要地位，其技术演进历程亦深刻反映了炭材料从基础研究到产业应用的创新路径。

6.1 炭黑

炭黑作为一种重要的炭素功能材料，其制备过程本质上是含碳前驱体的气相炭化。工业生产中，通常以天然气、乙炔、重油及煤焦油轻组分等富含碳氢化合物的物质为原料，在 1200～1800 ℃高温缺氧条件下进行热解、脱氢及缩聚等一系列复杂的热化学转化，经骤冷终止反应后形成具有特定微观结构的炭黑产品。

6.1.1 结构与性质

炭黑虽被归类为无定形碳材料，但其微观结构呈现出独特的类石墨特征。炭黑是由球形碳纳米颗粒组成的集合体，每个颗粒都有一个无定形的核心，周围环绕着由类似石墨烯的层状结构组成的壳层，如图 6-1 所示。这些层状结构围绕无定形核心呈同心排列，形成无序的洋葱状纳米结构壳层，通常被称为基本结构单元。

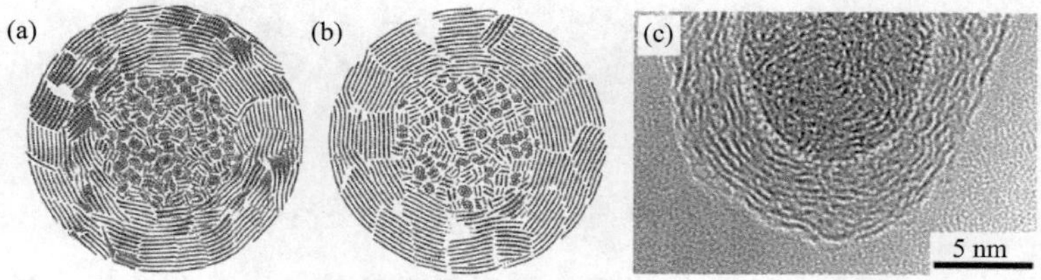

图 6-1 炭黑的微观结构

炭黑的基本结构单元是平均直径（L_a）介于 10～100 nm，厚度（L_c）则多小于 10 个稠环芳烃片状大分子层堆积的类石墨微晶。不像石墨微晶那样规则，炭黑中石墨微晶的层间排列呈现显著的无序性，相邻的稠环芳烃片状大分子层间存在横向滑移、纵向分离、轴向旋转的情况，堆积序列缺乏长程周期性，是典型“层内有序、层间无序”乱层结构的特征，故被称为类石墨微晶，也被称为准石墨晶体。炭黑的微晶尺寸与结构无序度对其物理化学性质具有决定性影响。例如，高结构炭黑具有更大的微晶直径和更发达的链状结构，表现出更高的比表面积和导电性；而低结构炭黑则因微晶生长受限、层间无序度更高，更适用于需要低导电性的橡胶制品。

炭黑的结构体系可从微观尺度划分为一次结构与二次结构两大基本类型，二者的协同作用深刻影响着炭黑的物理化学特性及应用性能。一次结构作为炭黑最基础的微观单元，呈现多样化的粒子形态，既有近似完美球形的规则颗粒，也有椭球形、纤维状等各向异性的特殊构型，甚至存在大量形态不规则的团聚体，粒径范围跨度极大。高色素炭黑因制备工艺中严格的石墨化程度控制，粒子尺寸通常仅约 10 μm，呈现高度结晶化的单分散特征；而热裂解炭黑则因高温下烃类裂解反应的剧烈程度更高，粒子生长更趋向无序，粒径可膨胀至 500 μm，形成较为松散的粗颗粒集合。二次结构则是这些一次结构粒子通过分子间作用力相互吸引、堆叠形成的更大尺度的凝聚体，其形态取决于一次粒子的表面活性与聚集动力学（图 6-2）。活性较高的粒子易形成紧密的三维网络状结构，而表面惰性的粒子则倾向于形成松散的链状或葡萄串状聚集体。一次结构与二次结构的总和，通常被称为炭黑的“总结构”或“结构性”，这一参数直接决定了炭黑的分散行为与功能表现。工业上常采用定性分级法将其划分为三类：低结构炭黑的凝聚体尺寸小且排列稀疏，粒子间作用力弱；正常结构炭黑的凝聚体尺寸与排列密度适中，是最常见的基础类型；高结构炭黑则以显著的链状或葡萄串状凝聚体为特征，其凝聚体内部往往包含数十甚至上百个一次粒子，形成高度交联的微观网络。

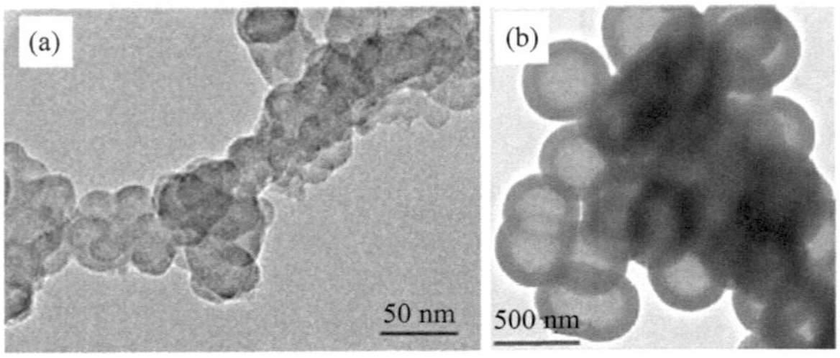

图 6-2 炭黑的一次结构与二次结构

结构性作为炭黑的核心性能指标，可通过吸油值进行量化表征。炭黑吸油值传统的测定方法是测定充满炭黑链支结构的空隙及表面浸润所需的最低邻苯二甲酸二丁酯（DBP）的量，称之为 DBP 吸收值或吸油值。近年来，标准规定也可选用石蜡油等溶剂。吸油值越大，表明炭黑粒子间的空隙率越高、聚集越紧密、结构性越强。这种高结构性赋予炭黑独特的功能优势：一方面，其紧密的链式或网络结构能在聚合物基体中形成连续的导电通路，显著提升材料的导电性能；另一方面，稳定的结构网络使其在加工过程中不易因机械剪切而破坏，导电性能保持率更高。在高结构炭黑家族中，乙炔炭黑粒子呈链状排列且石墨化程度极高，是导电性能最优的代表品种。值得注意的是，炭黑的导电性能不仅与结构性相关，还与其粒径分布密切相关。实验数据表明，粒径分布较宽的炭黑往往比粒径分布窄的炭黑表现出更优异的导电性。这一现象可通过统计学原理与微观作用机制共同解释，当炭黑平均粒径相同时，宽分布体系中既包含少量大直径粒子，作为“骨架节点”支撑网络结构，又含有大量小直径粒子，填充大颗粒间的空隙，增加接触点。相较于窄分布体系，宽分布体系的粒子总数更多，因为相同质量下，小颗粒数量与大颗粒数量的比值随粒径分布展宽呈指数级增长，粒子间的接触概率与连接位点显著增加，从而更易在聚合物中形成连续、稳定的导电链。

炭黑的比表面积是指单位质量炭黑颗粒的总表面积，是外比表面积和内比表面积之和，通常通过氮吸附法测定。这一参数是衡量炭黑性能和应用的核心指标，比表面积越大，炭黑表面活性位点越多，吸附能力越强；此外，比表面积与其粒径、结构密切相关，粒径越小，比表面积越大。大比表面积炭黑可提升轮胎的耐磨性、抗撕裂性和拉伸强度，同时通过吸附自由基延缓老化；并且大比表面积可提供更多活性位点，用于电池电极可提高能量密度，作为催化剂载体可增强反应效率。但比表面积越大，炭黑颗粒间范德瓦耳斯力越强，分散难度增加，需通过表面处理或添加助剂改善。

6.1.2 炭黑生产工艺与改性

“炭黑”是包含着许多种不同制造方法、不同性能和用途的炭黑产品的总称。每一个炭黑品种都有其特定的物理化学性质，这种性质与所采用的原料、制造方法和生产工艺紧密相关。炭黑的制造方法可分为两大类，即不完全燃烧法和热裂解法。不完全燃烧法作为当前主流生产工艺，其本质是在可控氧气参与条件下，通过烃类燃料的高温热解-氧化耦合反应实现炭材料的定向合成。根据反应器类型及气流场特征的差异，该技术可进一步细分为两种典型工艺模式：一是密闭湍流反应系统（如炉法炭黑生产装置），其特征是通过高压密闭反应器内高速湍流混合实现烃类与氧气的快速混合燃烧，在1200～1600 ℃的高温、0.1～0.5 s的短停留时间条件下生成炭黑的一级结构，经碰撞聚集形成具有特定结构的炭黑聚集体；二是开放扩散火焰系统（如槽法炭黑生产装置），其反应环境为常压下的开放火焰场，烃类燃料在空气流中不完全燃烧，通过扩散控制的热解过程生成粒径较大、结构度较低的炭黑产品。不完全燃烧法因具有生产效率高、产品性能可调性强的优势，占全球炭黑总产能的98%以上。热裂解法采用完全无氧的反应环境，通过烃类燃料在高温下的热解炭化反应制备炭黑。该工艺因缺乏氧化反应的吸热补偿，需依赖外部高温热源（如电弧或等离子体）维持反应温度，导致能耗显著高于不完全燃烧法。受限于此，热裂解法目前仅占全球炭黑产量的约1%，主要应用于制备高导电炭黑、超纯炭黑等高附加值特种炭黑。

炭黑的主要生产原料有煤焦油、乙烯焦油、蒽油、天然气、高炉煤气等。炭黑的生产工艺有炉法、喷雾法、灯烟法、槽法、滚筒法、混气法、热裂法、乙炔法和等离子体法，其中炉法、喷雾法、灯烟法、槽法、滚筒法、混气法为不完全燃烧法，热裂法、乙炔法和等离子体法为热裂解法。目前，灯烟法炭黑因粒径较大，具有高着色强度，主要用作涂料着色剂；滚筒法和混气法炭黑因结构度高，在油墨和塑料着色中展现优异分散性，主要用作油漆和油墨用色素炭黑。乙炔炭黑凭借其三维网状结构和高导电性，成为锂离子电池电极材料的核心添加剂，占据全球导电炭黑市场65%份额。乙炔炭黑每吨产品需消耗1.2～1.5吨乙炔气体，原料成本占生产成本比例高达70%，导致其市场定价显著高于普通炭黑。

炭黑的气相氧化和液相氧化是两种常用的表面改性方法，主要通过引入含氧官能团改善炭黑的分散性、极性及应用性能。

（1）气相氧化

为了改善炭黑在涂料或油墨中的性能，常常应用热空气氧化的方法进行处理。此法是在一定的温度下，让空气与炭黑接触进行氧化。热空气氧化本质是基于气固相反应的表面官能团化过程，其核心原理是通过控制氧化条件调控炭黑表面含氧官能团的种类与数量。当炭黑颗粒与热空气接触时，氧分子在高温下被活化，通过物理吸附与化学吸附作用渗透至炭黑表面缺陷位点（如边缘位、缺陷位），与碳原子发生氧化反应，生成羧基、羟基、羰基等含氧基团。随着氧化温度升高与时间延长，氧化反应的深度与广度显著增加：一方面，高温会加速氧分子的扩散速率并降低反应活化能，促进更多含氧基团在炭黑表面的接枝，表现为总酸量与强酸值的持续增长；另一方面，氧化过程中的刻蚀效应会破坏炭黑表面的致密结构，产生微孔与介孔结构，导致比表面积逐步增大。值得注意的是，炭黑的本征结构对氧化动力学具有显著影响，其微晶有序度越高，石墨化程度越完善，表面缺陷位点越少，且层间 π 电子云结合越紧密，氧分子的渗透与反应阻力越大，因此氧化速率显著降低；完全石墨化的炭黑因高度有序的层状结构，氧化速率仅为低有序度炭黑的 1/3～1/2。此外，炭黑中的无机灰分可作为异质催化剂，通过提供活性位点或参与氧化反应的中间步骤，进一步加速氧化进程。

相较于热空气氧化，臭氧氧化作为一种气相氧化技术，在炭黑表面改性中展现出独特优势。臭氧的标准氧化还原电位（2.07 V）显著高于氧气（1.23 V），其强氧化性可直接攻击炭黑表面的共轭 π 电子云，无需依赖高温活化即可快速引发含氧基团的生成，反应条件更为温和，通常在常温至 150 ℃下进行。同时，臭氧氧化过程中炭黑的挥发损失极低，且工艺可通过调节臭氧浓度（体积分数 0.1%～5%）、气体接触时间（0.5～10 min）及反应器类型实现氧化深度的精准控制，因此在高端炭黑的制备中应用广泛。臭氧氧化的深度与臭氧浓度呈正相关，而接触时间的延长虽能增加氧化程度，但超过 5 min 后会出现“过氧化”现象，导致部分含氧基团（如羟基）脱水生成羰基，反而降低表面极性。

（2）液相氧化

液相氧化法作为炭黑表面改性的重要手段之一，通常可通过如硝酸、过氧化氢、高锰酸钾、次氯酸钠及溴水等强氧化剂溶液与炭黑颗粒表面的相互作用实现。该过程本质上是通过氧化剂与炭黑表面的活性位点发生化学反应，在其惰性碳表面引入羧基、羟基、羰基等含氧官能团的表面功能化过程。此类极性官能团的引入可有效破坏炭黑本征的疏水性 π-π 共轭结构，显著提升其亲水性及在极性介质中的分散稳定性，进而拓展其在水性体系中的应用潜力。从反应机理来看，炭黑液相氧化过程涉及多重作用路径：一方面，氧化剂分子通过自由基链式反应或亲电加成机制与炭黑表面的 sp^2 杂化碳原子发生作用，导致碳层边缘的 C—C 键断裂并生成含氧中间体；另一方面，氧原子可通过化学键合（如形成 C—OH、C═O 等共价键）或物理吸附（如羟基自由基的瞬时结合）方式嵌入炭黑晶格，在其表面构建厚度可控的氧化层。用硝酸溶液氧化处理炭黑是液相氧化的典型代表，当炭黑与硝酸溶液作用时，粒子表面受到氧化，生成降解产物和二氧化碳。降解生成物是一些芳香族多元酸，称石墨酸。氧化的温度、时间、硝酸溶液浓度以及与炭黑比例对氧化的结果都有影响，用硝酸氧化可使炭黑吸油值、吸碘值、pH 值降低，挥发分和羧基含量增加，而粒径则无大的变化。用硝酸氧化可达到臭氧氧化的效果，甚至在色相等方面有更好的效果，但工业化比较困难。用溴水、过氧化氢的酸性溶液氧化处理也可以达到使炭黑亲水的目的，并能改善其在基料中的性能。

6.1.3 炭黑的应用

炭黑按照用途可分为橡胶炭黑、色素炭黑和导电炭黑。橡胶炭黑是炭黑最主要的利用途径，炭黑的加入可使橡胶制品的弹性模量、硬度、耐磨性和抗撕裂性等都有明显提高。橡胶炭黑又分为高耐磨、补强、半补强三种炭黑。色素炭黑是在油墨、油漆、涂料、塑料等制品中作为着色颜料用的炭黑。按着色强度（或黑度）和粒子大小色素炭黑一般分为高色素炭黑、中色素炭黑、普通色素炭黑和低色素炭黑四种。炭黑可提供较好的抗静电或导电性，但难以均匀分散。炭黑基本上是无毒的，但容易飞扬和造成环境污染。因此在塑料行业中，通常以色母粒形式进行使用，在消除污染的同时也改善了炭黑在塑料中的分散。导电炭黑具有较低的电阻率，能够使橡胶或塑料具有一定的导电性能。其中，乙炔炭黑的导电性最好。随着电池行业的飞速发展，导电炭黑的需求量也逐渐增加。例如，在锂电池中，导电炭黑是锂离子电池正极极片的重要添加剂，其作用是提高正极电活性材料涂层与集电体之间的电子传输能力，降低电极的界面接触电阻，起到去极化的作用。炭黑的粒径、结构性、粗糙度、挥发分、灰分及水分对导电炭黑的性能都有明显的影响。在可以均匀分散的情况下，粒径越小，炭黑的导电性越好；但粒径越小，越不太容易实现均匀分散，又影响导电性。因此，要把炭黑的粒径控制在一定范围内，既能保证单位体积内的炭黑粒子数，又能确保良好的分散性。炭黑的结构性越高，越容易呈链状分布，导电性则越好，因而需要使用高吸油值的炭黑。由于炭黑的导电需要有一定的粗糙度，使炭黑容易形成导电通道，要求炭黑的比表面积和外表面积相差值较大。炭黑表面的挥发分主要是由一些有机基团和未能完全裂解的油膜结成，它们会形成一层绝缘层，增加炭黑粒子之间的势垒，严重影响导电性，因此必须将挥发分控制在较低限度内。炭黑中灰分和水分含量高，实际上会降低炭黑的含量，同样对导电性有不利的影响，在生产中要注意控制炭黑中灰分及水分的含量。

6.2 活性炭

活性炭是由含碳原料经炭化、活化加工制备而成，具有发达的孔隙结构、较大的比表面积和丰富的表面官能团，选择性吸附能力较强的炭材料。活性炭在国防、化工、食品、医药、环保等领域得到广泛应用，近年来，作为能源、环境新材料又显示出广阔的应用前景。几乎任何一种天然或合成的含碳物质都可以用于生产活性炭，商业化的原料包括生物质原料、降解或煤化的植物、所有不同变质程度的煤、石油焦及合成高分子材料等。

6.2.1 结构与性质

活性炭作为一种典型的多孔碳材料，其微观结构本质上是类石墨微晶与非晶质碳组分构成的多相复合体系。这一独特的结构特征使其在晶体学特性与宏观性能上显著区别于传统石墨材料及常规炭化产物，形成了兼具有序性与无序性的协同结构优势。活性炭中的类石墨微晶呈现短程有序、长程无序的特征。其基本结构单元为由 sp^2 杂化碳原子构成的六元环平面层，但微晶尺寸通常限制在纳米尺度，且层间堆垛并非严格遵循石墨的 ABAB 序列，而是呈现随机取向的乱层结构。这种短程有序性赋予微晶区域较高的本征强度与电子传导特性，而长程无序性则打破了石墨层间的强 π-π 共轭束缚，为孔隙结构的形成提供了结构基础。活性炭中的非晶质碳组分表现为典型的长程无序结构，主要由 sp^2/sp^3 杂化碳的混合网络构成。这类非晶区域包含大量缺陷位点，如边缘不饱和碳原子、空位、杂原子掺杂位点，还包含交联的非六元环结构以及未完全石墨化的无定形碳链。其在微观尺度上起到“结构连接剂”的作用，通过与微晶表面的含氧/含氮官能团形成共价键或范德瓦耳斯相互作用，将分散的类石墨微晶桥接成连续的三维网络骨架。这种多相组分的协同作用，有效避免了单一微晶结构的脆性断裂风险，同时为孔隙空间的拓展提供了结构自由度。

吸附性是活性炭最主要的性能，而发达的孔隙结构是发挥吸附作用的基础。活性炭的孔隙体系本质上是多相组分空间排布的必然结果。类石墨微晶的随机堆垛会在晶粒间形成纳米级孔隙；微晶表面的缺陷与官能团通过化学刻蚀或物理脱落产生微孔；而非晶质碳区域的局部热解收缩或相分离则会形成中孔及大孔结构。这种由多相组分共同调控的孔隙网络，显著区别于石墨材料（因高度有序层状结构仅能产生极少量晶间孔，宏观表现为低比表面积与弱吸附能力）及常规炭化产物（如玻璃炭、热解炭等多为单一 sp^2 杂化网络构成的致密无序结构，孔隙率低且连通性差）。

活性炭作为一种典型的多孔吸附材料，其孔隙结构呈现出显著的形貌多样性与分级连续性特征。活性炭的孔道形态并非单一规则几何体，而是涵盖了近球形、狭缝形、不规则分支状等多种非规则形态，这种复杂的形貌特征与其制备原料及活化工艺的多样性密切相关。在孔径分布维度上，活性炭的孔隙体系遵循连续分级特征，通常可划分为微孔（孔径＜2 nm）、中孔（2 nm≤孔径≤50 nm）和大孔（孔径＞50 nm）三个典型区间，且各区间孔隙并非孤立存在，而是通过分级连通的方式形成具有层级结构的孔道网络。大孔作为孔隙网络的“主干通道”，其内壁常分叉延伸出大量中孔，形成类似树状结构的次级孔道；而中孔进一步向微孔区域延伸，构成微孔的“传输通道”。这种分级连通特性对吸附过程具有关键影响：大孔的广阔内表面虽可发生物理吸附的多层分子堆积，但其比表面积贡献仅占总比表面积的极小比例，因此并非吸附容量的主要贡献者。中孔则扮演“双重角色”：一方面它作为吸附质分子从宏观环境向微孔区域传输的关键路径；另一方面当相对压力达到临界值时，中孔内壁会因表面曲率效应引发毛细凝聚现象，形成类似液体的吸附层，从而显著增加吸附容量。对于分子动力学直径超过微孔限域（如>1 nm）的较大分子，中孔成为其主要吸附位点，这一特性使其在环境修复、催化等领域具有重要应用价值。相较于大孔与中孔，微孔（尤其是超微孔，孔径<1 nm）是活性炭吸附性能的核心决定单元。根据微孔填充理论，微孔的窄空间限制了吸附质分子的平动自由度，使得分子与孔壁间的范德瓦耳斯相互作用显著增强，从而在较低相对压力下即可引发强烈的单分子层吸附，并伴随多层吸附的快速叠加。实验数据表明，微孔对活性炭总吸附量的贡献通常超过 60%，尤其在低浓度吸附场景中，微孔的尺寸匹配效应成为选择性吸附的关键机制。例如，对于动力学直径为 0.58 nm 的苯分子，其吸附容量与微孔体积呈显著正相关；而对动力学直径较大的对二甲苯分子（0.80 nm），则需依赖中孔和微孔的协同作用实现有效吸附。

活性炭的吸附性能并非仅由孔隙结构参数单一决定，其表面化学性质的调控同样至关重要。活性炭表面常含有丰富的含氧官能团及少量含氮、硫杂原子，这些表面基团通过两种途径影响吸附行为：其一，通过改变表面极性调节与极性/非极性吸附质的相互作用（如羟基的氢键作用可增强对水分子的吸附）；其二，通过提供额外的化学吸附位点（如氧化后的羧基可与金属离子发生络合吸附）。表面化学性质影响活性炭同极性或非极性吸附质之间的相互作用力。未经任何表面改性的活性炭属于非极性吸附剂，它的疏水性使它能有效地吸附各种非极性有机物质。但是，在水溶液中吸附具有一定极性的溶质就有困难，必须对活性炭进行改性，使其表面具有一定的极性。表面改性的方法分为表面氧化改性和表面还原改性。活性炭的表面氧化改性是指利用强氧化剂在适当的温度下对活性炭表面的官能团进行氧化处理，从而提高表面酸性含氧基团的含量。常用的氧化剂主要有硝酸、硫酸、盐酸、双氧水、臭氧等。表面氧化改性是增加活性炭表面的酸性官能团，从而可以增强活性炭对极性化合物和金属离子的吸附作用。表面还原改性主要是指利用热处理或者还原剂对活性炭进行表面处理，以达到减少表面酸性官能团或增加碱性官能团的目的。常用的方法是在氢气、氨气等还原气氛下，对活性炭进行高温处理，或者采用氨水浸渍处理。在氢气气氛中改性时，活性炭表面的含氧官能团减少，而氨气、氨水的改性则可以在活性炭表面引入大量的含氮官能团。一般情况下，表面改性对活性炭的孔结构和比表面积都有负面作用，一方面是强氧化作用导致了活性炭孔结构的坍塌，另一方面是增加的官能团势必会产生位阻效应和堵孔作用。除了表面官能团之外，活性炭中的灰分，尤其是碱土金属，对活性炭的成孔、酸碱性、润湿性、吸附选择性和催化性能都有一定的影响。

6.2.2 活性炭吸附的基础理论

6.2.2.1 吸附等温线

活性炭吸附量与温度、压力（液相为浓度）和吸附势相关。对于气相吸附，有：

$$M=f(T,p,\varepsilon) \tag{6-1}$$

式中，M 是吸附量，mg/g；T 是温度，K；p 是压力，Pa；ε 是吸附势。

在给定温度的气相吸附体系中，吸附量只与压力相关，根据两者之间的关系所做出的曲线称为吸附等温线；当吸附体系的压力一定时，吸附量和温度之间的关系曲线称为吸附等压线；当吸附量一定时，压力和温度之间的关系曲线称为吸附等量线。其中，吸附等温线是讨论吸附过程最为常用的曲线。吸附等温线的分类方法主要有三种，包括由 S. Brunauer、L. S. Deming、W. E. Demin 及 E. Teller 四人在研究了几万条气相吸附等温线之后归纳出的 BDDT 分类法，由 IUPAC 在 BDDT 分类的基础上提出的 IUPAC 分类法，以及为了解决 IUPAC 分类法在高压吸附方面的局限性而基于 Ono-Kondo 晶格理论模型提出的 Gibbs 分类法。目前，最常用的仍然是 IUPAC 分类法，如图 6-3 所示，实际获得的吸附等温线多为这六种类型的等温线或是它们之间的相互组合。

① Ⅰ型吸附等温线是随着相对压力的增加，吸附量急剧上升，在较低的相对压力时，吸附即可达到饱和。Ⅰ型吸附等温线也称为 Langmuir 型吸附等温线，属于典型的单分子吸附，既可以是物理吸附也可以是化学吸附。若是物理吸附，多为微孔吸附，在吸附时，孔壁包围着吸附质分子，吸附质分子与四周孔壁都存在分子间作用力，吸附结合力强、吸附速率快。Ⅰ型吸附等温线在接近饱和蒸气压时，由于微粒之间存在的缝隙会发生类似于大孔吸附的作用，在相对压力较高时，等温线可能会迅速上升。

② Ⅱ型吸附等温线出现了两个拐点，也称为 S 型吸附等温线。在较低的相对压力下，吸附量逐渐增加，随着第一个拐点的出现，表明在相界面处的单分子层吸附已接近饱和；随着相对压力的增加，又发生了第二分子层的吸附，吸附量开始增加，出现了第二个拐点；在接近饱和蒸气压时，可能出现多层分子层吸附，吸附层数迅速增加，导致吸附容量也快速增加。Ⅱ型吸附等温线大多对应于多分子层吸附，说明吸附质和吸附剂之间的作用力较强。

③ Ⅲ型吸附等温线在低相对压力区吸附量较少，随着相对压力增加，吸附容量呈指数函数型增长，这说明吸附质与吸附剂在相界面处的分子间作用力小于吸附质分子之间的相互作用力，吸附结合力弱，多为具有憎液性吸附剂表面发生

的吸附。Ⅲ型吸附等温线通常需要改变吸附条件或者改变吸附剂表面性质而提升吸附量。

④ Ⅳ型吸附等温线在相对压力较低时，与Ⅱ型吸附等温线呈现相似的规律，但随着相对压力的增加，吸附质发生毛细管凝聚现象，吸附等温线迅速上升；当所有孔均发生毛细管凝聚后，在高相对压力下吸附只在大孔和外表面发生，吸附等温线呈现略微上升的趋势。因为毛细管凝聚现象，脱附时随着相对压力降低，吸附量下降缓慢，脱附等温线与吸附等温线不重合，出现了滞后环。这种滞后现象与孔的形状及孔径分布有关。

⑤ Ⅴ型吸附等温线在中、低相对压力时呈现出与Ⅲ型吸附等温线相似的特征，但在高相对压力时出现了拐点，说明吸附量随着相对压力的变化而趋向饱和。Ⅴ型的吸、脱附等温线同样出现了因毛细管凝聚现象产生的滞后环。

⑥ Ⅵ型吸附等温线类似于阶梯状，又称为阶梯型吸附等温线，与Ⅱ型吸附等温线规律类似，其呈多层吸附。当单分子层吸附完成后，随着相对压力增加，开始第二分子层的吸附，第二层的吸附过程受到第一层的影响，第二层吸附完成后，又开始第三层等多层吸附。液氮温度下的氮气吸附不能测得Ⅵ型吸附等温线的完整形式，而液氩下的氩气吸附才可以实现。

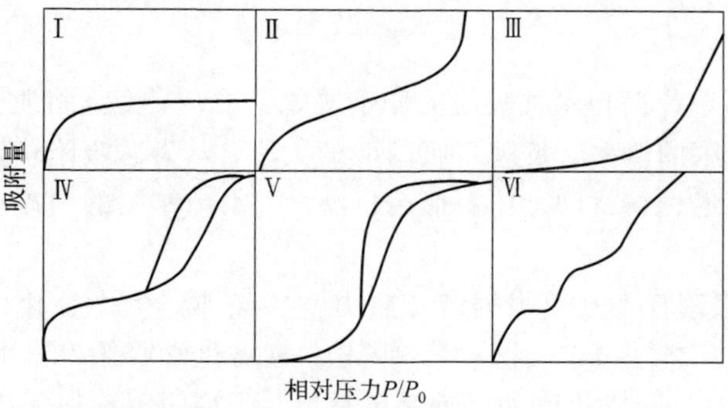

图 6-3 IUPAC 分类法的六种吸附等温线

6.2.2.2 吸附等温模型

吸附剂等温线反映了吸附剂与吸附质之间的作用特征，通过解析吸附等温线可以明晰两者之间的相互作用规律。吸附等温模型用于表征在吸附温度一定的条件下，吸附量与压力之间的关系，也称为吸附等温式。目前，吸附等温线最常见的类型有Ⅰ型、Ⅱ型和Ⅳ型，针对这三种类型的吸附等温线，人们提出了许多吸附等温模型用于描述吸附质和吸附剂之间的相互作用理论。常用的有 Freundlich、Langmuir 和 BET 吸附等温模型。Freundlich 吸附模型是 V. Bemmelen 于 1888 年在 Henry 模型基础上提出来的，但 Freundlich 在模型推广应用方面起到了巨大作用，因而被称为 Freundlich 吸附模型。Freundlich 模型也可以采用经典统计力学并根据吸附热和吸附位数量之间的关系推导。其表达式为：

$$M=kp^{\frac{1}{n}} \tag{6-2}$$

式中，M 为吸附量；k 和 n 是与吸附剂特性、吸附质特性及吸附温度相关的常数，n 一般在 2～3 之间，当吸附温度升高时，n 趋近于 1；p 为平衡压力。对式(6-2) 两边取对数，可得式(6-3)：

$$\lg M=\lg k+\left(\frac{1}{n}\right)\lg p \tag{6-3}$$

根据式(6-3)，以 $\lg M$ 对 $\lg p$ 作图，根据其斜率和截距可求得 n 和 k。

由 Freundlich 吸附模型的由来可知，通过 Freundlich 模型无法判定是单分子层吸附还是多分子层吸附，无法判定是物理吸附还是化学吸附，也无法判定是气相吸附还是液相吸附，它仅仅描述吸附量和平衡压力（对于液相吸附是浓度）之间的关系。Langmuir 吸附模型是 Langmuir 于 1918 年根据动力学理论推导出来的，其基本依据为吸附质的分子或原子在吸附剂表面特定的吸附位上均匀分布，即单分子层吸附，如图 6-4 所示。当吸附达到平衡时，在单位时间内与吸附位结合的分子或原子数量与离开吸附位的分子或原子数量相等。其表达式为：

$$A=\frac{abp}{1+ap} \tag{6-4}$$

式中，A 为单位面积里被吸附的分子或原子数；a 为吸附质分子或原子与吸附位碰撞时被吸附的概率，反映了吸附能的大小；b 为总吸附位数，相当于饱和吸附量，其值可通过将式(6-4) 变形后以 p/A 对 p 作图的斜率求得；p 为平衡压力。

Langmuir 吸附模型还可根据统计热力学、经典热力学、化学反应速率等理论推导出，其应用能够推广到多组分吸附、解离化学吸附和非均质表面吸附过程。符合 Langmuir 吸附模型的过程必定是单分子层吸附，但无法通过 Langmuir 模型判定是物理吸附还是化学吸附。Langmuir 吸附模型假定吸附剂表面的吸附位的能量都是相同的，但真实固体表面的能量分布并不均匀，因而 Langmuir 吸附模型是一种理想情况。

BET 模型是 S. Brunauer、P. Emmett 及 E. Teller 于 1938 年提出的，模型推导基于两点假设：①吸附剂表面的化学性质是均匀的，吸附剂与吸附质在相界面处的相互作用比吸附质分子之间的相互作用强；②发生的是多分子层吸附，如图 6-4 所示。吸附达到平衡时，每个吸附层上的吸附质蒸发速度等于其凝聚速度。其表达式为：

$$\nu=\frac{\nu_{\mathrm{m}}cp}{(p_0-p)\left[1+(c-1)\left(\frac{p}{p_0}\right)\right]} \tag{6-5}$$

变形后，有：

$$\frac{p}{[\nu(p_0-p)]}=\frac{1}{\nu_m c}+\left[\frac{(c-1)}{\nu_m c}\right]\left(\frac{p}{p_0}\right) \tag{6-6}$$

式中，ν 为总吸附量；ν_m 为表征单分子层吸附量的常数；p 为平衡压力；p_0 为饱和蒸气压；c 为与吸附热相关的常数。c 和 ν_m 可通过以 $p/[\nu(p_0-p)]$ 对 p/p_0 作图求出。

BET 模型通常在相对压力为 0.05～0.35 的范围内成立，当相对压力低于该范围时就偏离直线，一般认为这是吸附剂表面的化学性质不均匀所引起的，此时就不符合 BET 模型的基本假设了；当相对压力高于该范围时也偏离直线，这是由于假定吸附层数为无限大，然而在高压区的吸附层数不可能无限大。此外，根据流体的宏观性质可知，规则形成各种层数的吸附过程是不可能发生的，而且已被吸附分子在垂直于吸附方向的分子间相互作用也不可忽略。虽然存在诸多争议，但 BET 模型仍然是在描述多分子层吸附过程时应用最多的吸附模型。符合 BET 模型的一定是多分子层吸附，但无法判定是物理吸附还是化学吸附。

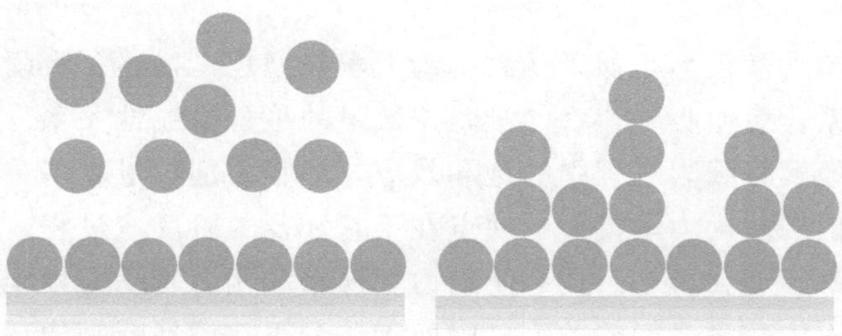

图 6-4 单分子层吸附与多分子层吸附

除上述三种吸附等温模型外，还有 Langmuir 修正模型、Langmuir-Freundlich 模型、BET 修正模型、Polanyi 模型、FHH 模型、Toth 模型、Gibbs 模型、Harkins-Jura 模型、Redhead 经验模型等，还有一些是针对特定领域的吸附过程而开发的吸附模型。

6.2.2.3 吸附动力学模型

吸附动力学反映了吸附质和吸附剂接触之后的吸附速率和达到吸附平衡的时间，因而其表达了吸附量和吸附时间之间的关系。吸附过程可以划分为四个步骤：①吸附质从本相中转移到与吸附剂的相界面处；②对于液相吸附，吸附质扩散到液膜中；③吸附质分子或者原子扩散到吸附剂的孔隙中；④吸附质在孔隙表面上发生吸附。常用的吸附动力学模型有伪一阶动力学模型（pseudo-first-order kinetic model）和伪二阶动力学模型（pseudo-second-order kinetic model）。伪一阶动力学模型是 Lagergren 于 1898 年提出的最早的吸附动力学模型，因而也称为 Lagergren 方程。伪一阶动力学模型是在研究木炭吸附草酸过程中提出的经验模型方程，直到 2004 年，Azizian 利用活化吸附和脱附理论对其进行了理论推导。伪一阶动力学模型的表达式为：

$$q_t = q_e (1 - e^{-k_1 t}) \tag{6-7}$$

式中，q_t 为吸附时间 t 时的吸附量；q_e 为平衡吸附量；k_1 为伪一阶动力学模型常数。伪一阶动力学模型明确指出了吸附速率和吸附位数量之间呈线性关系，即吸附速率随着吸附剂数量的增加而增加，通常用来描述吸附剂量较大的吸附过程。当吸附剂量较小时，吸附剂数量改变导致吸附速率的变化明显，此时伪一阶动力学模型的适用性变差。常数 k_1 可以通过实验拟合得出，伪一阶动力学模型利用简便。伪二阶动力学模型是 Blanchard 于 1984 年研究离子交换过程时提出的，Ho 将其应用于液相吸附过程的动力学描述，至今已成为应用最为广泛的吸附动力学模型。

$$q_t = \frac{q_e^2 k_2 t}{1 + q_e k_2 t} \tag{6-8}$$

式中，q_t 为吸附时间 t 时的吸附量；q_e 为平衡吸附量；k_2 为伪二阶动力学模型常数。

跟伪一阶动力学模型类似，伪二阶动力学模型也是描述了吸附速率和吸附位数量之间的关系，表明吸附速率与吸附位数量的平方呈线性关系。伪二阶动力学模型可以更好地解释吸附过程中的饱和效应，即吸附剂数量越多，吸附达到饱和越快。但是，伪二阶动力学模型的缺点在于它涉及二阶反应过程，数学解析难度比伪一阶动力学模型大得多。伪一阶动力学模型和伪二阶动力学模型都描述的是吸附速率和吸附位数量之间的关系，因而无法利用它们判断是物理吸附还是化学吸附，也无法判断是单分子层吸附还是多分子层吸附；并且伪一阶动力学模型和伪二阶动力学模型既适用于气相吸附也适用于液相吸附。除了伪一阶动力学模型和伪二阶动力学模型之外，还有一阶动力学模型、二阶动力学模型、伪一阶动力学修正模型、伪二阶动力学修正模型、双位点伪二阶动力学模型、多项式动力学模型、Elovich 动力学模型、Vermeulen 动力学模型、Bangham 动力学模型、粒子内扩散模型等吸附动力学模型。

6.2.2.4 吸附热与吸附势

（1）吸附热

在吸附过程中，当吸附质往相界面处移动到被完全吸附后，其分子运动速度显著降低，因而会释放出一定的热量，这部分热量就是吸附热，也称为吸附能。测量吸附热的方法较多，常用的有吸附等温线法和润湿热法；也可以利用 Clausius-Clapeyron 方程计算出等量吸附热大小。根据吸附热的大小可以判断是物理吸附还是化学吸附。一般情况下，物理吸附不改变吸附质和吸附剂本身性质，因此吸附能较小，物理吸附的吸附热为吸附质的凝缩热与润湿热之和，一般不超过

40 kJ/mol；化学吸附的吸附热比物理吸附的大得多，在吸附过程中不仅有分子间作用力，还有形成化学键的作用力，因此吸附能较大，通常在 84～417 kJ/mol 范围内。因此，物理吸附的吸附质更容易脱附，而化学吸附需要更为苛刻的条件才能脱附，在脱附的同时，也产生了化学变化，物质结构发生了改变。通过吸附热的大小可以判定吸附结合力的强弱，吸附热越大、吸附结合力越强。此外，吸附热的研究对优化吸附过程的操作温度也具有重要的指导意义。吸附过程中不断释放的吸附热会使吸附剂表面的温度升高，从而降低吸附能力；然而，吸附剂表面温度升高对于一些活化吸附又具有重要的促进作用。根据不同温度下的吸附等温线可以计算出吸附过程的焓变和熵变，计算式为：

$$\ln K_{\mathrm{d}}=\frac{\Delta S^{0}}{R}-\frac{\Delta H^{0}}{RT} \tag{6-9}$$

式(6-9) 中，K_{d} 为分配常数；R 为气体常数；T 为吸附温度。以 $\ln K_{\mathrm{d}}$ 对 $1/T$ 作图，根据斜率和截距的数值即可求得吸附过程的焓变和熵变。

根据平衡吸附量和浓度之间的关系，可以计算出 Gibbs 自由能的变化量，而 Gibbs 自由能与吸附热相关，反映了吸附结合的强弱程度。通常利用 Gibbs 自由能变化表示，其计算式为：

$$\Delta G^{0}=-RT\ln\frac{q_{\mathrm{e}}}{C_{\mathrm{e}}} \tag{6-10}$$

式(6-10) 中，q_{e} 为平衡吸附量；C_{e} 为吸附平衡时溶液浓度。

（2）吸附势

1814 年 Sausssure 提出了吸附剂与吸附质之间距离越小，引力越大，吸附质密度越大的观点。1914 年 Euken 为解释这种引力提出了吸附势的概念。同年，Polanyi 将吸附势定义为单位物质的量的气体从引力不起作用的地方被吸引到吸附剂固体表面某个吸附位上所做的功的大小（图 6-5），并给出吸附势定量计算的公式：

$$\varepsilon=RT\ln\frac{p_{\mathrm{s}}}{p} \tag{6-11}$$

式(6-11) 中，ε 为吸附势；R 为气体常数；T 为吸附温度；p_{s} 为一定温度下的饱和蒸气压；p 为吸附压力。Polanyi 吸附势理论认为吸附实质上是吸附质分子在力场作用下发生的凝聚过程，且固体吸附剂表面周围的空间内均存在着势能场，势能引发了吸附过程的发生，势能相等的点构成了吸附面。距离吸附剂固体表面越近，吸附势能越高，吸附越容易发生。应用 Polanyi 理论对气相的物理吸附过程解释较好，因为气固吸附主要的作用力是与温度无关的色散力，而 Polanyi 理论认为吸附势与吸附体积的关系在任何吸附温度下都是相同的，即与温度无关。吸附势的大小与吸附剂和吸附质的性质相关，还与吸附质分子与吸附剂表面的距离相关。

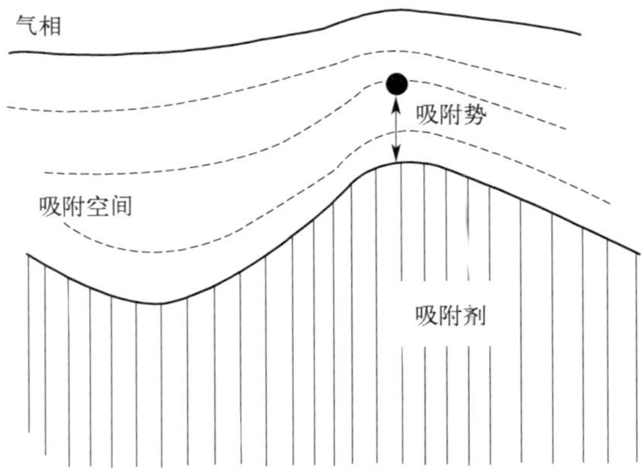

图 6-5 Polanyi 吸附势示意图

6.2.3 活性炭的生产工艺

活性炭的生产工艺根据活化方法的不同可以分为化学法和物理法。通过将各种含碳原料与化学药品均匀地混合（或浸渍）后，在适当的温度下，经历炭化、活化、回收化学药品、漂洗、烘干等过程制备活性炭的方法被称为化学药品活化法，简称化学法。磷酸、氯化锌、氢氧化钾、氢氧化钠、硫酸、碳酸钾、多聚磷酸等都被作为化学活化剂来研究对活性炭性能的影响。这些化学药品有些对原料有侵蚀、水解或脱水作用，有些起氧化作用，以上化学药品对于原料的活化过程都有一定的促进作用。化学法所用的活化剂最常用的有磷酸、氯化锌和氢氧化钾。物理法通常指气体活化法，是以水蒸气、烟道气、二氧化碳或空气等作为活化气体，在 800～1000 ℃的高温下与已经过炭化的原材料接触进行活化的过程。在这个过程中，具有氧化性的活化气体在高温下侵蚀炭化材料的表面，使炭化料中原有闭塞的孔隙重新开放，并且炭化材料中某些结构因发生了选择性氧化而被消耗，从而产生了新的孔隙，同时焦油和未碳化物等也被除去，最终得到活性炭产品。由于物理法通常采用气体作为活化剂，工艺流程相对简单，产生的废气以二氧化碳和水蒸气为主，对环境污染小，而且最终得到的活性炭产品比表面积高、孔隙结构发达、应用范围广，因此在活性炭生产厂家中 70％以上都采用物理法生产活性炭。

6.2.4 活性炭的分类与应用

根据原料的不同，活性炭可分为木质活性炭（木屑、木炭等）、果壳活性炭（椰子壳、核桃壳、杏核壳等）、煤基活性炭（泥炭、褐煤、烟煤和无烟煤）、石油类活性炭（石油焦、废橡胶等）、高分子活性炭（酚醛树脂、聚氯乙烯树脂、废塑料等）和再生活性炭。其中，煤是生产活性炭的主要原料，世界范围内煤基活性炭产量占活性炭总量的70%以上。根据形状不同，活性炭可分为粉末状活性炭（外粒尺寸小于0.18 mm的粒子占多数，除以木屑为原料生产的粉末状活性炭外，还包括煤粉的活化产物等多种类型）、颗粒状活性炭（外粒尺寸大于0.18 mm的粒子占多数，从形状上可分为破碎状、中空微球等几种，其中破碎状炭包含褐煤或烟煤类活性炭，其外表面因破碎而带有棱角）、球形炭（将碳化物制成球形后经活化处理或直接以球形树脂为原料生产的活性炭；中空微球炭大多以树脂为原料，直径通常在50 μm以下，使用时产生的粉末较少）、纤维状活性炭（以纤维状原料制成、纤维直径为8～10 μm的活性炭，外观形态包括丝状、布状、毡状等）、蜂窝状活性炭（经挤压成型制成蜂窝状结构的活性炭）、活性炭成型物（包括将活性炭粉末附着于纸、无纺布或海绵等基材上的产品以及将活性炭单独或与其他材料复合加工形成的各类异形成型物）。

活性炭作为一类具有高度发达孔隙结构的碳基吸附材料，自其工业化应用以来，随着材料科学、环境工程及催化化学等领域的交叉发展，其吸附性能与催化性能的调控机制已被深入解析，应用边界已从传统领域向环境治理、能源存储、精细化工等多维度拓展，成为现代社会解决复杂环境问题与实现资源高效利用的核心功能材料之一。

（1）作为气相吸附剂的应用

在气相吸附领域，活性炭凭借其可调控的孔隙结构与表面化学性质，已成为气体污染物控制、有价值组分回收及空气净化等场景的关键技术手段。活性炭作为气相吸附剂的核心优势在于其广谱吸附和高效选择性的双重特性。一方面，其高度发达的微孔网络可通过物理吸附作用捕获多种气态分子，吸附速率与容量显著优于传统吸附材料；另一方面，通过表面化学修饰可调控其表面极性，实现对特定目标物的选择性吸附增强。

（2）作为液相吸附剂的应用

活性炭作为液相吸附领域的核心功能材料，其应用体系历经百年发展已形成系统化的技术框架，水处理领域的技术突破尤为显著——活性炭的吸附性能已从单一脱氯发展到多级污染物协同去除。活性炭最初在工业上作为脱色剂应用于精制糖。目前在液相吸附中，活性炭主要用于食品工业中的脱色和调整香味，在医药行业中用于药剂的脱色和净化，在石油化工和橡胶生产等方面也都有十分广泛的用途。几乎所有的生物和化学合成生产过程，都会选择活性炭作为精制吸附材料。

（3）作为催化剂和催化剂载体的应用

活性炭结构中普遍存在的无定形碳、石墨碳以及不饱和键，共同构成了丰富的活性位点网络，这些活性中心通过调控反应路径、降低活化能垒等方式显著提升催化效率，使得活性炭在氧化还原反应体系中展现出显著的催化优势，成为一类理想的催化剂材料。活性炭的催化功能已在多个工业过程中得到验证。例如，在烟道气脱硫反应中，其表面含氧官能团可作为酸性位点促进二氧化硫的吸附活化，协同催化氧化为硫酸盐；光气合成反应中，活性炭的缺电子表面通过 π-π 共轭效应稳定中间体羰基正离子，显著提升反应选择性；硫化物的选择性氧化反应中，活性炭的微孔结构通过限域效应抑制深度氧化副产物生成；酯类水解反应中，其表面的路易斯酸位点可活化水分子，降低水解反应的能垒；氯化硫酰合成反应中，活性炭作为载体负载过渡金属氧化物后，通过界面电子转移效应增强催化活性；工业二氧化氯制备过程中，活性炭的多孔结构促进了二氧化氯的选择性释放；臭氧分解反应中，活性炭表面的缺陷位点作为电子陷阱捕获臭氧分子，加速其分解为氧气；在电池氧还原/析出反应中，活性炭的去极化作用通过调节电极表面氧物种的吸附强度，降低反应过电位。这些应用实例充分印证了活性炭作为多功能催化材料的普适性。

活性炭的优异性能与其独特的结构特征密不可分，超高比表面积与多级孔隙结构为催化活性组分提供了高分散载体。微孔可通过尺寸筛分效应锚定纳米颗粒，抑制团聚；中孔则为反应物分子提供快速传输通道；大孔则促进宏观传质过程。此外，活性炭表面的含氧、含氮官能团可通过酸碱相互作用、配位键合等方式与活性组分形成强相互作用，有效稳定活性中心并调节其电子状态。这种结构与功能的协同性使其在挥发性有机物（VOCs）治理领域展现出独特优势：一方面，作为催化剂载体，其高比表面积可实现贵金属或金属氧化物的高效负载与分散；另一方面，活性炭自身可作为“活性位点库”，通过吸附富集 VOCs 分子形成局部高浓度微环境，结合其表面缺陷位点的催化活化作用，显著提升 VOCs 的矿化效率。这种“吸附-催化”协同机制为低浓度 VOCs 的高效降解提供了关键支撑，使其成为环境催化领域的研究热点。

6.3 碳纤维

碳纤维是碳含量超过 90% 的高强度、高模量的新型有机高分子纤维材料。碳纤维中的片状石墨微晶沿纤维轴向排列堆砌，经过炭化及石墨化处理后形成微晶石墨材料。碳纤维是典型的“外柔内刚”型材料，成品碳纤维如同头发丝般柔软，密度比铝轻，但强度性能却远优于钢铁，与各种基体复合之后可制得力学性能优异的复合材料。碳纤维不仅具有炭材料的特殊性质，还具有纤维材料的可编织和可加工性。此外，碳纤维还具有许多优良性能：耐疲劳性好、蠕变小，非氧化环境下耐超高温，耐腐蚀性好，热膨胀系数小，且具有各向异性，比热及导电性介于非金属和金属之间，导电导热性能好，X 射线透过性好，在有机溶剂、酸、碱中不溶不胀，耐蚀性突出等。

6.3.1 结构与性质

碳纤维的分类体系可依据其前驱体材料的化学本质进行系统划分，主要涵盖两大类：一类是以高分子聚合物为前驱体的碳纤维，典型代表包括聚丙烯腈基碳纤维和酚醛树脂基碳纤维；另一类则是以沥青为前驱体的沥青基碳纤维，主要包括各向同性沥青基碳纤维与中间相沥青基碳纤维。从化学组成看，所有碳纤维均属于碳基材料范畴，其核心结构由高度缩聚的稠环芳烃单元构成。然而，不同前驱体所引发的分子链结构差异，会显著影响碳纤维在后续炭化和石墨化过程中的结构演化路径，最终导致其宏观形貌与微观结构的显著分异。具体而言，以高分子聚合物为前驱体的碳纤维，例如聚丙烯腈基碳纤维，其初始分子链通常具有较高的碳含量和良好的热稳定性，分子链间通过强共价键或氢键作用形成有序排列的纤维状结构。在预氧化和炭化过程中，这类前驱体可通过环化、脱氢、芳构化等反应逐步形成类似石墨的层状结构，但由于原始分子链的刚性与规整性差异，其最终石墨微晶的尺寸与取向度往往受到前驱体化学结构的调控。相较于高分子基碳纤维，沥青基碳纤维的结构演化更直接依赖于前驱体的本征特性。各向同性沥青作为典型的非晶态碳材料前驱体，其分子组成以短程有序、长程无序的芳香族化合物为主，分子链长度较短且空间取向随机。在高温炭化过程中，这类沥青难以发生有效的分子链重排与定向排列，最终形成的碳纤维通常表现为难石墨化特征，石墨微晶尺寸小、层间距较大，且微晶取向度低，导致其力学性能相对有限。中间相沥青基碳纤维的前驱体通过热缩聚反应可形成具有液晶相结构的中间相沥青，分子链呈现长程有序的棒状或片状排列，且富含高聚合度的多环芳烃。这种本征的有序性使得中间相沥青在炭化和石墨化过程中能够诱导分子链沿纤维轴向定向排列，并促进石墨微晶的择优生长，最终形成易石墨化结构，石墨微晶尺寸大、层间距接近理论值，且微晶沿纤维轴向高度取向，赋予其优异的力学性能及卓越的导热性能。

综上所述，碳纤维的结构特征与物理化学性质和其前驱体的化学本质存在深刻的内在关联。无论是高分子基还是沥青基碳纤维，最终的微观结构与宏观性能均受到前驱体分子结构、聚集态结构及热处理工艺的协同调控。因此，在探讨碳纤维的结构与性质时，必须首先明确其前驱体类型或具体的碳纤维品种。

6.3.2 碳纤维生产工艺

在碳纤维生产工艺方面，不同类型碳纤维前驱体材料所对应的工艺路线存在显著的分异性特征，这种差异性尤其集中体现在纺丝成型工艺环节。前驱体的分子结构特性（如线性高分子、各向异性沥青或刚性棒状聚合物）、物理状态（熔融态或溶液态）以及加工适应性（可纺性、热稳定性）等因素，直接决定了纺丝工艺的选择。例如，聚丙烯腈基碳纤维通常采用湿法或干喷湿纺工艺，而沥青基碳纤维则主要依赖熔融纺丝技术。但是，在完成纺丝形成前驱体原丝纤维后，后续的预氧化、炭化、石墨化及表面处理等步骤呈现出高度的共性特征，其核心机理均围绕纤维内部结构的有序化重构展开，主要差异体现在反应条件的精细化调控层面，如温度梯度分布、保温时间、气体氛围及压力环境等工艺参数的优化选择。基于沥青基碳纤维在工业应用中的代表性地位，本节以沥青基碳纤维为例，介绍碳纤维熔融纺丝、预氧化、炭化、石墨化和表面处理的工艺过程。

6.3.2.1 熔融纺丝

在制备碳纤维时，需要将沥青前驱体转变为纤维状，通常采用纺丝的方法。常用的纺丝方法包括熔融纺丝、溶液纺丝、静电纺丝、离心纺丝等，但是为了使丝束能够分离、可连续操作，煤基碳纤维制备过程中，主要采用熔融纺丝。纺丝是衡量和决定碳纤维能否工业化连续生产的重要步骤，若沥青前驱体的纺丝性不好，在纺丝过程中极易断裂，就无法在工业化中生产，且不能用于长丝碳纤维的制备，所以沥青的熔融纺丝性非常重要。熔融纺丝是各向同性沥青基碳纤维和中间相沥青基碳纤维常用的纺丝方法，目前中间相沥青基碳纤维的工业化生产中，均采用了熔融纺丝工艺。

在熔融纺丝过程中，沥青前驱体先放置在可加热的熔腔中；熔腔逐渐升温，当温度超过沥青的软化点时，沥青逐渐熔化成可流动态，通过挤压，将熔化沥青从喷丝孔中挤出；经过冷却，再通过集束器的快速旋转缠丝，获得沥青纤维。其中，挤压的方式有两种：一种是采用螺旋进料杆推动熔融沥青行进，直至从喷丝孔中挤出，通过改变螺旋杆旋转速度可以调整沥青的喷出量；另一种是采用氮气等惰性气体挤压熔融沥青从喷丝孔中喷出，通过改变惰性气体的压力可以调整沥青的喷出量。一般情况下，喷丝孔的直径为 0.1～0.3 mm，而最终碳纤维的直径约为 10 μm，因此必须快速牵引拉伸原丝，使得从喷丝板喷出的丝直径进一步减小，从而获得微米级直径的碳纤维（图 6-6）。纤维的直径受到沥青挤出量、喷丝板尺寸和集束器转速的影响。对于熔融纺丝性优异的沥青前驱体，可以

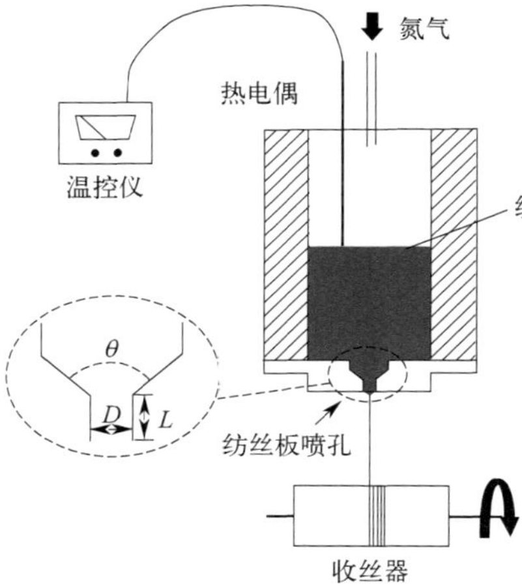

图 6-6 熔融纺丝过程

D—直径；L—长度；θ—角度

随意地改变任何一个参数来控制纤维的直径，当沥青的纺丝性不足时，就要协同改变这些参数，以达到最佳的纺丝状态。此外，平滑且连续的熔融纺丝过程取决于沥青前驱体的可纺性和熔融纺丝的其他操作参数，包括纺丝温度、挤出压力、缠丝速度和喷丝头设计。

沥青前驱体的纺丝性属于沥青材料的本质特征，与沥青前驱体的分子组成与结构相关，它要求沥青分子内部的抗拉强度要比快速牵引和缠绕所施加的外部应力要强，只有这样才能保持纤维不断裂。沥青前驱体的纺丝性需要通过调节沥青的制备方法来改善，在熔融纺丝步骤中，无法改变沥青的纺丝性。但是，熔融纺丝过程中的各项参数对能否连续纺丝和控制纤维的直径也很重要。

（1）纺丝温度

纺丝温度直接影响用于纺丝的沥青前驱体的熔融状态。纺丝温度不仅需要满足沥青前驱体完全熔融的要求，还需要保持适当的黏度。沥青前驱体的黏度与纺丝温度成正比，影响着从喷丝板挤出沥青的连续性。如果沥青前驱体的黏度太低，喷出的丝经不起快速牵引就会断裂。此外，黏度太低通常说明纺丝温度太高，喷出的丝无法快速冷却凝固，在缠丝机表面快速缠绕时，就可能无法形成固体而断裂；如果沥青前驱体的黏度太高，熔化的沥青难以挤出，通常需要较高的挤出压力，并且从喷丝板挤出的单丝太脆，极易断裂而无法快速缠绕。沥青前驱体是以稠环芳烃为主的混合物，仍然具有较高的反应活性，因而在熔融纺丝过程时，沥青在加热熔腔中也有发生进一步反应的可能性。因此，沥青加热时间不宜过长，需要在沥青熔化之后立即进行纺丝，否则沥青前驱体容易发生缩聚、热解、炭化等反应，导致性质发生变化，这也是在纺丝过程的初始阶段，沥青的纺丝性优异，而纺丝进行了一会儿之后，无法正常纺丝了，或者喷出的纤维很容易断裂的原因。

（2）挤出压力

在沥青基碳纤维前驱体制备工艺中，挤出压力作为调控熔体挤出量的核心工艺参数，其工程价值已得到广泛验证。前驱体纤维的直径分布不仅直接影响后续炭化阶段的石墨化程度与力学性能，更与挤出过程中熔体的流动特性密切相关，其直径波动主要由挤出压力梯度与卷绕速度的耦合作用共同决定。从工业化连续生产的实际需求来看，自动化流水线的高效运行对工艺参数的稳定性提出了严格要求。卷绕系统作为连续成型的关键环节，其运行速度通常由生产线整体节拍同步控制，难以实现实时动态调节。相较之下，挤出压力的调控具有显著的操作灵活性。通过气压伺服控制系统对压缩气体压力进行精准调节，可有效改变聚合物熔体的剪切速率与表观黏度，进而实现对挤出体积流量的连续、线型控制。这种参数调谐的便捷性使其在应对原料黏度波动、设备状态变化等生产扰动时，成为维持纤维直径均匀性的核心调节手段。由于沥青熔体属于非牛顿流体，其流动行为对剪切应力高度敏感，通过压力梯度精确控制熔体在喷丝板毛细孔内的剪切速率，可有效抑制“巴拉斯效应”引起的挤出胀大，从而提升纤维成型质量的稳定性。

（3）喷丝口的设计

喷丝口作为熔融纺丝过程中熔体输运与纤维成型的核心功能单元，其设计参数体系主要由几何尺寸与轮廓形态两大要素构成，这两类参数对最终纤维制品的直径均匀性与截面形貌特征具有决定性影响（图 6-6）。喷丝口的几何尺寸设计通常涵盖三个关键维度：其一为喷丝头的有效工作长度，即熔体流经喷丝孔道的轴向距离；其二为喷丝孔的孔径尺寸，直接决定了熔体的初始流动截面积；其三为喷丝头的长径比（或锥角角度），该参数通过调控孔道的渐变特征影响熔体的流动场分布。通过对喷丝孔径与长度的协同调控，可有效调节熔体在喷丝孔内的剪切速率与拉伸比，进而实现对纤维平均直径的精确控制，并改善直径分布的均匀性；此外，合理的喷丝口尺寸参数（如优化的锥角角度与长径比）能够显著降低熔体在高速流动过程中的黏性耗散与热降解风险，减少流动不稳定导致的断丝、并丝等异常现象，从而提升熔融纺丝工艺的连续性与成品率。

（4）卷绕速度

卷绕速度指的是缠丝筒的旋转速度。在沥青挤出量恒定的条件下，卷绕速度越快，可使得纤维直径越细。但卷绕速度太快时，纤维非常容易断裂，这就要求沥青前驱体具有优异的纺丝性。通常情况下，通过改变卷绕速度获得不同直径的纤维。卷绕速度的调整也必须兼顾沥青前驱体的纺丝性、挤出量和喷嘴参数等条件。

熔融纺丝过程比较依赖操作者的经验。如果沥青前驱体具有优异的纺丝性，那么对熔融纺丝操作参数的确定与优化非常重要。对于给定的沥青前驱体，一般情况下，需要事先研究纺丝温度、挤出压力、喷嘴参数和卷绕速度等参数。

6.3.2.2 预氧化

沥青属于热塑性材料，受热时会软化、熔融。经过熔融纺丝形成沥青纤维后，当外界温度接近沥青软化点时，沥青纤维便开始软化，当外界温度超过沥青软化点，沥青纤维便开始熔融，不再能够保持纤维的状态。一般情况下，沥青的软化点为 200～300 ℃，而炭化时的温度通常在 800 ℃以上，因此为了防止沥青纤维在炭化过程中熔融，需要预先进行预氧化，也称为不融化。

预氧化的原理是通过轻微的氧化反应，让沥青中的分子形成一定的交联结构，即在纤维结构中生成一定量的含氧官能团，而这些含氧官能团能够让沥青纤维从热塑性转变为热固性，从而能够确保沥青纤维的分子结构在炭化过程中足够稳定，不会熔融，仍然保持纤维状态。预氧化反应包括氧化反应、缩合反应、分解反应、脱水反应等，反应过程复杂，而且受到原料分子组成和结构的影响明显，至今仍无法准确地测量或表征出具体的反应机理。

预氧化反应的保持温度通常跟沥青的软化点相关，如果保持温度远远高于沥青的软化点，则在预氧化过程中也可能会发生纤维之间的融并，甚至熔融的现象；如果保持温度低于沥青的软化点，则可能发生预氧化程度不够，在后续的炭化处理中仍然会出现纤维熔融的现象。此外，预氧化反应中升温速率不宜过快，因为氧原子从沥青纤维的表面慢慢向纤维中心渗透，而且沥青纤维中主要是稠环芳烃结构，导致氧化反应速度慢，氧原子渗透速度也很慢，如果预氧化升温速率过大，会导致纤维还没来得及进行氧化反应便因为温度太高而软化和熔融。因此，整个预氧化反应需要极慢的升温速率，对于煤基碳纤维，升温速率通常小于0.5 ℃/min，可见沥青纤维的预氧化反应是一个耗时耗能的过程。预氧化处理的工艺条件除了保持温度、升温速率外，还有保温时间、气氛组成、气体流量、反应压力等，在碳纤维的工业生产中，这些都需要进行探索和优化；并且不同原料所制备的沥青纤维的最佳预氧化反应条件也不相同。近些年来，针对预氧化过程耗时耗能的情况，研究者一直在关注如何加速沥青纤维的预氧化反应进程，最主要的方法就是强化氧化反应，例如采用氧化性更强的氧化剂和提出新的预氧化方法。一般情况下，考虑到生产成本，预氧化采用的氧化剂为空气或者纯氧，而研究者尝试采用臭氧、二氧化硫、三氧化硫、单质溴、硝酸、硫酸、高锰酸钾、过氧化氢等氧化性更强的氧化剂来加速预氧化反应。但这些氧化剂成本高、对设备腐蚀性强，在碳纤维的工业化生产中很难大规模应用。另外，一些新的预氧化方法，例如采用等离子体、微波、磁场、电子束等强化预氧化反应，虽然在一定程度上可以缩短反应时间，但是能耗可能会更高，而且一些设备不便于在工业化生产中应用。总之，预氧化反应速度受到纤维的分子组成和结构的影响，如果要加快预氧化反应进程和实现预氧化过程的控制，势必要先弄清楚预氧化的反应机理。

预氧化的反应机理极其复杂，迄今仍然无法确定所有的反应种类和动力学，因而，通常对沥青纤维预氧化过程中的热性质变化进行研究，进而推测出预氧化反应机理。针对预氧化反应机理的认识，目前有两种普遍观点：一种观点认为氧的扩散速率是决定预氧化反应的速率决定性因素；另一种观点认为沥青纤维的分子组成与结构是决定预氧化反应的关键因素。其实，这两种观点之间存在必然的联系，因为沥青纤维的分子组成和结构必然影响着氧的扩散速率。若沥青纤维的分子结构中存在较多的支链和桥键，有利于氧化反应和形成含氧官能团；若分子结构中稠环结构完整，芳香度高，那么肯定不利于含氧官能团的生成，因为芳环的氧化比烯烃的氧化难度大，在温和的氧化条件下，氧化反应大多发生在芳环的支链或桥键上。

采用热重分析仪和差示扫描量热仪对沥青纤维的预氧化进行深入研究，虽然无法揭示反应机理，但可以厘清预氧化的反应进程。沥青纤维随预氧化温度变化而产生的发热量变化曲线（DSC 曲线）如图 6-7 所示。从 DSC 曲线可以看出，沥青纤维中不同的官能团具有不同的氧化反应活性，各向同性沥青纤维和中间相沥青纤维的预氧化过程都包含 5 个峰，其中，峰 1、2、3、a、b、c 属于氧化反应产生的峰，而峰 4、5、d、e 属于分解反应产生的峰。每个峰包含的详细信息有：①峰 1 和峰 a 对应于烷基和环烷基被氧化成醛基、酮基和羧基；②峰 2 和峰 b 表示稠环芳烃中的交联基团经氧化转化为烷基醚基团；③峰 3 和峰 c 代表芳环支链形成酚基和芳基醚键基等；④峰 4 和峰 d 表示了烷氧基团分解；⑤峰 5 和峰 e 对应于过度氧化而产生的燃烧反应。由 DSC 曲线还可知，各向同性沥青纤维在预氧化过程中的放热量比中间相沥青纤维的放热量要低，这是因为各向同性沥青前驱体的分子结构呈无序状，在预氧化反应过程中，反应速率慢、程度小；中间相沥青分子结构规则，更有利于氧原子渗入到纤维中心，因而预氧化反应程度更深。因此，可以看出，通过改善沥青的分子结构，加快预氧化反应中氧原子的渗入速率，能有效地提高预氧化反应速率。

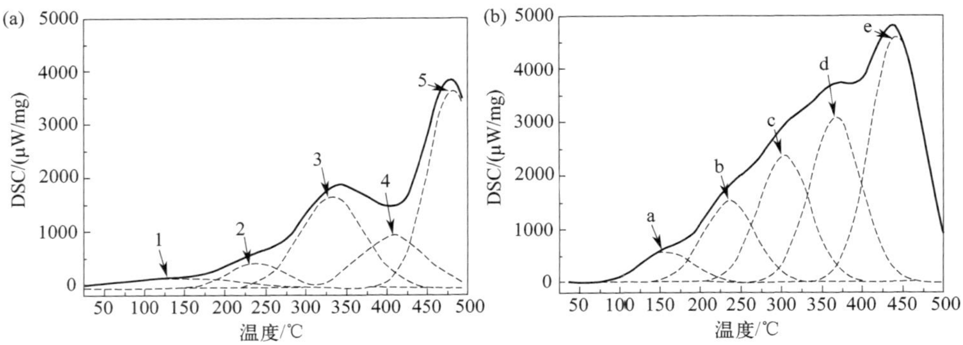

图 6-7 预氧化过程的 DSC 曲线

(a) 各向同性沥青纤维；(b) 中间相沥青纤维

沥青纤维的预氧化反应对碳纤维的最终强度性能尤为重要，如果预氧化反应不充分，预氧化纤维中的含氧量太低，在后续的炭化过程中，纤维就容易发生软化和融并等情况，不利于得到强度性能优异的长丝碳纤维；如果预氧化反应进行过度，沥青纤维中含氧量太高，炭化过程中就会释放出过多的气体，从而破坏碳纤维的分子结构，出现气孔、裂缝等缺陷，导致碳纤维强度太低，甚至无法得到长丝纤维；此外，如果预氧化反应进程太深，纤维表面可能发生过度氧化而留下了缺陷，最终也会导致碳纤维的强度性能下降。预氧化过程是一个耗时和耗能的过程，对预氧化反应的控制不仅影响碳纤维的强度，还影响碳纤维的生产成本。

6.3.2.3 炭化和石墨化

炭化是将纤维中非碳原子尽可能脱除，提高含碳量和芳香度及优化石墨微晶结构的过程。炭化时，将预氧化纤维放置在惰性气氛中，随着温度的升高，纤维中的非碳原子，如氧原子和氢原子等，以小分子气体的形式逸出，从而制得含碳量高于 92%的碳纤维产品。炭化首先使得纤维的分子结构、组成和取向固定下来，形成石墨微晶结构；然后，通过炭化使得纤维的形状固定下来，经过炭化后的纤维，已转变为坚硬的固体，即使施加一定的温度，也不会再软化和熔融，保持完整的纤维状。其次，炭化是赋予纤维具有各种性质的步骤，例如让纤维具有强度性能、热学性能、电学性能等特性。炭化反应中，稠环芳烃发生进一步缩聚，使得缩聚度和芳香度更高，因此炭化都在较高的温度下进行。通常情况下，在高于 800 ℃的惰性气氛中，纤维就开始发生明显的炭化反应。但为了控制纤维的炭化程度，通常的炭化温度在 300～1400 ℃内。在有些资料中，将 300～500 ℃定义为预炭化温度，而将 500～1400 ℃定义为炭化温度。一般情况下，可以省略预炭化步骤，直接选择 800 ℃以上的温度进行炭化反应。

随着炭化温度的升高，碳纤维的取向度和芳香度明显提高。石墨化也称为高温处理，是制备超高杨氏模量碳纤维的必要条件。石墨化是在 2000 ℃以上的惰性气氛下进行的，在此过程中芳香基团可以形成更发达的石墨化结构。在石墨化过程中，微晶的首选取向和尺寸得到了提高，这应该归因于高温下石墨烯层堆积度的提高。此外，在高温下，由于聚合度高，大型芳香平面中的空洞、裂纹和缺陷减少。石墨化的目的主要是获得高模量的石墨纤维。虽然碳纤维的石墨化时间很短，通常只需几秒至数十秒，但是温度高，对设备要求高，因此石墨纤维的生产成本也高。目前，也有一些研究者关注如何提高石墨化反应效率，开发了催化石墨化的方法。但目前，针对催化石墨化的反应机理研究不多，不是非常明确。催化剂的种类主要包括金属单质、金属化合物、非金属单质和非金属化合物。因为添加金属和金属化合物的催化剂，在石墨化后会残留在纤维中，因而通常采用非金属单质及其化合物。硼元素是目前研究最多的石墨化催化剂，研究表明硼的扩散固溶作用降低了石墨层从二维乱层结构向三维有序化结构转化时的活化能，促进了石墨层结构的重排和择优取向；同时扩散固溶作用还可以有效阻止石墨层位错的移动扩展和可能产生的剪切畸变；另外硼元素的扩散固溶能够填补石墨层的晶格缺陷，从而使得杨氏模量大幅度提高。

图 6-8 为热处理温度升高时炭化和石墨化过程中的显微组织变化。热处理温度低于 800 ℃时，碳层组织基本为两平行层。在这个过程中，扭曲的碳层开始堆积，杂原子作为气态产物被移走。在 800～1500 ℃之间，累积碳层数和碳层长度都逐渐增加。此外，扭曲的碳层被转换成对齐良好的平行线。1500～1900 ℃，碳层面积明显改善，大的波浪状碳层取代了柱状碳层，表明石墨结构原型已经出现。当热处理温度超过 2100 ℃时，平面和平行碳层迅速增长。在 2100 ℃以上，几乎所有的碳原子都形成了排列良好的石墨结构。

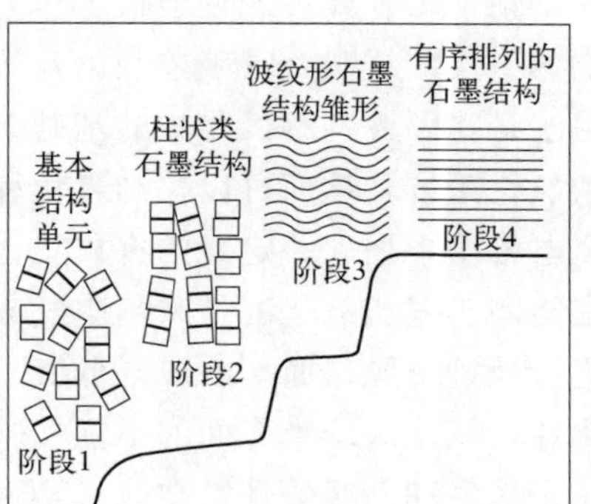

图 6-8　炭化和石墨化对分子结构的影响

控制炭化过程的工艺条件有炭化温度、保温时间、升温速率、气氛组成及气体流速等。对于各向同性沥青纤维，在 300 ℃左右开始生成 CO 和 CO_2 等气体，其中的氧元素主要来源于预氧化过程中结合的氧。约 500 ℃时，生成的气体小分子的量达到最大，这些气体主要是稠环芳烃缩聚时产生的氢气，此时纤维也开始逐渐收缩。700 ℃以后，气体逸出量开始明显下降，而 800 ℃以上时，不再有气体逸出。由此可见，炭化历程可以表示为从 300 ℃开始，预氧化纤维发生脱氧反应，大量的羰基以 CO、CO_2 和 H_2O 的形式脱离；500 ℃时，含氧官能团几乎全部分解逸出，此时稠环芳烃缩聚反应加快，产生大量的 H_2 逸出；当温度接近 800 ℃时，气体逸出量明显下降，此时主要是稠环芳烃大分子的结构重排反应，生成更多的石墨微晶，稠环芳烃大分子之间也逐渐向平行有序的石墨层结构转变。炭化过程中，起始阶段的升温速率不宜太快，因为炭化过程中生成大量气体逸出时会留下气孔和产生缺陷，从而影响纤维的强度。降低升温速率可以给纤维愈合这些缺陷留下充足的时间，当石墨微晶形成后可以适当地提高反应速率，加快反应进程。炭化过程中，当温度相对较低时（800 ℃以下）可以使用氮气作为保护气氛，但当温度达到 800 ℃以上和进行温度更高的石墨化处理时，通常使用氦气和氩气作为保护气氛，主要对加热设备进行保护。

6.3.2.4 表面处理

碳纤维表面活性低和表面张力低，且炭化过程中气体逸出和收缩难免留下一些缺陷，为了改善这些缺陷，需要对碳纤维的表面进行处理，将碳纤维的表面从憎液性改变为亲液性，从而有利于制备复合材料。碳纤维的表面处理方法较多，包括阳极电解氧化法、两段阳极氧化法、气相氧化法、臭氧氧化法和气液双效法。

阳极电解氧化法利用碳纤维的导电性作为阳极板，采用导电且耐腐蚀的石墨板、不锈钢板、镍板或铂金板等作为阴极，进行电化学氧化。阳极电解氧化法技术成熟、反应缓和、易于控制以及工艺成熟度高，目前已有广泛应用。两段阳极氧化法是在阳极电解氧化法的基础上发展而来的，其核心是采用了两个电解槽组成的氧化系统，从而可以控制氧化程度，且不使碳纤维自身强度下降，同时在第二个电解槽中加入一定量的有机胺，可以在引入含氧官能团的同时，引入一些含氮官能团。气相氧化法是采用空气或者含有氧化性的气体的混合气体对碳纤维表面进行处理，操作简单、成本低廉，但是效果有限。臭氧氧化法是利用臭氧的强氧化性，氧化碳纤维表面的不饱和碳原子，生成含氧官能团。臭氧的氧化能力比纯氧、氯气和高锰酸钾都要高，而且是气体，易于在反应器中扩散，设备简单，仅需要臭氧发生器和紫外辐照就可以实现。气液双效法是指液相涂布后空气氧化，使碳纤维的拉伸强度和复合材料的层间剪切强度均得到提高的方法。液相涂层液的溶质含量较低，且具有一定活性，可沉积在碳纤维表面孔隙等缺陷中，起到补强作用，同时碳纤维表面薄薄的涂层在后续的空气氧化过程中可保护其表面免受空气的直接氧化。

碳纤维原丝虽然抗拉强度很大，但在编织过程中经过反复机械摩擦就会形成毛丝，严重降低碳纤维的性能。为了防止碳纤维表面起毛，需要在碳纤维表面涂抹上浆剂。为了保护经表面处理后的洁净活性表面，避免吸附空气中的水分和灰尘，上浆后的单丝表面形成一层保护膜，从而在后续的加工使用过程中防止摩擦、磨损或避免产生毛丝等。碳纤维经上浆工序后进行干燥，经收丝机收丝落筒为产品，再经包装即可销售。早期的上浆剂主要为油溶性溶剂，常用的是丙酮。但是，油溶性溶剂不仅增加了生产成本，而且其挥发会使上浆槽的上浆剂浓度一直变化，污染环境并存在着火隐患。因此，近年来多采用水溶性上浆剂。

碳纤维的上浆剂要求具备与碳纤维及基体树脂结合性好、润湿性好、稳定性好、耐摩擦性能好以及稳定性好等优点。目前，常用的上浆剂有环氧树脂乳化液、聚氨酯树脂、聚苯基喹噁啉、有机硅改性酚醛树脂以及聚乙烯吡咯烷酮等。

6.3.3 碳纤维的分类与应用

碳纤维已经成为当今工业纤维材料的佼佼者，广泛应用于航空航天、国防工业及民用领域。目前可以工业化大规模生产的碳纤维有黏胶基碳纤维、聚丙烯腈基碳纤维和沥青基碳纤维。

黏胶基碳纤维是指以再生纤维素纤维经过预氧化、炭化所制成的碳纤维。再生纤维素纤维又称黏胶纤维或人造丝，它是利用天然纤维（如木材、麻和棉花等），经制浆粕、磺化、熟化和纺丝等工艺处理而成的。黏胶基碳纤维密度小、热导率小，是理想的隔热材料；与其他高分子纤维相比，黏胶基碳纤维中碱金属及碱土金属含量更低，在用作飞机和导弹发动机喷管材料时，产生的钠光弱，雷达不易检测到；并且黏胶基碳纤维以天然纤维为原料，生物相容性好，可以用作韧带、骨夹板和人造骨等材料。但黏胶基碳纤维的力学性能较低，且在制备工程中易生成左旋葡萄糖等副产物，造成碳收率低，目前在绝大多数领域的应用都被聚丙烯腈基碳纤维替代了。

聚丙烯腈基碳纤维是目前众多碳纤维中的主要品种，其产量占到所有碳纤维总产量的 90%以上。聚丙烯腈基碳纤维是以聚丙烯腈为原料，经过溶解、纺丝、凝固、预氧化及炭化制备而成的碳纤维。聚丙烯腈基碳纤维的制备过程可以分为两部分：一是聚丙烯腈原丝的制备，包括纺丝原液聚合、脱泡、过滤、纺丝、纤维凝固成型、水洗、牵伸、上油、干燥致密化、蒸汽牵伸、热定型、干燥与卷绕；二是聚丙烯腈原丝的预氧化和炭化，包括预氧化、低温炭化、高温炭化、石墨化、表面处理、上浆、热处理与卷绕。聚丙烯腈基碳纤维具有优异的抗拉强度和杨氏模量，尤其是具有其他种类碳纤维所不可比拟的抗拉强度，标号 T1100G 和 T1100S（日本东丽）聚丙烯腈碳纤维的抗拉强度为 7000MPa 以上，约是标号

K223HM（日本三菱）中间相沥青基碳纤维抗拉强度的两倍。聚丙烯腈基碳纤维在航空航天、国防军事、工业领域、体育医疗及民用领域方面均有广泛应用。

沥青基碳纤维是以碳质沥青为前驱体，经过熔融纺丝、预氧化和炭化制得的一类碳纤维。根据前驱体不同，沥青基碳纤维分为通用级碳纤维和高模量碳纤维，通用级碳纤维以各向同性沥青为前驱体，也称为各向同性沥青基碳纤维；高模量碳纤维是以中间相（各向异性）沥青为前驱体，也称为中间相沥青基碳纤维。各向同性沥青分子具有无规则取向和难石墨化的特点，因而通用级碳纤维的强度性能较低，然而其生产成本低，在建筑补强、民用领域等附加值行业有广泛应用。中间相沥青的分子取向度高、缺陷少，展现出易石墨化的特点，因而制得的碳纤维具有优异的力学性能，尤其是具有其他种类碳纤维所不具备的超高杨氏模量。标号 K223HM（日本三菱）中间相沥青基碳纤维的杨氏模量超过了 900GPa，已非常接近石墨的理论杨氏模量 1020GPa。

碳纤维与塑料、树脂、金属等材料复合后，可获得强度优异的复合材料，在多个行业中发挥着至关重要的作用。无论哪种碳纤维，绝大多数情况下以复合材料的形式进行应用，仅有极少数情况是直接利用碳纤维原丝，例如制备活性碳纤维。碳纤维增强树脂基复合材料的发展可以追溯到 20 世纪 60 年代，也就是聚丙烯腈基碳纤维开始工业化生产的时期，因为在 20 世纪 50 年代出现了玻璃纤维复合材料，受此启发，碳纤维在实现工业化生产后，也主要用于制备复合材料。复合材料是指由两种及以上物理和化学性质不同的材料，以微观或者宏观形式结合在一起的多相体系材料。一般情况下的碳纤维增强树脂基复合材料是指由连续相的基体和分散相的增强体材料进行组合的多相体系材料，其中，连续相有树脂、金属、陶瓷等；分散相有各类纤维、粉末填料等。碳纤维增强树脂基复合材料是碳纤维复合材料中的一种，是以树脂为连续相基体，碳纤维为分散相的增强体。碳纤维增强树脂基复合材料作为先进的复合材料，具有比强度和比刚度高、抗疲劳性好、耐腐蚀、结构尺寸稳定性好、可设计性强以及便于大面积整体成型的优点，还有特殊的电磁性能和吸波隐身等作用，充分体现了集结构承载和功能于一身的特点。根据基体树脂的特征差异，碳纤维增强树脂基复合材料可分为两大类：热固性树脂和热塑性树脂。热固性树脂由预聚体在固化剂或热作用下进行交联、缩聚，形成不能熔化、不被溶解的交联体型结构。对于先进复合材料，目前仍以热固性树脂为主，既包括广泛应用的环氧树脂和酚醛树脂，还包括具有高性能的新一代树脂，如双马来酰亚胺树脂、聚酰亚胺树脂、氰酸酯树脂、聚芳基乙炔树脂等。热固性树脂在固化前一般为分子量不高的固体或黏稠液体；在成型过程中能软化或流动，具有可塑性，可制成一定形状，同时又发生化学反应而交联固化；有时放出一些副产物，如水等。此反应是不可逆的，一经固化，再加压加热也不可能再度软化或流动；温度过高，则分解或炭化。热塑性树脂是由线型高分子聚合物在一定条件下可反复加热软化、冷却固化的一大类合成树脂，包括通用工程塑料、聚酰胺、聚碳酸酯、聚甲醛、聚苯醚、聚酯，还包括先进的热塑性树脂，包括聚砜、聚醚砜、聚苯硫醚、聚芳醚酮、聚酰亚胺、聚芳酯等。热塑性树脂在常温下为高分子量固体，是线型或带少量支链的聚合物，分子间无交联，仅借助范德瓦耳斯力或氢键互相吸引。在成型加工过程中，树脂经加压加热即软化和流动，不发生化学交联，可以在模具内赋形，经冷却定型，制得所需形状的制品。在反复受热过程中，分子结构基本上不发生变化。当温度过高、时间过长时，则会发生降解或分解。

碳纤维增强树脂基复合材料具有一系列优异的性能。①比强度和比模量高。碳纤维增强树脂基复合材料的密度仅为钢材的1/5，而强度是高强度钢的4倍左右，比模量也是高强度钢的3倍以上，因而碳纤维增强树脂基复合材料具有“轻而刚、刚而强”的特点。②压缩强度和剪切强度高。碳纤维增强树脂基复合材料单向压缩强度优异，是凯夫拉纤维增强树脂复合材料的4倍左右，并且剪切强度也比凯夫拉纤维和石墨纤维的增强树脂复合材料高。③优异的抗疲劳性能。在静态下，碳纤维增强树脂基复合材料承受极限强度时的抗疲劳性能远远超过钢材，并且在应力作用下呈现黏弹性材料的耐疲劳特性，同时碳纤维增强树脂基复合材料还呈现出良好的抗蠕变性能。④优异的抗阻尼特性。碳纤维的比模量高，自振频率也高，可避免因为共振引发的早期破坏，并且碳纤维与基体树脂之间的界面层可以吸收振动能，从而缩短共振时间，吸能减振，使振动能够快速地衰减和停止。⑤热膨胀系数小。碳纤维增强树脂基复合材料的热膨胀系数具有明显的各向异性，沿纤维径向和轴向的热膨胀系数不同，并且热导率也不同，径向和轴向的热膨胀系数和热导率可差50倍以上，因此可以根据具体的应用对象调节材料的铺设方向。⑥耐摩擦性能好。碳纤维增强树脂基复合材料具有优异的耐摩擦和抗磨损性能，再加上碳纤维本身的乱层石墨结构，自润滑性好，可作为耐摩擦材料使用。⑦耐腐蚀性好。碳纤维在酸、碱、盐等溶液和有机溶剂中不会溶胀变质，具有优异的耐化学腐蚀性能，但当碳纤维增强树脂基复合材料的基体树脂耐腐蚀性差时，会导致整个复合材料的耐腐蚀性下降，因而需要根据应用对象选择合适的基体树脂。除上述性质外，碳纤维增强树脂基复合材料也具有良好的防水性、导电性以及X射线透过性等特征。碳纤维增强树脂基复合材料的这些性质绝大多数取决于碳纤维本身所具备的性质，也有少许的性质由基体树脂的性质决定，可以通过调整碳纤维的性质、基体树脂的性质、纤维的铺设方法等因素优化碳纤维增强树脂基复合材料的性质。

6.4 针状焦

针状焦是由精制的石油焦或煤焦油沥青经延迟焦化以及高温煅烧而制得的。针状焦外观呈银灰色金属光泽，具有明显的层状结构和细长针状的流线纹理，破碎之后呈细长针状，故称为针状焦。

6.4.1 结构与性质

针状焦展现出显著的各向异性特征，其宏观形态呈现典型的纤维状或层状结构，微观尺度下则表现为高度有序的石墨微晶排列体系。针状焦的微观结构以长程有序的层状微晶为基本单元，这些微晶沿特定方向（通常为 L_c 方向）呈现显著的择优取向排列，层间距稳定维持在 0.335～0.340 nm，与理想石墨晶体结构高度接近。这种有序的分子排布赋予针状焦优异的可石墨化特性，在 2500～3000 ℃高温热处理过程中，未完全有序的微晶结构可进一步重排为更完善的石墨晶体。针状焦具有极低的杂质元素含量，有效避免了硫对石墨层间结合力的破坏及氮对载流子迁移率的抑制，从而保持了高石墨化度和高导电性。此外，针状焦的热膨胀系数显著低于常规炭材料，其体积膨胀系数仅为普通石油焦的 1/5～1/3。这种低膨胀特性使其在高温使用环境下仍能保持优异的尺寸稳定性，有效抑制热应力引发的裂纹扩展。

基于针状焦特有的组成与结构特征，针状焦制备的人造石墨电极展现出一系列关键性能指标的突破性提升，其电阻率可低至 8～12 $\mu\Omega \cdot m$（普通石墨电极约为 15～20 $\mu\Omega \cdot m$），显著降低电极本身的电阻损耗；热膨胀系数小（$\leqslant 1 \times 10^{-6}/K$）赋予材料优异的热震稳定性，在急冷急热工况下仍能保持结构完整；机械强度方面，其抗折强度可达 8～12 MPa（普通电极约为 5～8 MPa），抗压强度超过 30 MPa，可有效承受电炉内的机械应力与电磁力作用；抗氧化性能则通过表面致密的无定形碳层（厚度约为 5～10 nm）及低杂质含量协同调控，在氧气气氛中 800 ℃氧化速率低于 0.1 $mg/cm^2 \cdot h$（普通电极约为 0.3～0.5 $mg/cm^2 \cdot h$）。

针状焦作为高性能炭材料的重要代表，其独特的流线状显微结构形成机制与原料特性及热处理过程密切相关。从形成机理来看，针状焦的标志性流线状显微结构主要源于石油渣油或煤沥青在液相炭化过程中中间相液晶球体的动态演化。具体而言，石油渣油或煤沥青在高温（通常 400～500 ℃）、惰性气氛（如氮气）下的液相炭化反应中，通过芳烃分子的缩聚、重排及堆砌，首先形成具有液晶相特征的中间相沥青球体。这些中间相球体在后续焦化塔内的高温气相环境（通常 1000～1200 ℃）中，受到炉内气体流动（如载气或挥发分逸出引起的气相剪切力）及温度梯度的协同作用，发生复杂的流变行为：原本处于塑性状态的中间相球体通过定向重排、塑性扩张及剧烈变形，逐渐由球形向流线纤维状结构转变，最终形成具有显著取向特征的流线状显微结构。

从显微结构表征来看，针状焦的流线状结构在不同截面呈现各向异性特征。在垂直于纤维延伸方向的横截面上，可观察到由不同取向的中间相微区镶嵌而成的结构单元，这种镶嵌结构的形成与中间相球体在变形过程中部分未完全取向的区域残留有关。生针状焦（未经煅烧）的流线状结构虽已初步形成，但其轮廓清晰度与结构有序性相对较低；经高温煅烧后，由于挥发分脱除、芳构化反应深化及石墨化前驱体的形成，纤维状结构的轮廓显著锐化，条理分异更为清晰，如图6-9所示。同时，煅烧过程中因热应力释放诱导产生大量微裂纹及裂缝网络，这些微缺陷虽可能对力学性能产生一定影响，但也为后续应用中的离子渗透提供了通道。除典型的流线状结构外，针状焦显微结构中常夹杂球形或类球形颗粒，其直径范围多为 20～50 μm。这类颗粒的形成机制可归结为两种：一是中间相形成初期，部分小尺寸芳香分子团簇因未充分生长而残留；二是拉焦过程中，部分已形成的中间相小球体因未经历充分塑性变形而未被拉长，最终经固化保留下来。这些颗粒的存在会局部破坏流线状结构的连续性，但其成分与基体基本一致，仅可能因含少量未反应的沥青质或无机杂质而在成分分析中呈现微小差异。

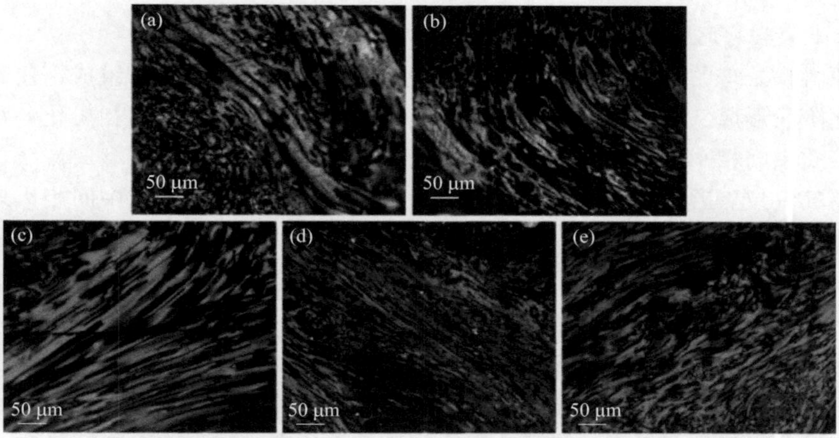

图 6-9　偏光显微镜下中间相的纤维状结构

（a）NC-LTCTP；（b）NC-HRP-330；（c）NC-HRP-350；（d）NC-HRP-370；（e）NC-HRP-390

针状焦的显微结构特征与其宏观性能密切相关。根据流线状结构的发育程度，可将其分为两种典型类型：一类为针状结构高度发达的样品，其总方向度（纤维排列的有序度，通常通过偏光显微镜下消光角测量或 X 射线衍射纹理分析表征）可达 0.8 以上，纤维长度普遍超过 100 μm 且形态笔直；另一类为外观针状结构不明显的样品，尽管总方向度较低，但其内部结构致密性更优，表现为针束（由多根细纤维聚集形成的次级结构）数量多且取向性良好（针束整体与主纤维轴的夹角小于 15°）。值得关注的是，针束头部的横截面常呈现特征性的“纸卷”状结构——层状堆积的石墨微晶沿同一方向紧密排列，层间距约 0.335 nm（接近理想石墨层间距）。这种构造本质上是石墨层结晶面以纤维轴为中心的高度取向结构，是针状焦具有高结晶度（通常 $L_c \geqslant 100$ nm）和高取向度［（002）面衍射峰半高宽≤5°］的直接证据。石油系针状焦与煤系针状焦在显微结构方面稍有差别，通常煤系针状焦结构中各向异性单元薄层厚度比石油系针状焦的单元薄层厚，其主要为粗纤维结构组分，因而含微孔和裂纹较多。

6.4.2 针状焦生产工艺

针状焦按原料的不同，分为油系针状焦和煤系针状焦。油系针状焦是以石油重油、渣油等为原料生产的，油系针状焦生产方法是以热裂化渣油和催化裂化澄清油等石油加工厂重质馏分油为原料，经延迟焦化和煅烧等工艺过程制得成品油系针状焦。煤系针状焦以煤焦油馏分油或煤焦油沥青为原料生产。煤系针状焦生产方法是以煤炼焦副产品煤焦油沥青为原料，经原料预处理、延迟焦化和煅烧工艺过程制得成品煤系针状焦。由此可见，无论是油系针状焦还是煤系针状焦，原料预处理、延迟焦化和煅烧三个步骤最为重要。

6. 4. 2. 1 原料预处理

原料预处理的目的是去除煤沥青中的喹啉不溶物、调整原料组成，使其容易在焦化阶段形成广域型的体中间相。在焦化阶段，煤沥青经历液相炭化，液相中出现碳质中间相小球体，并长大、融并最后形成体中间相。广域型或流线型体中间相经气流拉焦后，才能形成纤维状织构的生焦结构。根据碳质中间相小球结构特点，要求原料富含芳香烃或含有易于转化成片状稠环化合物的重质烃类。煤沥青、石油热裂化渣油、催化裂化澄清油等富含短侧链、线型连接的多环芳烃，是生产针状焦的优质原料。

煤沥青的主要成分是适合生产针状焦的多环化合物，原料中常常含有喹啉不溶物。其中，原生喹啉不溶物包括煤炼焦时被上升气流带入煤焦油的煤粉、焦粉、挥发分受热裂解形成的炭黑状固体物质等，还有少量无机粉末污染物（包括耐火砖粉末、铁及其氧化物粉末等），大多是非晶态物质。煤沥青中喹啉不溶物含量在很大程度上决定着焦化阶段形成的碳质中间相的织构。不含喹啉不溶物或低喹啉不溶物含量的煤沥青生成的中间相小球体尺寸分布宽、表面光滑，容易长大和融并，容易获得广域型体中间相，是制备针状焦的优质原料。喹啉不溶物组分常常加快沥青液相炭化速度、阻碍中间相小球体的长大。含较多喹啉不溶物的沥青原料生成中间相小球体时，其表面往往被微粒物覆盖，容易形成镶嵌型体中间相，但是难以形成广域型，甚至流线型体中间相，从而难以生产出优质针状焦。

因此，需要对煤沥青原料进行预处理，通过组分调整除去喹啉不溶物或将其转化，获得满足针状焦生产需要的煤沥青组成。同时，煤沥青的灰分大多集中在原生喹啉不溶物中，脱除喹啉不溶物也能降低针状焦中灰分含量。喹啉不溶物悬浮或混杂在煤沥青中，并不容易脱除分离干净。目前，用来脱除煤沥青或煤焦油喹啉不溶物的方法，可分为五大类，包括溶剂法、加热过滤法、离心分离法、闪蒸-缩聚法、加氢改质法。

6.4.2.2 延迟焦化

焦化是将预处理后的精制沥青加热，使其通过液相炭化，形成生焦。目前，国内针状焦的焦化工艺均采用延迟焦化工艺。在炼油工艺中，用石油渣油生产石油焦时，采用过的焦化工艺有釜式焦化平炉焦化、延迟焦化、接触焦化、流化（灵活）焦化。世界上最早出现的是釜式焦化，其后是平炉焦化。1929 年，美国印第安纳标准石油公司建设了世界第一套石油焦延迟焦化生产装置，用于从石油重质油制取轻质油和石油焦。经过发展改进，现代的延迟焦化装置技术成熟、操作可靠性高、投资和操作费用相对较低，成为石油渣油或重质油主要的加工技术之一。1949 年出现移动床接触焦化工艺，1953～1954 年出现流化焦化和灵活焦化。釜式焦化及平炉焦化属于间歇操作，目前，平炉焦化已经被淘汰，釜式焦化设备和技术比较简单，仍用来少量制备针状焦、探索针状焦的生产工艺条件。接触焦化与流化（灵活）焦化的设备复杂、维修费用高，发展较慢。延迟焦化是目前应用最广泛的石油焦生产工艺，也是最主要的针状焦生产工艺。

延迟焦化装置是炼油厂提高轻质油收率和生产石油焦的主要装置。在延迟焦化过程中，通常使用水平管式加热炉将石油渣油在高流速、短停留时间条件下快速加热到 490～510 ℃，然后进入焦化塔；在焦化塔内，物料发生裂解和缩聚反应，生成焦化气体、焦化汽油、焦化柴油、焦化蜡油和石油焦。石油渣油在加热炉管中快速通过、获得反应所需能量，而裂解和缩聚反应形成生焦的反应被“延迟”到焦化塔内发生，因此该过程被称为延迟焦化。延迟焦化生产针状焦的工艺也是采用加热炉将预处理后的精制沥青快速升温到焦化温度，然后在高流速、短停留时间的条件下，使沥青基本不发生反应就迅速离开加热炉，进入焦化塔。在焦化塔内，沥青借助自身热量，在“延迟”状态下进行中间相转化、气流拉焦和固化成焦。

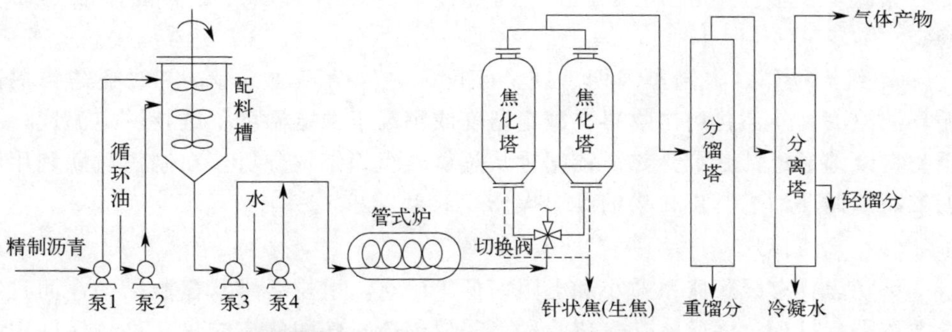

图 6-10 延迟焦化生产针状焦工艺流程图

延迟焦化生产针状焦的工艺流程图如图 6-10 所示。将精制沥青和循环油分别经计量泵 1 和 2 送入配料槽，进行加热和充分搅拌，然后用计量泵 3 送入管式炉中加热到预定温度后从焦化塔塔底送入焦化塔，在焦化塔中进行炭质中间相的转化以及气流拉焦形成针状焦（生焦），沥青自下往上堆积在焦化塔中。焦化塔产生的气相馏分经分馏塔分离，排出重馏分，利用分离塔将轻馏分和气体产物分离。在焦化塔内形成的针状焦俗称生焦，通常采用水力除焦（用高压水击碎生焦后出焦）。焦化塔为间歇操作，一般每隔 24 h 切换一次。为了便于切换焦化塔清理生焦与检修，一条生产线上通常设有两个焦化塔，个别经过改造后也有一炉带三塔的。在针状焦生产过程中，必须在管式炉前用计量泵 4 定量注水，利用水蒸气减少管式炉炉管内结焦。与生产石油焦不同的是，延迟焦化生产煤系针状焦时，精制沥青必须经过向碳质中间相转化阶段和气流拉焦操作。这时需要控制焦化塔的温度，进行变温和维温操作，同时用气流拉焦。

（1）焦化塔温度控制

当精制沥青高速经过管式炉、快速升温至预定温度经焦化塔塔底进入塔内后，并不是立即固化形成生焦。它在一段时间内以液相存在，实现向中间相沥青的转化，即液体内部有中间相小球体的生成、长大、融并，最终形成广域型或流线型体中间相，经过定向气流拉焦使得中间相分子取向排布、固化，形成生焦。精制沥青从开始生成中间相小球体到形成体中间相所需时间与焦化塔内温度等有关。进入焦化塔的沥青需要液相炭化，因此焦化塔在整个制焦周期内不能一直进料，需要留出时间让最后的沥青进料也能完成碳质中间相转化。留出的这段时间越长，焦化塔的生产能力就越低。为了解决这一问题，通常采取两种技术措施：变温操作和循环油维温操作。

① 变温操作。由于精制沥青向中间相沥青转化的时间随温度的升高而缩短，在制焦周期的后期，逐步提高进料温度，使进入焦化塔越晚的沥青温度越高。例如如果焦化温度拟定值为 450 ℃，在制焦后期可逐步提高到 500 ℃左右。然而，沥青在较低温度下焦化时间越长，向中间相沥青的转化越完善，针状焦质量就越好。因此，变温操作控制很重要，既要提高生产效率，又要保证产品的质量稳定。

② 维温操作。在制焦周期后期，停止进料但循环油不停，有时还需要提高循环油温度，使焦化塔内物料在拟定温度或稍高于拟定温度下维持一定温度，直至物料全部形成针状焦生焦。依据针状焦显微组织结构分析，在制焦后期利用温度较高的循环油进行焦化塔的维温操作，效果更好。

（2）气流拉焦

针状焦具有线膨胀系数小和电阻率低等优点，呈现纤维状显微结构，而且纤维大致平行排列。因此，在焦化阶段，需要创造特殊的气流拉焦条件，保证中间相小球体发生解体形成体中间相沥青，直至固化前的全过程中焦化塔内有气流连续不断地向一定方向流动，这种气流对片状中间相沥青分子施加剪切力，使得中间相沥青分子取向排列。尽管焦化塔内的精制沥青在中间相转化过程中也生成气相产物，但气流量太小。通常将精制沥青与循环油混合进料（图 6-10），利用循环油在焦化塔内蒸发形成的定向气流来实现气体拉焦。由于制焦过程中中间相小球的解体持续不断，在整个制焦周期内，循环油进料和气流拉焦操作不能间断。

6.4.2.3 煅烧

与延迟焦化生产沥青焦的情况类似，生产针状焦时，焦化塔内的温度通常低于 550 ℃，因此焦化塔内形成的产品是生焦，其挥发分含量高，硬度小，易碎，需要进行煅烧。煅烧是把生焦在隔绝空气的条件下进行高温（生产针状焦时通常约 1450 ℃，沥青焦通常约 1250 ℃）热处理。生焦通过煅烧转变为针状焦，使其理化指标符合生产超高功率石墨电极和其他炭制品的要求。煅烧的主要目的是：①降低针状焦的挥发分和水分；②提高针状焦的密度和强度；③降低针状焦的电阻，提高针状焦导电性；④提高针状焦的化学稳定性。

工业上，针状焦煅烧工艺采用的设备主要是回转窑和旋转炉。少量生焦煅烧时，可以采用气氛炉，利用硅钼棒作为加热元件，正常工作温度能达到 1450 ℃。此外，中小铝厂利用石油焦和沥青生产石墨阳极时，常采用罐式煅烧炉，由于其煅烧带温度在 1250～1350 ℃，无法满足针状焦对煅烧温度的要求，因而需要改造才能应用于针状焦生产。

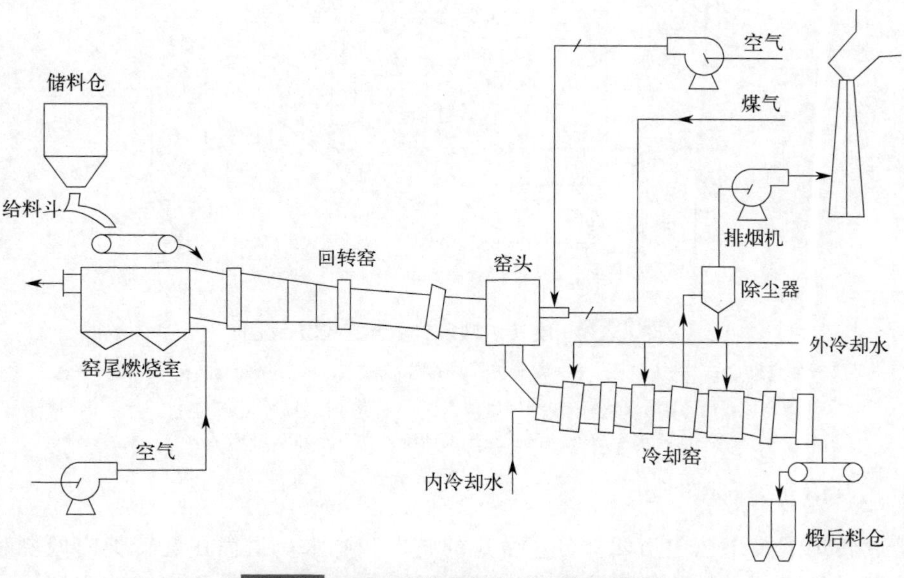

图 6-11 回转窑煅烧针状焦工艺流程图

（1）回转窑煅烧工艺

目前，国内针状焦工业化生产大多采用回转窑烧生焦，设备类似生产水泥所用的回转窑，需要根据针状焦特点，调整烧温度、煅烧时间等工艺条件。图 6-11 所示为回转窑煅烧针状焦的工艺流程。生焦经过脱水、破碎、筛分和粗细混配后，输送至回转窑上方储料仓，经过计量，从给料斗加入到回转窑中；随着窑体的旋转，生焦沿窑体向下倾斜方向慢慢移动，与逆向流动的燃烧气体接触，温度逐渐升高，生焦的挥发分受热析出并燃烧，水分被蒸发，真密度逐渐提高，最后排出回转窑进入冷却窑，在窑内先喷淋水急冷，再用空气冷却后，生产出针状焦。回转窑内未燃烧挥发分与燃烧气体、粉尘一起进入窑尾燃烧室燃烧并除尘，利用余热锅炉回收余热，符合排放标准的废气经过烟囱排放。

回转窑各加热段可分为脱水分的预热段（25～400 ℃）、脱挥发分的煅烧段（500～1000 ℃），及发生脱氢与结构收缩的煅烧段（1200～1400 ℃）。为了得到优质针状焦，宜采用高温煅烧，一般在 1400 ℃以上。此外，需要严格控制回转窑各重要部位的温度，防止超温对设备造成不可逆破坏，同时降低能量损耗。通过控制回转窑煅烧温度和煅烧时间能显著改善针状焦产品的性能。

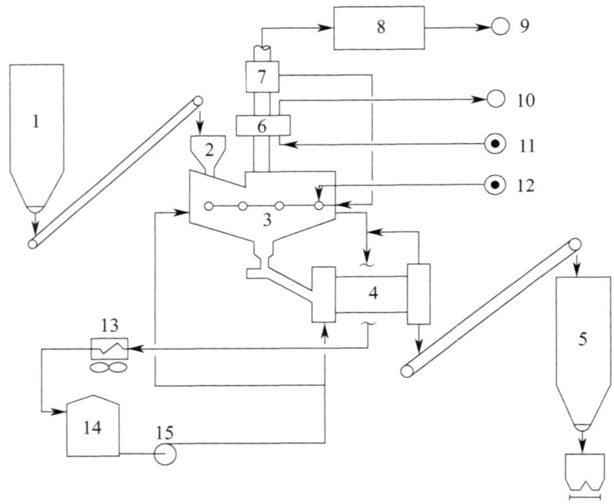

图 6-12　旋转炉煅烧针状焦工艺流程图

1—生焦储仓；2—进料斗；3—旋转炉；4—焦冷器；5—煅后焦储仓；6—余热锅炉；7—空气预热器；8—烟气脱硫器；9—排出烟气；10—蒸气；11—锅炉给水；12—外供燃料；13—水冷却器；14—冷却水储罐；15—冷却水循环泵

（2）旋转炉煅烧工艺

旋转炉煅烧工艺包括四部分：生焦的破碎和脱水；生焦在旋转炉内煅烧和冷却；煅后焦存储、包装；废热回收。其主要设备是一台可水平旋转的旋转炉，如图 6-12 所示。旋转炉煅烧炉在操作时，生焦先经过破碎和脱水，经过进料斗 2 进入旋转炉 3。生焦落入旋转炉外区后，由于旋转炉的旋转，在输送推耙作用下每旋转一圈，生焦就被输送推耙送至下一个同心圆的路径，直至到最后一个推耙将生焦输送至均热室。这样，生焦颗粒以同心圆方式一圈一圈向旋转炉中心的均热室缓慢移动，直至进入均热室。在这个过程中，生焦被煅烧，所需热量主要由生焦释放出来的挥发物与预热空气（约 500 ℃）燃烧提供。如果生焦中挥发分少、无法满足煅烧温度要求时，需要使用外供燃料 12。煅后焦通过均热室进入旋转卸料台，通过卸料槽进入焦冷器。经过冷却，焦的温度降至 100 ℃以下，被输送至煅后焦储仓。通常条件下，焦在炉内停留时间大约 1 h，其中在均热室停留的时间约为 20 min。煅烧油系生焦时，旋转炉内区温度比煅烧普通焦的内区温度高，而外区的温度较低，内外区温度梯度的控制是煅烧油系针状焦的关键，要防止外区温度过高而阻碍油系针状焦生焦中的挥发分的逸出。旋转炉的温度逐渐升高至内区 1400 ℃，设备的耐温极限为 1600 ℃左右。

6.4.3 针状焦的分类与应用

针状焦依据原料来源差异可划分为油系针状焦和煤系针状焦。油系针状焦以石油加工副产物的重油为主要原料，其技术发展起源于 20 世纪 50 年代的美国。1950 年，美国大湖炭素公司率先实现针状焦的工业化生产，标志着油系针状焦技术的成熟；至 50 年代后期，随着石油炼制技术的进步，美国进一步开发出以石油重质馏分油为原料的连续化生产工艺，通过原料预处理、延迟焦化及高温煅烧三大核心工序，成功制备出具有高结晶度、低灰分的优质油系针状焦。相较于油系针状焦，煤系针状焦则以煤沥青为原料。1979 年，日本新日铁与三菱化成联合开发的煤系针状焦生产工艺正式工业化生产，该技术以煤焦油沥青为原料，通过原料分级预处理、延迟焦化及深度煅烧等关键工序，成功突破了煤基原料的高效石墨化转化瓶颈。日本新日铁依托该煤系针状焦生产技术，已发展成为全球最大的煤系针状焦生产商，其产品在超高功率石墨电极市场占据主导地位。

针状焦用途主要分为三类：高功率电极、特种炭素材料和锂离子电池等负极材料。经由针状焦制造的高功率石墨电极可用于电炉炼钢，电炉炼钢具有污染程度低、能耗少等优点，在炼钢企业中迅速推广开来。此外，针状焦制造的高功率石墨电极具有热膨胀系数小、电导率高和机械强度高等优点，在电弧炉中能高效加热熔融金属。针状焦作为软碳类负极材料具有易石墨化、成本低等优点，经高温热处理制备成的人造石墨具有较好的循环稳定性和高比容量。石墨电极主要用于电炉炼钢、矿热电炉、电阻炉等领域。其中，由于电炉炼钢相比高炉炼钢更加环保，近年来各国政策都在向电炉炼钢行业倾斜。电炉炼钢规模的不断扩大拉动了对石墨电极的需求。石墨电极分为普通功率、高功率和超高功率，普通功率石墨电极骨料均为石油焦；而在高功率石墨电极的骨料中，石油焦和针状焦所占比例分别为 70％和 30％；超高功率石墨电极的骨料中针状焦的比例为 100％。当前，电炉炼钢正不断向大型化、超高功率化的方向发展。因此，电炉炼钢对石墨电极的要求也越来越高。考虑到电炉用石墨电极最大允许电流与石墨电极的直径呈正相关，发展大直径的石墨电极势在必行。而制备大直径石墨电极需要高质量的针状焦。

当前，碱金属离子电池技术已成为新能源领域的研究热点，主要包括锂离子电池、钠离子电池和钾离子电池三大体系。其中，锂离子电池凭借成熟的产业链和优异的综合性能，在消费电子和新能源汽车领域占据主导地位。而钠离子电池和钾离子电池作为新兴技术路线，因钠/钾资源丰富、成本低廉等优势，正成为大规模储能和低速电动载具领域的重点研究方向。从器件构成来看，碱金属离子电池的核心组件包括正极、负极、电解液、隔膜及电池外壳等。其中，负极材料作为锂/钠/钾离子的存储载体，其性能直接决定电池的能量密度、循环寿命和倍率特性。在锂离子电池领域，商业化负极材料以人造石墨为主（占比超80%），其原料体系又可细分为油系焦（石油焦、针状焦）和煤系焦两大类。针状焦作为油系焦的优质分支，因独特的流线型结构、低热膨胀系数和高导电性，成为制备高压实电极的理想选择。针状焦基人造石墨的制备工艺涉及破碎、造粒、石墨化和筛分等关键步骤。其中，造粒过程需平衡颗粒强度与离子传输通道的构建，而石墨化工艺对层间距的调控直接影响锂离子嵌入/脱出动力学。

第7章

碳纳米材料

近年来，碳纳米材料领域的研究持续引发全球科学界与产业界的高度关注，相关基础探索与应用开发呈现多维度、跨学科的蓬勃发展态势。从微观尺度的结构调控到宏观尺度的性能优化，该领域已形成覆盖材料设计、制备工艺、性能表征及应用拓展的完整研究体系。碳可在不同维度下构建出结构迥异、性能独特的纳米材料：从零维量子点（如碳量子点）、一维纳米管/线（如单壁/多壁碳纳米管）、二维纳米片（如石墨烯）到三维纳米晶/泡沫（如碳气凝胶），形成了覆盖“点-线-面-体”全尺度的纳米材料家族。基于上述背景，本章将围绕碳纳米材料这一前沿方向展开系统论述，旨在为读者构建碳纳米材料领域的知识框架，为其进一步开展基础研究或工程应用提供理论与实践参考。

7.1 碳纳米材料的发展历程

纳米材料的发展历史始于20世纪中叶的概念萌芽，1984年首次人工制备为发展过程中的关键突破，1990年国际会议的召开标志其正式成为独立科学分支，并持续演进至今日的多元化应用阶段。1959年，诺贝尔物理学奖得主理查德·费曼（Richard P. Feynman）在加州理工学院发表的经典演讲 There's Plenty of Room at the Bottom 中，首次从科学哲学高度提出“原子尺度物质操控”的设想。费曼通过思想实验论证：若能直接控制单个原子或分子的排列，人类将突破传统材料制备的“自上而下”局限，实现从量子层面设计具有特定功能的纳米结构。这一超前预言虽受限于当时技术条件（如缺乏高分辨率表征手段），却为纳米材料研究奠定了“自下而上”的构建逻辑，被公认为纳米科技的思想原点。1974年，日本东京大学谷口纪男（Norio Taniguchi）在 ***Micromachines*** 期刊发表论文，首次明确提出“纳米技术”（nanotechnology）概念，将其定义为在加工精度达到纳米级（即原子、分子尺度）时，对材料进行设计、制造与控制的技术。这一术语的提出，标志着纳米领域从零散的科学猜想转向系统化的学术探索；真正为纳米材料研究提供实验支撑的关键突破，发生在 1981 年。瑞士苏黎世 IBM 实验室的格尔德·宾尼希（Gerd Binnig）与海因里希·罗雷尔（Heinrich Rohrer）成功研制出扫描隧道显微镜（scanning tunneling microscope，STM）。该仪器基于量子隧道效应原理，通过探针与样品表面的电子隧穿电流检测，实现了原子级分辨率（横向 0.1 nm、纵向 0.01 nm）的表面形貌观测，甚至可直接操控单个原子的位置。STM 的发明彻底打破了传统电子显微镜“只能观察、不能操作”的局限，为纳米材料的结构表征、界面研究及原子级组装提供了核心工具，被科学界誉为“纳米时代的显微镜”。1984 年，德国马普金属研究所的赫伯特·格莱特（Herbert Gleiter）团队通过改进的惰性气体冷凝法，首次在实验室可控条件下制备出平均粒径约 10 nm 的钯、铜等金属纳米粉末。实验发现，这些纳米材料展现出与传统块体材料截然不同的物理化学特性，例如，纳米钯粉末因表面原子占比极高，约 50%，其熔点从块体的 1555 ℃降至约 800 ℃；纳米铜颗粒则因强烈的表面等离子体共振效应，呈现深灰色而非块体的紫红色。更关键的是，格莱特团队通过 X 射线衍射与透射电镜分析，证实了纳米材料中存在大量晶界、位错等缺陷结构，这些“结构缺陷”不再是性能缺陷，反而成为调控材料功能的关键参数。这一发现颠覆了经典材料科学中“缺陷有害”的传统认知，为后续功能纳米材料的设计提供了理论依据。1990 年 9 月，在美国巴尔的摩召开了第一届国际纳米科学技术会议（First International Conference on Nanotechnology，NTSC1）。本次会议宣言明确指出，纳米材料科学作为材料科学与纳米技术的交叉分支，已形成独立的知识体系与研究范式，其核心是通过原子/分子尺度的结构调控，创造具有新奇性能的功能材料。此次会议的召开，不仅推动了全球纳米研究资源的整合，更标志着纳米材料科学正式被纳入材料科学与工程的学科体系，为其后续的产业化发展奠定了组织基础。

纳米技术的革新性发展已成为推动新型功能材料研发的核心引擎，其在材料设计、制备及性能调控等关键环节所发挥的作用已渗透至现代材料科学的各个前沿领域。纳米技术的演进动力与界面科学和胶体化学的发展息息相关。界面科学研究揭示了纳米尺度下不同物质间的相互作用机制，为理解纳米结构自组装、界面电荷转移及能量耦合等核心过程提供了理论框架；而胶体科学则通过揭示胶体分散体系的稳定性调控规律、表面活性剂的定向修饰策略以及胶体晶体的可控生长机制，为纳米颗粒的分散性控制与有序组装奠定了科学基础。

此外，纳米尺度的精准观测与操控能力的飞跃，是纳米技术从理论探索迈向工程应用的关键转折点。这一能力的提升得益于新一代高分辨表征技术与精密制造工艺的系统性突破：一方面，以原子力显微镜和扫描隧道显微镜为代表的扫描探针显微技术，凭借其纳米级甚至原子级的空间分辨率、力/电/热等多场耦合探

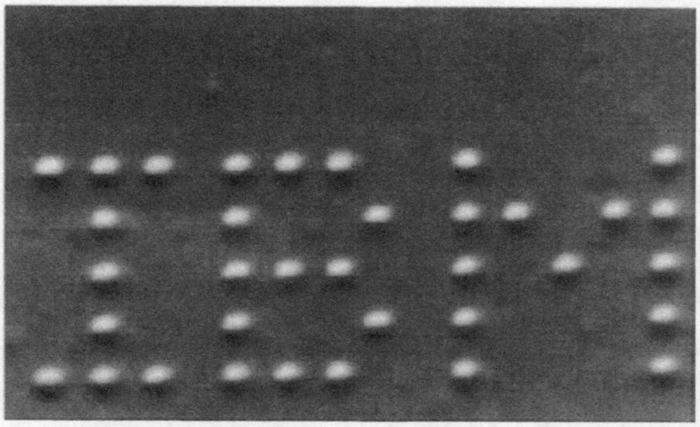

图 7-1 在扫描隧道显微镜的帮助下 IBM 研究人员用 35 个氙原子拼出了字母“IBM”

测能力，实现了对纳米结构表面形貌、电子态分布及力学性能的原位、动态表征，突破了传统电子显微镜需高真空环境的局限性，为研究纳米材料在真实工况下的行为提供了关键工具，如图 7-1 所示；另一方面，电子束光刻技术与分子束外延工艺的协同发展，构建了从纳米级图案化加工到原子级精准沉积的完整制造链条。电子束光刻技术通过聚焦电子束直写可在纳米尺度（甚至亚 10 nm）实现图案的高分辨率定义，而分子束外延技术则依托超高真空环境下分子束的定向沉积，在单原子层精度的材料外延生长中展现出独特优势。二者的结合不仅推动了量子点、纳米线等低维纳米结构的可控制备，更促进了异质结、超晶格等功能纳米器件的集成化发展。

这种基础科学突破与应用技术创新的深度融合，最终构建了“微观机制解析-宏观性能调控-材料定向设计”的全链条研究范式，从而可以在纳米尺度下精确解析材料的结构与性能关联，通过界面工程、表面修饰及空间限域等策略调控纳米结构的热力学稳定性与动力学演化路径，并进一步利用精密制造技术将特定纳米单元按预设功能需求进行集成组装，为新型高性能复合材料、智能响应材料、能源存储与转换材料等新兴材料体系的开发提供前所未有的技术支撑。

碳纳米材料作为一类具有独特结构与性能的新型材料，其科学探索的源头可追溯至 20 世纪 60 年代。1960 年，Bacon 通过电弧放电技术在石墨电极间成功制备出碳微管（carbon microtubes），这是人类首次在实验室环境中获得具有类笼状结构的早期碳纳米材料，其直径虽仅数微米，却为后续碳纳米结构的认知奠定了实验基础。进入 20 世纪 70 年代，大泽映二基于量子化学理论，预言通过 sp^2 杂化作用可形成球形碳分子簇，这一突破性假说不仅为大泽映二本人赢得了学术界关注，更在 1985 年为 C_{60} 的发现提供了关键理论指引。1985 年，Kroto、Smalley 与 Curl 组成的研究团队在探索星际碳颗粒成因时，创新性地采用激光烧蚀石墨电极技术，结合高分辨质谱仪分析，意外观测到一系列由偶数个碳原子构成的团簇信号，其中 C_{60} 及 C_{70} 的信号尤为显著，这一发现彻底革新了人类对碳同素异形体的认知。三人因“发现碳的一种新同素异形体——C_{60} 并阐明其分子结构”的突出贡献，共同荣获 1996 年度诺贝尔化学奖，标志着碳纳米材料研究正式迈入黄金发展期。

碳纳米管的系统性发现与规模化制备，则将这一领域推向新的高度。1991 年，Iijima 通过高分辨透射电镜系统表征了由多层同轴圆柱面构成的碳纳米管，其直径通常在纳米级，长度可达微米甚至厘米量级，这种“一维管状”结构赋予其优异的力学、电学与热学性能。尽管 Iijima 并非首位观测到碳纳米管的研究者，在其 1991 年发表标志性工作前，已有若干团队在电弧放电或气体还原碳粉的实验中观测到类似管状结构，但因当时对纳米尺度物质特性的认知局限，尤其是缺乏对碳同素异形体多样性的系统理解，这些现象多被归因于实验副产物或未予充分重视。真正推动碳纳米管走向应用的关键突破发生在 90 年代末，Ebbesen 与 Ajayan 等通过化学气相沉积技术首次实现了碳纳米管的大规模可控合成，为后续电子器件、复合材料等领域的应用研究奠定了坚实的材料基础。

进入 21 世纪，二维碳材料的突破性进展再次引发全球关注。2004 年，Novoselov 与 Geim 突破传统石墨剥离技术的瓶颈，创新性地采用微机械剥离法，通过反复粘贴-剥离高定向热解石墨，最终获得了单层石墨烯，即一种仅由单层碳原子以 sp^2 杂化紧密排列形成的二维蜂窝状晶格结构材料。这一成果不仅验证了二维材料的稳定性，更开启了二维材料研究的新纪元。二人因“在二维空间材料石墨烯的突破性研究”共同荣获 2010 年度诺贝尔物理学奖，此后石墨烯在柔性电子、能源存储、生物传感等领域的应用潜力被广泛挖掘。

近年来，随着纳米制备技术的革新与表征手段的进步，碳纳米材料体系已从单一结构拓展至多元化功能材料。碳量子点、石墨烯量子点等荧光纳米材料因优异的光学特性成为生物成像与光电领域的明星材料；碳气凝胶与石墨烯气凝胶凭借高比表面积与超轻质量，在超级电容器与吸附材料中展现出独特优势；石墨烯纤维通过纺丝工艺制备，兼具高强度与导电性，为柔性可穿戴设备提供了新型结构与功能一体化材料；碳纳米微球与纳米金刚石则因良好的生物相容性与表面可修饰性，在药物递送与量子传感领域崭露头角。这些材料的涌现，共同构成了当前碳纳米材料研究的“全景图谱”。

迄今，尽管开发了许多合成方法，越来越多的碳纳米材料可以在实验室中以简洁的步骤、成熟的工艺合成出来，但实现碳基纳米材料的低成本、大规模、环境友好地生产仍然是一个重大挑战。因为绝大多数碳纳米材料需要采用昂贵的碳原料作为前驱体，例如高纯石墨和碳氢化合物（乙炔、二甲苯、甲烷等）来合成石墨烯。然而，高昂的生产成本也限制了碳纳米材料的普及化应用。

7.2 碳纳米材料的分类与特征

纳米材料是指至少有一维方向上的特征长度处于1～100 nm区间的材料体系。若以原子排列密度为参照，该尺度范围大致对应10～1000个原子紧密堆积所形成的结构单元。这一特殊的尺度区间突破了传统宏观材料的边界，使得纳米材料呈现出区别于块体材料的独特物理、化学与生物学特性，其本质源于尺度减小引发的多尺度效应耦合。

当物质系统的特征尺寸缩减至纳米量级时，经典力学所基于的连续介质假设不再适用，此时必须引入量子力学框架来精确描述其微观行为。这种尺度依赖性主要体现在两个方面：一是量子限域效应，即当载流子（如电子、空穴）的运动空间被限制在纳米级区域时，其能级结构将从块体材料的连续能带转变为离散能级，导致光学吸收边蓝移、载流子有效质量改变等特性；二是表面/界面效应，这是纳米材料最显著的共性特征。随着特征尺寸的减小，材料的比表面积呈指数级增长。例如对于立方体纳米颗粒，其比表面积与边长的平方成反比，当边长从100 nm减小至10 nm时，比表面积将从6 m^2/g增至60 m^2/g。这种表面原子占比的显著提升从根本上改变了材料的表面能状态。表面原子因配位数不足而处于热力学不稳定状态，形成大量悬挂键与低配位活性位点，导致表面能显著高于内部原子。这种高表面能状态赋予纳米材料极强的表面活性，使其更易与周围环境发生相互作用，表现为更高的吸附容量、更快的催化反应速率以及更显著的氧化还原敏感性。

从微观结构表征来看，纳米粒子的表面并非理想的平面结构，而是由大量晶界、位错及堆垛层错等晶体缺陷构成的阶梯状粗糙表面。这种非理想表面结构不仅增加了表面原子的暴露数量，还形成了丰富的低配位活性位点，为表面吸附、表面反应及表面改性提供了结构基础。纳米材料的表面特性具有显著的尺寸依赖性，当颗粒尺寸大于临界值（通常为100 nm以上）时，表面原子占比降低，表面效应逐渐减弱，材料行为趋近于经典块体材料；而当尺寸小于该临界值时，表面效应主导材料特性，表现出显著的量子尺寸效应与宏观量子隧道效应。

碳纳米材料作为纳米科技领域的核心研究对象，因独特的尺寸效应、量子限域特性及优异的物理化学性质，在能源存储、电子器件、生物医药等领域展现出广泛的应用前景。基于空间维度约束程度的差异性，碳纳米材料可系统划分为零维、一维、二维及三维四类结构体系，这一分类框架不仅体现了材料结构的本质特征，更为理解其功能调控提供了理论基础。

零维碳纳米材料在三个空间维度上均受纳米尺度约束，即三个维度的特征尺寸均介于1～100 nm之间，表现出与宏观材料截然不同的光学、电学及磁学特性。典型代表包括：具有本征荧光特性的碳量子点，其表面丰富的官能团赋予了良好的生物相容性；由五元环与六元环共轭构成的富勒烯，如 C_{60} 分子呈现完美的截角二十面体结构；通过层层包覆生长形成的碳纳米洋葱，其同心石墨层结构赋予了优异的抗辐射性能；表面修饰碳层的碳纳米球，其可控的粒径分布使其在催化载体领域表现突出。

一维碳纳米材料的特征在于两个空间维度受纳米尺度约束，而第三个维度可延伸至宏观长度，形成典型的高长径比特性，通常长径比＞1000。这种独特的结构赋予材料显著的力学增强效应与载流子定向传输能力。主要类型涵盖：由 sp^2 杂化碳原子形成的碳纳米管，根据手性差异可分为金属性与半导体性单壁/多壁碳纳米管；通过气相沉积或静电纺丝制备的碳纳米纤维，其分级多孔结构有利于电解质渗透；具有规则横截面形貌的碳纳米线，其表面修饰可调控表面电荷密度。

二维碳纳米材料仅在一个空间维度受纳米尺度约束，通常为单原子层或少数原子层厚度的层状结构，其本征特性表现为表面原子占比极高，接近 100%，载流子迁移率不受晶界散射限制。最具代表性的当属石墨烯，其由 sp^2 杂化碳原子构成的蜂窝状晶格赋予了超高杨氏模量与室温下最高载流子迁移率；通过 sp-sp^2 杂化形成的石墨炔，其周期性分布的三键结构为调控电子结构提供了新维度；此外，还包括通过剥离方法获得的碳纳米片及宏观组装的石墨烯纸，后者通过片层间 π-π 堆叠实现了力学性能的协同增强。

三维碳纳米材料则是由上述零维、一维或二维基本单元通过共价/非共价相互作用自组装形成的宏观多尺度结构。其核心特征为多级孔隙结构与连续网络框架赋予材料高比表面积、优异的质量传输性能及结构可调性。典型实例包括：通过模板法制备的纳米多孔炭球，其分级孔道结构可实现离子的快速扩散；以碳纳米纤维为骨架的多孔碳气凝胶，超轻特性与高导电性使其在超级电容器领域表现优异；通过化学气相沉积构建的三维石墨烯泡沫，其相互连通的片层网络为电化学反应提供了丰富的活性位点。

上述分类基于理想结构模型，实际材料体系中存在显著的维度交叉现象。严格意义上，仅当材料在某一维度上的尺寸严格限定为单原子层厚度时，方可界定为二维结构；而多层堆叠的石墨烯或多壁碳纳米管因在垂直方向上形成了宏观尺寸约束，其实际结构维度应归属于三维范畴。这一维度边界的模糊性表明，碳纳米材料的分类需结合具体结构的表征数据进行动态界定。

7.3 碳量子点

碳量子点（carbon quantum dots，CQDs），亦被称为荧光碳点或碳纳米点，是近年来纳米材料领域备受关注的一类新型零维碳基功能材料，由尺寸严格小于 10 nm 的超细、高分散性准球形碳纳米颗粒构成。这类纳米颗粒通常具有高度均匀的粒径分布，表面富含羟基、羧基等含氧官能团，这种独特的表面化学特性使其在光吸收与能量转换过程中展现出显著的量子限域效应，进而赋予其可调节的荧光发射行为，从紫外到近红外的宽激发光谱、窄而对称的发射光谱以及良好的光稳定性，成为其区别于传统半导体量子点的标志性特征。

关于碳量子点的首次实验发现，可追溯至2004年：美国南卡罗莱纳大学 Xu Xiaoyou 利用电弧放电来制备单壁碳纳米管时，在电泳法纯化产物的过程中发现了可以放出明亮荧光的碳量子点。这一突破性发现不仅打破了“碳基材料无本征荧光”的传统认知，更为碳基荧光纳米材料的研究开辟了全新方向。

7.3.1 结构与性质

碳量子点的碳核通常呈现由无定形碳与局域晶态碳结构共存的复合核特征，其表面往往修饰有丰富的含氧官能团，而内部碳元素的质量占比通常超过60%，构成了材料的核心骨架。碳量子点中碳骨架虽主要以 sp^2 杂化的稠环芳烃构成，但其结晶性普遍较弱，表现为短程有序而长程无序的结构特征。碳量子点的碳核边缘区域、稠环芳烃片状大分子层内部及层间存在大量的缺陷。从电子能级结构来看，碳量子点的光吸收特性主要源于其分子轨道中的电子跃迁行为，其中最显著的两种跃迁模式为 $n \rightarrow \pi^*$ 和 $\pi \rightarrow \pi^*$ 跃迁。π 态电子能级主要由碳核内 sp^2 杂化碳原子形成的离域 π 共轭体系决定。随着芳香环数量的增加或共轭链长度的延伸，离域 π 键的覆盖范围扩大，分子轨道间的能隙（带隙）呈现逐渐减小的趋势，这一现象与典型 π 共轭有机分子的光学行为高度一致。碳量子点的 π 态并非单纯的局域电子态，而是通过碳核内部的共轭网络形成准离域电子态，其能级位置受碳核结晶性及表面官能团的影响显著。另外，n 态电子则主要起源于表面含氧官能团中的杂原子（如氧原子）的孤对电子，这些孤对电子所在的杂原子轨道（如氧原子的 p 轨道）可与相邻 sp^2 杂化碳原子的 π 轨道发生共轭作用，形成分子轨道的杂化，从而允许电子从含氧官能团的 n 轨道直接跃迁至芳香环的 π 反键轨道。这种 $n \rightarrow \pi^*$ 跃迁的能量通常低于 $\pi \rightarrow \pi^*$ 跃迁，对应更长的吸收波长；但因受限于含氧官能团的孤对电子数量及与 π 体系的共轭效率，其在碳量子点中的贡献往往弱于 $\pi \rightarrow \pi^*$ 跃迁。

碳量子点在紫外光区（通常 200～400 nm）呈现特征性吸收峰，且在可见光区（400～700 nm）表现出宽幅的吸收拖尾现象。这种双区域吸收特性本质上源于其微观结构的异质性，具体为碳核中局域 sp^2 杂化碳形成的共轭网络（贡献紫外吸收）与表面含氧官能团（如—OH、—COOH、—C═O 等）的孤对电子跃迁（贡献可见光区拖尾）的协同作用。多数碳量子点的吸收主峰集中在 260～320 nm 波段，这一区域通常对应碳核中 π 共轭体系的电子跃迁，同时可能叠加表面官能团的 $n \rightarrow \pi^*$ 跃迁贡献。此外，其荧光发射特性表现出典型的激发波长依赖性，即不同激发波长下发射光谱的最大发射波长会发生位移，这一现象与碳核内不同共轭长度的π体系对激发光能量的选择性吸收，以及发射过程中能量通过碳核局域态或表面态的传递-再分配密切相关。部分碳量子点的紫外吸收光谱在280～300 nm处呈现明显的吸收肩。高分辨光谱解析结合理论计算表明，这一特征可能源于两种跃迁机制的重叠或展宽：其一为碳核中 sp^2 杂化 C═C 键的 $\pi \rightarrow \pi^*$ 跃迁（典型能量范围约260～280 nm），其二为表面含氧官能团（如 C═O、C—OH 等）中杂原子（O）的孤对电子向π反键轨道的 $n \rightarrow \pi^*$ 跃迁（典型能量范围约280～320 nm）。当两种跃迁的能量差较小时，其吸收峰会发生部分重叠，形成连续的吸收肩；若碳核的结晶性较低或表面官能团密度较高，跃迁能级的展宽效应会进一步增强，导致吸收肩的显著提升。此外，碳核的无定形区与局域 sp^2 晶态区的共存也会导致π共轭体系的离域程度不均，进而引起吸收光谱的宽化或多峰现象。因此，碳量子点的结构异质性（包括碳核的无定形/晶态比例、sp^2 碳的共轭程度、表面官能团的种类与密度）与其组成元素（C、H、O及其他杂原子的比例）的协同作用，从根本上决定了其光学性质的多样性。

碳量子点最显著的特性之一为光致发光特性，即碳量子点在紫外-可见光区激发光照射下，能够产生明亮且稳定的荧光发射。相较于传统有机荧光染料或半导体量子点，碳量子点的光学稳定性尤为突出，其荧光强度在长时间光照或多次激发循环后仍能保持高度稳定，这一特性极大拓展了其在生物成像、环境监测等对材料稳定性要求严苛领域的应用潜力。关于碳量子点光致发光的具体机理，目前学术界尚无完全统一的定论，但已提出多种理论模型予以解释。早期研究普遍认为，碳量子点表面的缺陷态或含氧官能团（如羟基、羧基）形成的"表面空穴"可能在能量存储与传递过程中起关键作用。这些表面态作为电子-空穴对的捕获中心，通过辐射复合过程释放能量并发射荧光。值得注意的是，实验观测到的光致发光光谱特征（如发射峰位置、半峰宽及量子产率）与激发波长、碳量子点的粒径大小、表面化学组成等因素密切相关。例如，随着激发波长的红移，部分碳量子点的发射峰位置呈现可调节性，这一现象被归因于纳米尺度量子效应引起的能级离散化，或是表面不同官能团修饰形成的"发射阱"对载流子复合路径的选择性调控。然而，仍有部分实验结果（如非单调的波长依赖关系、异常高的量子产率）无法用上述模型完全解释，暗示可能存在尚未被揭示的新型发光机制（如碳核内部的共轭结构贡献或表面等离子体共振增强效应等），这类机制的探究，仍是当前碳量子点基础研究的重要前沿方向。

除紫外-可见吸收光谱特性及光致发光外，碳量子点还展现出独特的反斯托克斯上转换发光能力。根据能量守恒定律，传统荧光发射遵循斯托克斯位移规则，即材料需吸收高能量（短波长）光子激发至激发态，随后通过非辐射弛豫损失部分能量，最终以低能量（长波长）光子的形式发射荧光（即"低能激发→高能发射"）。然而，上转换发光突破了这一经典限制，表现为"高能激发→低能发射”的逆向能量转换过程——材料可吸收两个或多个低能量（长波长）光子，经多光子吸收或能量转移过程，最终发射出更高能量（短波长）的荧光光子。这种特殊的发光行为不仅拓展了光与物质相互作用的物理边界，更为解决传统荧光检测中生物样品自发荧光干扰、深层组织成像穿透深度不足等问题提供了创新解决方案。尽管碳量子点上转换发光的机理解析仍处于探索阶段，但目前主要存在两种主流理论模型：其一为多光子吸收机制，即碳量子点通过同时吸收 n 个低能量光子（$n \geqslant 2$），直接跃迁至高能激发态，随后通过辐射复合发射单光子（能量为 n 倍激发光子能量）；其二为能量转移上转换机制，涉及敏化剂（如稀土离子或有机分子）与碳量子点之间的能量传递过程，敏化剂先吸收低能量光子激发至亚稳态，再通过共振能量转移将能量传递给碳量子点，最终由碳量子点发射高能量荧光。值得注意的是，部分研究还提出了热助上转换的可能，即激发过程中产生的热能辅助载流子克服能垒，实现能量上转换。这些机制的协同作用共同决定了碳量子点的上转换效率。在应用层面，碳量子点的上转换发光特性展现出显著的技术优势：在生物医学领域，基于近红外光激发的上转换荧光成像可有效规避生物组织对短波长光的强吸收与散射，实现深层组织（如肿瘤部位）的高分辨率实时成像；在能源催化领域，上转换过程可将环境中丰富的低能光子（如太阳光谱中的红外部分）转化为高能激发态，显著提升光催化水分解或 CO_2 还原反应的光电流效率；此外，在防伪技术、光电传感器等领域，其独特的上转换响应特性也为设计新型功能器件提供了创新思路。综上所述，碳量子点的光致发光与上转换发光特性不仅深化了对碳基纳米材料光学行为的认知，更推动了其在多学科交叉领域的创新应用。

7.3.2 碳量子点制备方法

自从碳量子点被发现以来，各国的科学家已经开发出了各种不同合成碳量子点的方法。根据碳源的不同，这些方法可以大致地分为“自上而下”（top-down）合成法和“自下而上”（bottom-up）合成法。“自上而下”合成法是指将大尺寸的碳源通过物理或者化学的方法剥离出尺寸很小的碳量子点。利用“自上而下”合成法合成碳量子点的碳源一般为碳纳米管、碳纤维、石墨棒、碳灰和活性炭等，通过电弧放电、激光销蚀、电化学合成、化学氧化等手段将这些富碳物质进行分解并最终形成碳量子点。“自下而上”合成法与“自上而下”合成法相反，它利用分子或者离子状态等尺寸很小的碳材料合成出碳量子点。用“自下而上”法合成碳量子点，多采用有机小分子或低聚物作为碳源，常用的有柠檬酸、葡萄糖、聚乙二醇、尿素、离子液体等。常见的“自下而上”合成方法有水热/溶剂热法、燃烧法、微波合成法、超声处理法等。

电弧放电法和激光烧蚀法制备碳量子点的原理几乎相同，即采用电弧灼烧或者高能量激光束轰击石墨靶材，使其表面蒸发并冷凝成纳米级颗粒，再通过液相淬火获得碳量子点。采用电弧放电法和激光烧蚀法制得碳量子点的纯度高、荧光性能优异，量子产率可达50%以上，但设备成本高，产率低，仅适用于实验室规模。电化学合成法是以碳纳米管、石墨等为电极材料，在电解液中施加电压，通过氧化还原反应使碳材料表面断裂，形成碳量子点。电化学合成法操作成本低、操作简单、表面结构可控，但产率较低，碳量子点尺寸分布较宽。化学氧化法是通过硝酸、过氧化氢等强氧化剂氧化碳源前驱体，使其表面产生大量含氧官能团，再经还原或炭化处理形成碳量子点。采用化学氧化法制备碳量子点时，原料来源广泛，操作简单，但需要消耗大量的氧化试剂，且荧光量子产率较低。水热/溶剂法是将碳源前驱体溶解在水或溶剂中，转移至水热反应釜中，通过水/有机溶剂热环境促进前驱体的脱水、聚合和炭化，最终形成碳量子点。水热/溶剂法设备简单、反应条件温和、可调控性强，可调节溶剂的极性和沸点，控制碳量子点的表面性质，但反应时间较长，产率较低，有机溶剂可能引入杂质，需严格纯化。燃烧法是将前驱体在空气中燃烧，收集燃烧后的烟灰，再通过酸处理去除杂质，得到碳量子点。燃烧法原料来源广泛，制备成本低，但燃烧过程难以控制，产物尺寸分布宽，荧光量子产率低。微波合成法是利用微波辐射快速加热前驱体，使分子内部能量迅速积累，促进脱水、聚合和炭化反应，缩短反应时间。微波合成法反应速度快、产率高、尺寸均匀，但对设备要求较高，前驱体需耐微波加热。超声处理法是利用超声波的空化效应（液体内部交替产生高压和低压），使前驱体分散并发生脱水、聚合反应，形成碳量子点。超声处理法设备简单、操作方便、产率高，但超声时间过长可能导致碳量子点团聚，需严格控制反应时间。

7.3.3　碳量子点的应用

碳量子点凭借其优异的光学性能、良好的生物相容性、低毒性、环境友好性及表面易修饰性，在生物医学、光催化、能源、环境治理、光电器件、传感器等多个领域展现出广泛的应用潜力。

（1）生物医学领域

碳量子点的生物相容性（无重金属毒性、可生物降解）和光学特性（高亮度、可调发射波长、抗光漂白）使其成为生物医学领域的明星材料，主要应用于生物成像和生物传感方面。碳量子点可作为荧光探针，实现细胞内蛋白质定位、细胞分裂等动态过程及肿瘤、器官等组织的高分辨率成像。例如，碳量子点可吸附在细胞表面，在紫外光下发出明亮荧光，用于细胞成像。另外，通过调节碳量子点的尺寸和表面基团，可使其发射波长位于700～1000 nm的近红外窗口，降低组织背景荧光干扰，提高成像深度和分辨率。近红外荧光可用于肿瘤组织的实时监测。通过修饰抗体、DNA、适配体等表面功能化的碳量子点可高灵敏度检测葡萄糖、尿酸、肿瘤标志物等生物分子，用于生物分子检测。基于碳量子点传感器阵列的研究，可实现对糖类和天然氨基酸对映体的快速、准确检测，灵敏度较传统方法提高 10 倍以上。碳量子点可用于早期疾病标志物的检测，例如通过修饰抗体的碳量子点可检测血液中的肿瘤标志物，为癌症早期诊断提供新工具。

(2) 光催化和降解领域

碳量子点的光吸收特性（宽光谱吸收、可调带隙）和电子转移能力（促进光生载流子分离），使其在光催化降解污染物、光解水制氢及 CO_2 还原等领域表现出色。碳量子点可作为光催化剂，利用太阳光或紫外光降解水体中的染料、农药、抗生素等有机污染物。碳量子点可通过表面官能团吸附重金属离子，实现水体净化。此外，碳量子点可作为助催化剂，提高光解水制氢的效率；碳量子点也可模拟光合作用，将 CO_2 还原为甲烷、甲醇等燃料。

(3) 能源存储和器件领域

碳量子点的高导电性（比表面积大、缺陷少）和结构稳定性（耐充放电循环），使其在锂离子电池、钠离子电池及超级电容器中具有一定的应用潜力。碳量子点可作为电极材料的添加剂，提高电极的导电性和循环稳定性，可延长电池的循环寿命。碳量子点的高比表面积和丰富的表面官能团，可提高超级电容器的比电容和电荷传输效率。碳量子点的可调谐荧光和高量子产率，使其在光电器件中可作为发光二极管的荧光粉，实现高亮度、低成本的照明；其对可见光和近红外光敏感具有高光响应度，还可用于制备光电探测器。

7.4 碳纳米管

碳纳米管（carbon nanotube，CNT），又称巴基管，是纳米材料领域中极具代表性的一类一维量子功能材料。其核心结构特征表现为高度规则性的管状同轴圆柱体系，即由单层或多层 sp^2 杂化碳原子通过强共价键有序排列形成的石墨烯片层，沿特定轴向前卷曲并闭合而成。这种独特的结构赋予其区别于传统块体材料或零维纳米颗粒的显著特征。

作为典型的一维纳米结构，碳纳米管呈现出显著的径向与轴向尺寸异质性，其径向维度严格限制在纳米尺度范围，通常介于 1～100 nm 之间；而轴向维度则表现出显著的宏观延伸性，单根碳纳米管的轴向长度可达数百微米甚至数毫米量级，形成极端长径比特性。这种独特的尺寸分级特征使其在电子输运、力学性能及界面相互作用等方面展现出量子限域效应与宏观连续性的协同耦合，成为连接微观量子现象与宏观材料功能的关键桥梁。

7.4.1 结构与性质

碳纳米管本质上是由 sp^2 杂化碳原子通过强共价键有序排列形成的同轴圆柱状纳米管结构，其层数范围可从单层延伸至数十层。相邻碳原子层间的堆垛方式延续了石墨的层状结构特征，但因曲面约束导致层间距略大于块体石墨，实验测定其平均层间距稳定在 0.34 nm。在宏观尺度上，碳纳米管的直径呈现显著的尺寸多样性，典型范围为 2～20 nm，这一参数对其电学、力学及热学等物理化学性质具有关键调控作用。

基于碳六元环在轴向的排列取向差异，碳纳米管可系统划分为三种典型结构类型：锯齿型、扶手椅型及螺旋型，如图 7-2 所示。具体而言，锯齿型碳纳米管的特征在于其轴向截面投影中，碳六元环的边缘与管轴方向严格平行，形成周期性重复的“之”字形边缘轮廓；扶手椅型碳纳米管则表现为相邻碳六元环在轴向投影中形成直角折线，其边缘在轴向与周向均呈现对称的直线型排列。与前两者不同，螺旋型碳纳米管的轴向截面投影呈现出连续的螺旋状边缘轨迹，其结构可由手性指数（n，m）唯一表征（$n \neq m$ 且 n，m 均为正整数），其中 n 和 m 分别对应沿管轴方向与周向的碳六元环周期数。这种手性特征直接决定了碳纳米管的本征属性，螺旋型碳纳米管因手性指数（n，m）的非对称性表现出显著的手性光学活性及电子输运各向异性；而锯齿型与扶手椅型碳纳米管由于结构对称性较高，不具备手性特征，其电子态通常表现为金属性或半导体性。

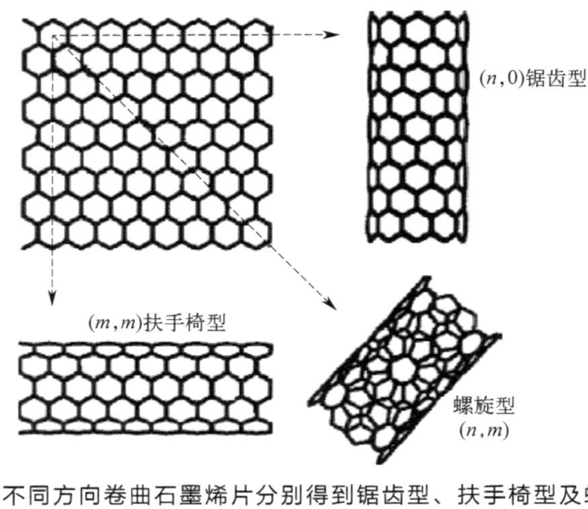

图 7-2 沿着不同方向卷曲石墨烯片分别得到锯齿型、扶手椅型及螺旋型碳纳米管

碳纳米管可看作是由石墨烯卷成的一维中空筒状结构。碳纳米管的分子结构处于热力学不稳定而动力学稳定的状态，即为亚稳态，但与石墨烯边缘存在能量较高的化学键相比，碳纳米管的总能量要低得多，这也是碳纳米管可以在自然界

中存在的主要原因。但是碳纳米管蜷曲的性状改变了键角，从而产生了应力能。显然，应力能的大小随着碳纳米管直径的减小呈指数增加，因此碳纳米管的直径不可能无限的小。碳纳米管的应力能是要高出石墨烯的。研究表明，直径大于 1.8 nm 的碳纳米管，碳原子能量基本接近石墨烯的能量，而直径小于 1.8 nm 的碳纳米管，应力能和直径平方成反比；也有研究表明，碳纳米管中的应力能和成键能相互抵消，达到能量平衡状态。碳纳米管直径并不是越大越好，较大直径的单壁碳纳米管会发生坍塌现象，这说明碳纳米管在径向上能够承受的应力很小；并且当碳纳米管跟其他物质之间产生作用较强的范德瓦耳斯力时，碳纳米管可能同时发生径向和轴向的形变。

碳纳米管中碳原子以 sp^2 杂化为主，同时六角型网格结构存在一定程度的弯曲，形成空间拓扑结构，其中可形成一定的 sp^3 杂化键，即形成的化学键同时具有 sp^2 和 sp^3 混合杂化状态，而这些 p 轨道彼此交叠在碳纳米管石墨烯片层外形成高度离域化的大 π 键，碳纳米管外表面的大 π 键是碳纳米管与一些具有共轭性能的大分子以非共价键复合的化学基础。不论单壁碳纳米管还是多壁碳纳米管，其表面都结合有一定的官能基团，而且不同制备方法获得的碳纳米管，由于制备方法各异及后处理过程不同，具有不同的表面结构。一般来讲，单壁碳纳米管具有较高的化学惰性，化学结构比较简单，其表面要纯净一些。随着碳纳米管管壁层数的增加，缺陷和化学反应性增强，表面化学结构趋向复杂化。多壁碳纳米管表面要活泼得多，结合有大量的表面基团，如羧基等。多壁碳纳米管内层碳原子的化学结构比较单一，外层碳原子的化学组成比较复杂，而且外层碳原子上往往沉积有大量的无定形碳。由于具有物理结构和化学结构的不均匀性，碳纳米管中大量的表面碳原子具有不同的表面微环境，因此也具有能量的不均一性。

碳纳米管不总是笔直的，局部区域会出现凸凹现象，这是由于在六边形编织过程中出现了五边形和七边形。如果五边形正好出现在碳纳米管的顶端，即形成碳纳米管的封口。当出现七边形时纳米管则凹进。这些拓扑缺陷可改变碳纳米管的螺旋结构，在缺陷附近的电子能带结构也会发生改变。另外，两根毗邻的碳纳米管也不是直接粘在一起的，而是保持一定的距离。

碳纳米管可以看成是石墨烯层经过弯曲后卷成的圆筒，因此碳纳米管具有石墨的本征特性，包括导电性、导热性、耐腐蚀性、耐热性、生物相容性、自润滑性等。碳纳米管受到自身几何形状的限制，在径向的膨胀率几乎为零，管壁与石墨层具有相同的化学惰性；并且由于碳纳米管的管壁不是全由六元环构成，存在拓扑学缺陷，所以相比于石墨烯基面，碳纳米管的反应活性更好。基于此，可以通过控制氧化反应将碳纳米管开口。碳纳米管优异的力学性能、半导体特性、导电性、比表面积、热导率都值得关注。碳纳米管在轴向上是已知的强度最大、模量最高的纤维材料。其抗拉强度是钢的 100 倍，密度却只有钢的 1/6。碳纳米管中空的笼状结构具有一定的弹性，能够承受大于 40%的张力应变而不出现断裂。

碳纳米管因为极其优异的力学性能一度被认为是制造“太空电梯”的最佳材料。单壁碳纳米管的手性角和直径发生改变时，电子从价带进入到导带的能隙可从接近 0 连续变化至 1 eV，即从金属的导电性转变为半导体的导电性，因而碳纳米管的传导性可通过改变手性角和直径来调控。另外，可以通过对碳纳米管掺杂的方法改变其导电性。通过掺入杂原子，可以让碳纳米管呈现金属特征的电子态密度，也可以掺杂碱金属或者卤素等改善碳纳米管的电荷运输性能。由于碳纳米管的结构与石墨的片层结构相同，所以具有很好的电学性能。理论预测其导电性能取决于管径和管壁的螺旋角。碳纳米管具有纳米级发射尖端，且具备长径比大、强度高、韧性高以及良好的热稳定性和导电性等特点，使得碳纳米管成为理想的场致发射材料。碳纳米管具有很高的比表面积，尤其是未封口的单壁碳纳米管，与超级活性炭的比表面积相当。但目前，可合成出的单壁碳纳米管的比表面积很小，甚至比常规的活性炭的比表面积都小，主要是因为碳纳米管会像其他纳米材料一样形成团簇，一部分碳纳米管被包含在团簇中，无法展现出比表面积。另外，合成出的碳纳米管通常存在纯度低、畸形和不开口的情况，导致比表面积下降。多壁碳纳米管的比表面积受到直径和层数的影响明显。随着碳纳米管直径的增大，开口率的影响下降，而且大直径的碳纳米管不易团簇，所以比表面积较大，但并不是层数越多越好，层数越多的碳纳米管，比表面积反而下降。因此，需要通过纯化、开口、短切、离散、掺杂和活化等方法提高碳纳米管的比表面积。碳纳米管良好的热学性能主要表现在其比热容和热导率，热导率随着其在增强材料中含量的增加以及温度的升高而不断增强。一维碳纳米管具有非常大的长径比，热量一般是沿着轴向方向更加容易传递，通过控制导热取向，可以用碳纳米管合成高各向异性材料。虽然碳纳米管在管轴平行方向的热交换性能很高，但在垂直方向的热交换性能较低，适当排列碳纳米管可得到非常高的各向异性热传导材料。

7.4.2 碳纳米管制备方法

常用的碳纳米管制备方法主要有电弧放电法、激光烧蚀法、化学气相沉积法、固相热解法、辉光放电法、气体燃烧法以及聚合反应合成法等。化学气相沉积法具有成本低、产量大、实验条件易于控制等优点，是最有希望实现大量制备高质量碳纳米管的方法。因此该法受到了高度重视，并被广泛采用。

化学气相沉积技术作为碳纳米管可控合成的核心工艺，其催化剂供给体系的优化已成为决定产物形貌与性能的关键因素。根据催化剂存在状态及供给方式的差异，可将化学气相沉积法划分为基片法、担载法和浮动催化剂法三大类，各方法在催化剂负载机制、反应动力学特征及产物结构调控等方面呈现出显著差异。在诸多催化剂中，过渡金属元素构成的活性位点对碳源分解与碳管生长具有决定性作用，铁、钴、镍等Ⅷ族金属及其合金因具有适宜的 d 带电子结构，可有效吸附活化碳源分子并促进 sp^2 杂化碳链生长。近年来，钇、镧等稀土元素掺杂或钼、钨等碳化物形成元素的复合催化剂体系开发，显著提升了催化活性中心的稳定性和产物纯度，相关机制涉及界面电子效应与晶格匹配度的协同调控。

基片法作为最早发展的化学气相沉积制备技术，其核心在于通过基底预处理实现催化剂的定向锚定。实验中常选用单晶硅片、石英晶片或蓝宝石衬底等高平整度载体，采用磁控溅射、原子层沉积或溶液自组装等技术构建单分散催化剂纳米颗粒阵列。在 600～900 ℃的高温反应条件下，载气输送的甲烷、乙炔等碳氢化合物在催化剂表面发生解离吸附，并完成碳管生长。该方法的最大优势在于可通过基底晶面工程精确控制催化剂颗粒的取向排列，从而获得高度有序的碳纳米管阵列结构。表征结果显示，基于（111）晶向单晶硅基底制备的单壁碳纳米管阵列，其取向一致性可达 98%以上，平均间距控制在 50～200 nm 范围内。相较于传统浮动催化剂法的无序生长模式，基片法制备的定向碳纳米管阵列展现出独特的结构优势：①高度排列的纳米管阵列有效降低了界面接触电阻，电子传输效率较随机分布样品提升 3～5 个数量级；②可调控的阵列密度，为微纳电子器件的集成化设计提供了灵活参数空间；③垂直取向结构赋予材料优异的机械柔韧性与轴向导热特性，在柔性电子器件与热管理材料领域具有重要应用前景。基于单壁碳纳米管平行阵列构建的场效应晶体管，电学性能已超越传统硅基器件理论极限，被视为后摩尔时代集成电路发展的关键候选材料。目前，大面积阵列的定向生长主要是通过电场诱导、晶格诱导和气流诱导来实现的。可以将这些方法大致分为两类，一类是利用基底与单壁碳纳米管的相互作用来定向，也就是晶格诱导定向[图 7-3(a)]；另外一类是利用外场或外力来定向，如电场定向[图 7-3(b)]和气流定向等[图 7-3(c)]。

担载法作为一种经典的催化剂制备技术，其核心在于通过物理或化学作用将活性催化剂颗粒负载于具有多孔结构且化学/热稳定性良好的载体粉末表面，以优化催化剂的分散性、稳定性及回收性能。目前应用最为广泛的制备方法为浸渍-干燥法，首先选取比表面积大、孔径分布适宜的多孔载体粉末，如氧化铝、二氧化硅或碳基材料，将其浸渍于含有催化剂金属前驱体的溶液中。在此过程中，溶液中的金属离子通过毛细管作用及表面吸附效应与载体表面的活性位点发生相互作用，实现均匀分散与初步锚定。经充分接触浸润达到吸附平衡后，采用真空干燥或超临界干燥技术去除溶剂，避免因溶剂蒸发导致的颗粒团聚现象；随后将干燥后的负载型前驱体置于管式炉中，通过高温焙烧增强载体与活性组分间的界面结合强度，形成结构稳定的负载型金属氧化物催化剂。为获得具有高催化活性的金属单质纳米颗粒，需将上述负载型金属氧化物粉末转移至还原炉中，在氢气/氩气混合气氛中进行还原处理，通过氢气的还原作用使金属氧

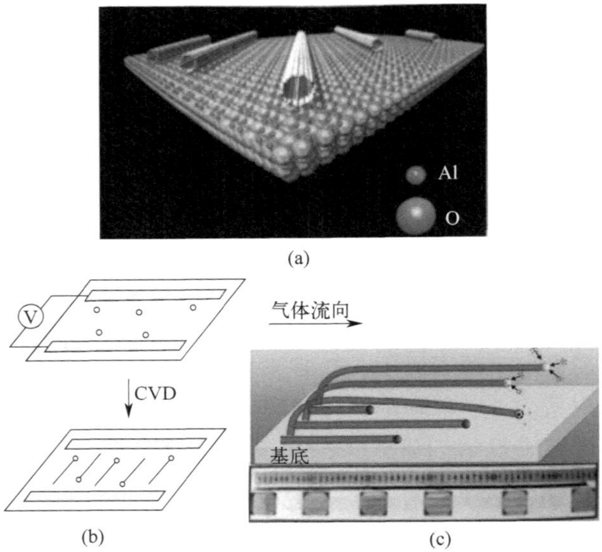

图 7-3 定向单壁碳纳米管平行阵列生长示意图

(a) 晶格诱导定向；(b) 电场定向；(c) 气流定向

化物晶格中的氧原子脱除，最终转化为分散度高、粒径可控的金属纳米颗粒负载型催化剂。

浮动催化剂化学气相沉积法则基于气-固-液多相反应机制，其核心特征在于催化剂颗粒在反应过程中处于动态浮动状态。载气携带含有催化剂前驱体的反应物气体以一定的流速注入高温反应炉的反应区。当混合气流进入高温反应区时，催化剂前驱体在热作用下发生分解反应，生成粒径均匀的金属纳米颗粒催化剂。由于反应区气体的强对流作用及催化剂颗粒自身的重力平衡，这些纳米级催化剂颗粒在气相中形成稳定的浮动状态，停留时间控制在 0.1～1 s，避免了传统固定床法中催化剂颗粒的团聚失活。在浮动状态下，碳源气体在催化剂颗粒表面发生吸附、分解，生成的碳原子通过扩散作用进入催化剂颗粒内部并沿特定晶面析出，诱导碳纳米管的定向生长。当含碳纳米管的产物气流离开高温反应区进入低温区时，碳源分解速率显著降低，催化剂活性位点被碳层包裹失活，碳纳米管的生长过程随即终止。最终，通过旋风分离或静电沉积技术可从尾气中收集高纯度的碳纳米管产物。

两种方法在催化剂分散机制、反应环境调控及产物形貌控制等方面存在显著差异：担载法通过载体与活性组分的强相互作用实现催化剂的高稳定性，适用于需要重复使用或对催化剂回收要求较高的场景；而浮动催化剂法则依托气相中动态分散的催化剂颗粒，具有反应速度快、生产效率高的优势，更适合大规模连续化制备碳纳米管。

7.4.3 碳纳米管的应用

碳纳米管因其高比强度、优异的导电和导热性、独特的一维结构及可调控的电子与化学性质，在多个领域展现出巨大应用潜力。

（1）复合材料领域

碳纳米管作为理想填料，可显著提升聚合物、金属或陶瓷基复合材料的机械强度、导电性及热性能，广泛应用于航空航天、汽车、电子等领域。当其与树脂、尼龙等聚合物复合，可制备高韧性、高强度的工程塑料；当其与碳纤维复合，可制备的复合材料强度为传统碳纤维复合材料的 2 倍以上，在减轻复合材料重量的同时提升耐疲劳性。碳纳米管通过取向排列或表面修饰，制备的导电薄膜可用于手机触摸屏、柔性显示屏等；或与陶瓷复合，制备碳纳米管/氧化锆等复合材料，其具有优异的高温热稳定性，可用于发动机火花塞等。

（2）能源存储领域

碳纳米管的高导电性及大比表面积为锂离子电池、超级电容器等能源存储器件提供了高效电子传输通道和高活性位点，是当前产业化应用最成熟的领域之一。碳纳米管作为导电剂添加至电极材料中，可显著提高电池的能量密度、循环寿命及倍率性能。碳纳米管与活性炭、石墨烯进行复合，可制备高比电容、长循环寿命的超级电容器，用于电动汽车启动电源或储能电站。此外，利用碳纳米管的高比表面积及孔隙结构，可吸附储存氢气，有望取代高压氢气罐，提高氢能源汽车的安全性。

（3）电子器件

碳纳米管因尺寸小（仅为硅晶体管的 1/500）、载流子迁移率高（比硅高 10～100 倍）、功耗低，被视为硅基芯片的理想替代者，推动电子技术向更小、更快、更低能耗方向发展。碳纳米管晶体管比硅晶体管速度快、效率高，展示出可编程计算潜力。碳纳米管晶体管性能比当时最好的硅基晶体管领先 10 倍，接近理论极限。碳纳米管薄膜可用于柔性显示屏、可穿戴设备，其轻质、可弯曲特性满足柔性器件需求。

（4）生物医药领域

碳纳米管的高比表面积、生物相容性及可修饰性，使其在药物递送、组织修复及生物成像中展现出独特优势。碳纳米管可作为载体负载抗癌药物，实现肿瘤部位精准递送，能提高药物疗效并降低对正常组织的毒副作用。碳纳米管还可作为支架材料，促进细胞生长及新组织形成，用于骨缺损修复、周围神经损伤再生。此外，利用碳纳米管的荧光特性及拉曼信号，可实现细胞、组织的长期跟踪成像，提高诊断准确性。

（5）传感器领域

碳纳米管的高导电性及对气体、生物分子的敏感性，使其成为高性能传感器的核心材料。碳纳米管响应速度快、灵敏度高，可用于检测有害气体、爆炸物。碳纳米管修饰电极可检测葡萄糖浓度，用于糖尿病患者的血糖监测。碳纳米管也可用于检测生物分子，具有特异性高的优点。

（6）其他领域

碳纳米管的高长径比及低功函数，使其成为理想的场发射材料，用于平板显示器、荧光灯、微波发生器等。此外，碳纳米管的高比表面积及表面活性位点，可负载金属催化剂，提高催化反应效率。

7.5 石墨烯

石墨烯作为一种典型的二维碳基纳米材料，其基本结构单元为由单层碳原子通过 sp^2 杂化轨道形成的周期性蜂窝状晶格。这一独特的原子级厚度与平面内强共价键结合的特性，使其成为研究二维材料本征物理化学性质的理想模型体系。2004 年，Geim 团队通过石墨晶体机械剥离技术首次获得了独立存在的石墨烯单晶，这一突破性实验不仅直接验证了准二维原子晶体的热力学可行性，更开启了二维材料研究的崭新纪元。

7.5.1 结构与性质

石墨烯作为典型的二维碳基材料，其基本构建单元为通过强共价键结合的碳原子单原子层，其原子排列方式与石墨的层状结构中的单原子层完全一致。从杂化理论分析，每个碳原子采用 sp^2 杂化轨道参与成键：由 1 个 2s 轨道与 2 个 2p 轨道（通常为 $2p_x$、$2p_y$）发生杂化，形成 3 个能量等价的 sp^2 杂化轨道，呈平面三角形分布，键角约 120°，分别与相邻三个碳原子的 sp^2 杂化轨道头碰头重叠，形成强共价性的六元环状 σ 键骨架，C—C 键长约 0.142 nm。每个碳原子剩余 1 个未参与杂化的 $2p_z$ 轨道（垂直于二维平面），其上各含 1 个未成对电子，这些 p_z 轨道通过肩并肩重叠在层内形成离域大 π 键，其电子云分布于石墨烯平面两侧。

石墨烯对多种原子、分子具有显著的吸脱附能力，这种动态相互作用可通过给体和受体效应调控其载流子浓度。当吸附碱金属原子等给体分子时，分子向石墨烯的 π 体系转移电子，诱导 n 型掺杂，费米能级向导带底移动；反之，当吸附卤素原子等受体分子时，石墨烯向分子转移电子，引发 p 型掺杂，费米能级向价带顶移动。尽管载流子浓度可在较宽范围内调节，但石墨烯仍能保持优异的导电性，这归因于其高度离域的 π 电子网络对电荷输运的低散射特性，即使存在掺杂，载流子仍可通过弹道输运方式在长程范围内迁移。当石墨烯吸附极性分子（如 H^+、OH^-）或发生化学修饰时，其电子结构将发生显著改变，表现为导电性的衰减。以 H^+ 吸附为例，质子与石墨烯 π 电子的相互作用会打破原有离域体系的平衡，导致局部电荷密度重排，形成局域化的 sp^3 型碳原子中心，这种局域化效应会阻碍载流子的传输。然而，此类修饰并未形成新的共价化合物，本质上属于静电作用或范德瓦耳斯力等弱化学相互作用，可通过脱附过程恢复原始状态。这一特性与石墨的化学行为具有高度一致性。石墨在类似条件下也会发生可逆的电荷转移修饰，进一步印证了二者在电子结构层面的同源性。

石墨烯狭义上特指严格排列于六方晶格中的孤立单碳原子层；广义上则常扩展至厚度仅为数层（通常≤10 层）的极薄石墨层。这一界定差异源于层数对材料本征性质的显著影响，当层数超过临界值（实验与理论均证实为 3～4 层）时，石墨烯的标志性量子特性将发生质变。单层及双层石墨烯因零带隙半导体特性，仅含单一类型的电子与空穴载流子；而当层数增至三层及以上时，层间弱范德瓦耳斯相互作用会诱导导带与价带发生重叠，形成类似石墨的金属性导电行为，此时更宜将其定义为“少层石墨烯薄膜”，而非严格意义上的石墨烯。

早期凝聚态物理领域的经典理论（如 Mermin-Wagner 定理）曾断言：在有限温度下，具有连续平移对称性的二维晶体无法维持长程有序结构，热涨落会破坏其周期性排列导致熔化。这一理论基于二维体系的自发对称性破缺限制，长期被视为二维材料稳定存在的理论禁区。然而，石墨烯的实际发现彻底颠覆了这一认知。其结构稳定性的根源可归结于晶格的多维度形变适应性：面内方向可通过 C—C 键的弹性伸缩形成波浪形“波纹结构”，典型振幅约 0.1 nm，波长约 10 nm；面外方向则通过垂直于平面的低频弯曲振动耗散热扰动能量。这种动态形变模式在不破坏长程有序的前提下有效释放了热应力，使得石墨烯成为首个在室温下稳定存在的二维晶体。此外，当有基底存在时，石墨烯形貌稳定性与基底特性密切相关。当石墨烯脱离基底自由悬浮时，面外形变占主导，表现为宏观波纹起伏；而当沉积于云母、高度取向热解石墨及蓝宝石等原子级平整基底时，基底表面的低粗糙度可抑制面外形变，使石墨烯通过范德瓦耳斯力与基底形成强相互作用，从而呈现“超平整”的原子级光滑表面。

石墨烯最令人惊奇的是其非常特殊的电子性质。和其他绝大多数二维材料不同，它是一个零带隙半导体，该性质取决于其特殊的能带结构。理想石墨烯的能带结构是完全对称的锥形价带和导带对称地分布在费米能级上下，导带和价带的交叉点即为狄拉克点。和普通金属或半导体不同，石墨烯中电子运动不遵循 Schrödinger 方程，而是遵循狄拉克方程。由于上述特性，石墨烯中的载流子（也称为狄拉克费米子）具有非同一般的传输性能。载流子可以以近乎光速移动，因此石墨烯具有很高的电荷迁移率。实验表明，石墨烯室温下具有大于 15000 $cm^2/(V \cdot s)$ 的载流子迁移率，该迁移率基本不受温度影响，且最高可达 200000 $cm^2/(V \cdot s)$，其相

对应的电阻率为 $10^{-6}\ \Omega\cdot cm$，这使得石墨烯成为目前已知物质中室温电阻率最低的材料。此外，石墨烯还具有突出的电子性质，包括室温量子霍尔效应和自旋传输性质。量子霍尔效应使石墨烯在量子储存和计算、标准电阻及其他基本物理常数的准确测量等方面具有重要的意义。得益于石墨烯中碳原子的自旋和轨道动量之间很小的相互作用，石墨烯上的自旋特性可传递超过微米量级。因此，石墨烯被视为一种理想的自旋材料。石墨烯的导热性能主要取决于其中的声子传输。石墨烯的室温热导率为（4.84 ± 0.44）$\times10^3$～（5.30 ± 0.48）$\times10^3$ W/（m·K），理论热导率可高达 6000 W/（m·K）以上。在石墨结构中，每一层的石墨骨架之间相距较远，并且相互之间的作用力相对较弱，因此，石墨沿平面方向的热导率为 W/（m·K），而在垂直方向的热导率仅为该数值的百分之一。石墨烯杨氏模量高达 1 TPa，拉伸强度为 130 GPa，而其断裂强度高达 42 N/m，是钢的 200 倍。石墨烯还具有极高的硬度，实验值可达 300～400 N/m。因此，石墨烯被认为是目前最强的材料。石墨烯的结构骨架非常稳定，对于完美的石墨烯晶体，其反应活性位点仅仅在边界上，因而由石墨烯主体参与的化学反应通常需要比较剧烈的反应条件。为了提升石墨烯的反应活性，通常在石墨烯面内制造缺陷、修饰更多的官能团或者掺入杂原子。此外，石墨烯的比表面积可达 2630 m^2/g。

然而，在实际制备过程中不可避免会引入缺陷，这仍是限制石墨烯性能的关键瓶颈。无论是机械剥离法中的应力诱导位错，还是化学气相沉积法中的晶界形成，或是氧化还原法中的含氧官能团的残留，均会导致晶格畸变与电子结构无序化。这些非理想因素不仅会降低载流子迁移率，还可能改变其电学特性。近年来，通过优化制备工艺及后处理技术已可实现制备低缺陷密度、高结晶质量的准理想石墨烯，为深入探索其本征物理性质及推动电子器件应用奠定了重要基础。

7.5.2　石墨烯制备方法

石墨烯的制备方法主要有机械剥离法、碳化硅外延法、化学气相沉积法及氧化还原法。机械剥离法属于“自上而下”的方法，是利用外加物理作用力剥离石墨片获得石墨烯。在石墨中，石墨烯片层之间的范德瓦耳斯力为 2 eV/nm^2，在原子力显微镜或扫描隧道显微镜操作中，针尖与石墨表面的作用都可提供足够强的力来剥离石墨片。1999 年，Ruoff 等就通过此法获得了极薄的石墨片。Geim 和 Novoselov 也是利用同一原理，采用胶带反复地刮擦石墨片，直到获得单层的石墨烯。通过该方法获得的石墨烯质量和性能最好，因此该法特别适合于进行石墨烯的基本物理和本征性质研究。但是这一方法耗时费力，而且极难规模化，因此很难满足工业化生产需求。碳化硅外延法是在高真空或常压下加热碳化硅晶体，当表面硅原子气化后，余下的碳原子在冷却时会重新堆积，从而在内层碳化硅表面形成一层石墨烯。该法可以大面积制备质量仅次于机械剥离法得到的石墨烯。这一成果对早期研究石墨烯相关性质的工作起到了极大的推动作用。另外，该方法的制备过程与目前十分成熟的硅半导体工业相兼容，因而可直接制备石墨烯微电子器件。化学气相沉积法是通过加热各种碳源气体、液体甚至固体材料至一定温度后，使碳原子在一些金属表面上生成石墨烯。该方法和外延法制备石墨烯的机理有相似之处，在高温阶段碳原子熔入金属体相中，冷却后再以石墨烯的形式析出。因此，这一方法和碳在金属中的溶解度有极大的关系。目前，用化学气相沉积法生长石墨烯时，最常用的金属是铜。在铜薄膜上可以相对容易地制备出单层石墨，这是因为碳在铜箔上沉积出一层石墨烯后会自动停止生长第二层，而且铜箔对碳源温度、压力等要求很低。虽然对石墨烯在铜膜上的生长机理仍有争论，但该法对石墨烯在微电子方面的应用具有重大意义，是公认的最有前景的石墨烯制备方法。

目前，使用最为广泛的是氧化还原法。氧化还原法是首先通过对鳞片状石墨进行强氧化，制得氧化石墨（烯），然后在微波、超声波等外界强烈作用下剥离得到单层或少层氧化石墨烯，最后采用合适的还原方法还原得到石墨烯。该法高效易行，成本低，适合大规模化制备石墨烯，但不足之处是该方法制备的石墨烯一般为单层和多层的混合体，氧化石墨烯难以被充分还原而产生较多的缺陷，并且控制石墨烯的尺寸和厚度十分不易。氧化还原法相对其他方法而言操作比较简单，并且能够“大量”制备石墨烯。

氧化还原法主要包括 Brodie 法、Staudenmaier 法和 Hummers 法。Brodie 法是将石墨和氯酸钾均匀混合，再加入浓硝酸，从而得到氧化石墨烯，但该种方法在反应过程中会产生毒性较强的二氧化氯气体。Staudenmaier 法在 Brodie 法基础上进行改进，将浓硫酸、浓硝酸溶液均匀混合，并将石墨加入到混合溶液中，然后将氯酸钾缓慢加入到混合反应物中，制得氧化石墨烯。Staudenmaier 法的氧化反应速率有所提高，可在常温下进行制备。Hummers 法是以浓硫酸和高锰酸钾为氧化体系，通过对石墨进行氧化处理制得氧化石墨烯。Hummers 法的制备过程的时效性相对较好而且制备过程中也比较安全，是目前最常用的一种。

7.5.3 石墨烯的应用

石墨烯作为单层碳原子构成的二维蜂窝状晶格材料，凭借其超高导电性、导热性、强度、透光性及超大比表面积等特性，已成为全球材料科学领域的“明星材料”。其应用覆盖电子、能源、医疗、复合材料、航空航天、环保、量子计算等多个领域。

（1）电子领域

石墨烯的高载流子迁移率、高导电性及柔性，使其成为替代硅基材料的理想选择，推动电子器件向微型化、高效化、柔性化发展。石墨烯的高透光性和柔韧性，使其成为柔性触摸屏、OLED屏幕的关键材料。石墨烯的高电子迁移率使其适合制造高速、低功耗的晶体管。石墨烯晶体管的工作频率提高至100GHz，超过同等尺度的硅晶体管。石墨烯导电油墨可用于印刷射频天线、传感器等，降低成本并提高性能。用压缩石墨烯墨水打印出灵活、环保的射频天线，可替代昂贵的金属铝和铜。基于石墨烯开发的呼气检测传感器灵敏度较传统检测提高3个数量级，可实现肿瘤标志物的无创检测。

（2）能源领域

石墨烯的高比表面积、优异导电性及化学稳定性，使其在储能（电池、超级电容器）、太阳能转换、燃料电池等领域发挥关键作用。石墨烯作为负极添加剂，可缓解电极材料的体积膨胀问题，提高充放电速度和循环寿命。实验表明，添加石墨烯的锂离子电池充放电循环寿命达3000次以上，能量密度较常规材料提高45%。表面附有石墨烯纳米涂层的柔性光伏电池板可用于夜视镜、相机等小型数码设备。三维多孔石墨烯结构的超级电容器功率密度达45 kW/kg，能量密度突破18 Wh/kg，满足轨道交通、智能电网的储能需求。石墨烯的高导电性和光吸收能力，可提高太阳能电池的能量转换效率。石墨烯材质微型传感器可用于检测地球高空大气层微量元素及航天器结构性缺陷；钙钛矿/石墨烯复合太阳能电池的效率较传统钙钛矿电池提高20%。

（3）医疗领域

石墨烯的生物相容性、远红外特性及大比表面积，使其在疾病检测、治疗、康复及医疗器械领域取得突破性进展。石墨烯传感器可实现单分子检测，用于肿瘤标志物、神经递质（如多巴胺）的检测。石墨烯的远红外热疗可诱导肿瘤细胞凋亡，联合化疗药物可增强疗效。

（4）复合材料领域

石墨烯的高强度、高模量及与其他材料的协同效应，使其成为复合材料的“增强剂”，广泛应用于航空航天、建筑、风电等领域。石墨烯/碳纤维复合材料可用于风力发电机叶片，使重量减轻18%，使用寿命延长至25年以上。石墨烯微型传感器，可用于航天器的结构健康监测。掺入0.5%石墨烯的混凝土，抗压强度提升60%，且具备导电特性，可实现智能传感功能集成。石墨烯新型防腐涂料，耐腐蚀时长3000 h，已应用于海上风电塔筒、电网、石油化工等领域。

（5）其他领域

石墨烯的二维电子特性及量子霍尔效应，使其成为量子计算的理想材料。石墨烯基吸附材料可高效吸附重金属离子、有机污染物；石墨烯膜可用于海水淡化，提高水通量。石墨烯改性面料具有抑菌、抗静电、吸湿速干等多重功能，已应用于服饰等领域。

第8章

炭材料表征

在炭材料科学的研究体系中，“炭材料家族”这一概念深刻揭示了该类材料的内在多样性，不同“成员”间的化学组成、微观结构及物理化学性质呈现出显著的异质性特征。这种由原子排列方式、杂化状态、孔隙结构及表面化学等多维度差异引发的复杂性，使得炭材料的精准表征成为材料科学与工程领域的关键科学问题。一方面，定性与定量相结合的表征技术不仅是深入理解炭材料本征特性的核心手段，更是指导材料定向设计、优化制备工艺参数及拓展其功能化应用的重要科学基础；另一方面，炭材料的多尺度结构特征与多相共存体系，共同导致了表征研究的复杂挑战。基于此，本章将围绕炭材料的核心特征，从炭材料的元素组成、官能团、石墨化度、表观形貌以及晶体结构的角度系统阐述其多模态表征方法。

8.1 元素组成

炭材料以碳元素为主，含有少量的氢元素，有的炭材料中还含有少量的氧、氮、硫等元素以及灰分。分析炭材料的元素构成有助于掌握碳元素含量、碳氢比以及碳氧比等参数，这与炭材料的组成、结构、芳香度、石墨化度等息息相关。

8.1.1 元素分析

在炭材料表征体系中，元素分析仪（elemental analyzer，EA）作为核心表征设备，它基于高温燃烧-色谱联用技术的定量分析方法为炭材料的元素组成解析提供了关键支撑。该技术通过精确控制燃烧反应条件与气体分离过程，实现了对炭材料中碳、氢、氮、硫及氧元素的同步或分步测定。EA 的核心分析流程遵循

"燃烧—还原—分离—检测"四步法。第一步燃烧阶段：样品在锡/铝囊中包裹后，置于1150 ℃纯氧氛围的氧化管中，经氧化钨催化完全燃烧，生成CO_2、H_2O、NO_x、SO_2等气态产物。针对高碳材料，需添加五氧化二钒作为助燃剂以促进硫元素完全氧化。第二步还原阶段：燃烧产物进入850 ℃还原铜管，在还原剂（如铜粉）作用下，NO_x被还原为N_2，SO_3转化为SO_2。第三步分离阶段：随后气体流经吸附/解吸柱，实现CO_2、H_2O、SO_2与N_2的分步吸附与程序升温解吸。第四步检测阶段：解吸气经色谱柱分离后，由热导检测器进行定量分析。热导检测器通过检测各组分热导率差异，建立元素含量与峰面积的定量关系。

EA通常配备三种工作模式，即CHNS模式、CHN模式及O模式。CHNS模式适用于常规有机炭材料分析，通过差减法计算氧含量。此模式需注意硫元素检测易受硫化物干扰，需要对含硫量高的炭材料采用单独硫校准曲线。CHN模式专用于高氮炭材料（如生物炭等）的分析，采用氧化钴催化剂提升氮转化效率，氮检测精度可达0.016%。O模式针对氧含量直接测定，采用1150 ℃、H_2/He混合气氛将样品裂解，经碳粉还原生成CO，通过色谱峰面积计算氧含量。该模式避免了差减法的累积误差，特别适用于低氧含量石墨材料的分析。

当炭材料中含有氟、磷酸盐或重金属等成分时，会对分析结果产生负效应，无法使用有机元素分析仪对元素进行分析测试；并且炭材料样品最好不含有金属元素，否则会使测试结果有误差。此外，当炭材料中有如C—P键、C—Cl键等难以断裂的化学键存在时，或存在其他未知元素时，则会导致测试结果中的几种元素质量总和跟测试前不守恒。

8.1.2 X射线光电子能谱

有机元素分析能够掌握炭材料准确的元素组成，但有关各个元素的价态、结构和键合方面的信息需要通过X射线光电子能谱（X-ray photoelectron spectroscopy，XPS）进行确定。XPS可提供分子结构和原子价态方面的信息，还能提供各种化合物的元素组成和含量、化学状态、分子结构、化学键方面的信息。此外，XPS既可提供总体方面的化学信息，还能给出表面、微小区域和深度分布方面的信息。

XPS的工作原理是用能量在1000～1500 eV之间X射线去辐射炭材料的表面，使原子或分子的内层电子或价电子受到激发而发射出来。被光子激发出来的电子称为光电子［图8-1(a)］。可以测量光电子的能量，以光电子的结合能（binding energy）为横坐标，相对强度（脉冲/s）为纵坐标可做出光电子能谱图。各种原子和分子的轨道电子结合能是一定的，因此通过对样品产生的光子能量进行测定，就可以了解样品中元素的组成。元素所处的化学环境不同，其结合能会有微小的差别，这种由化学环境不同引起的结合能的微小差别叫化学位移，由化学位移的大小可以确定元素所处的状态。例如某元素失去电子成为离子后，其结合能会增加，如果得到电子成为负离子，则结合能会降低。因此，利用化学位移值可以分析元素的化合价和存在形式。

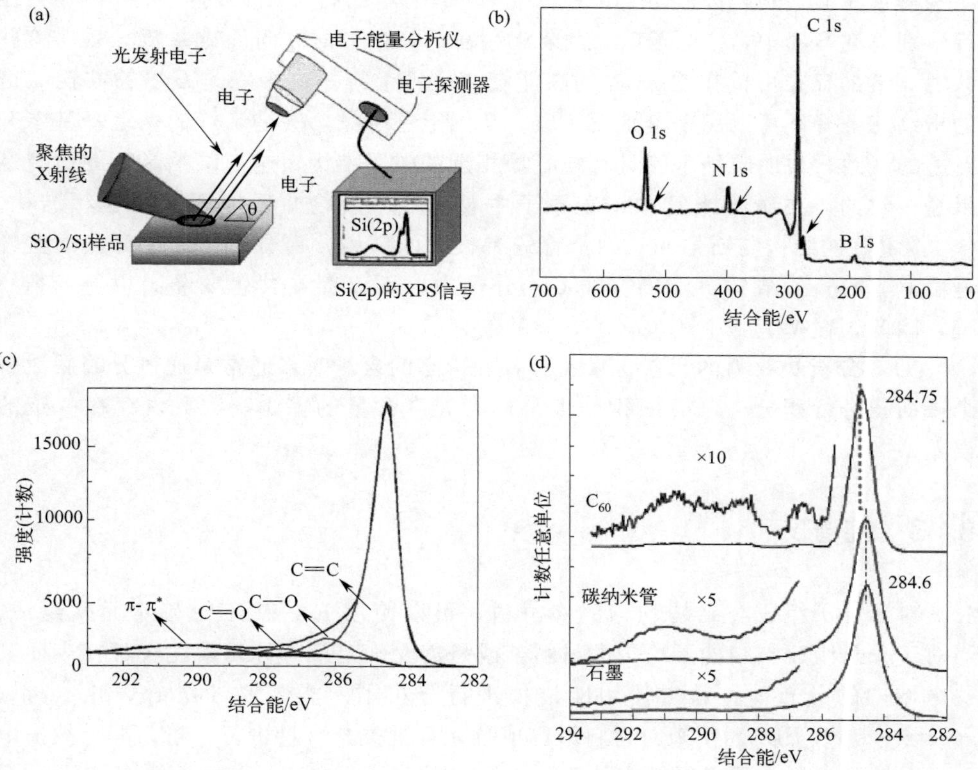

图 8-1 X射线光电子能谱结构示意图及测试图谱分析

（a）XPS结构示意图；（b）调查谱图；（c）C 1s分峰拟合结果；（d）三种炭材料的携上峰

θ—X射线角度

在处理XPS分析结果时，首先根据调查谱图（survey spectrum）中每个峰所对应的结合能数值判定炭材料大致含有哪些元素［图 8-1(b)］。对于炭材料而言，通常 C 1s 的峰强度最强，O 1s、N 1s、S 2p、B 1s 等峰强明显弱于 C 1s 的峰强。然后，对重点峰进行位移调整、拟合基线和分峰处理，可以得到每种元素的价态信息和官能团的键合结构［图 8-1(c)］。因为炭材料中含有较多的共轭体系，因而普遍会出现携上峰。在光电离后，由于内层电子的发射引起的价电子从已占有轨道向较高的未占轨道的跃迁过程就被称为携上过程。在 XPS 主峰的高结合能端出现的能量损失峰即为携上峰。炭材料中出现的携上峰一般由 π-π^* 跃迁所产生，即由价电子从最高占有轨道（HOMO）向最低未占轨道（LUMO）

的跃迁所产生。图 8-1(d) 是几种碳材料的 C 1s 谱携上峰，从图上可见，C 1s 的结合能在不同的炭材料中有一定的差别。在石墨和碳纳米管中，其结合能均为 284.60 eV；而在 C_{60} 中，其结合能为 284.75 eV。由于 C 1s 峰的结合能变化很小，难以从 C 1s 峰的结合能来鉴别这些碳纳米材料。但图上可见，其携上峰的结构有很大的差别，因此也可以从 C 1s 的携上峰的特征结构对炭材料的种类进行鉴别。在石墨中，C 原子以 sp^2 杂化存在，并在平面方向形成共轭 π 键。这些共轭 π 键的存在可以在 C 1s 峰的高能端产生携上峰。这个峰是石墨的共轭 π 键的指纹特征峰，可以用来鉴别石墨碳。从图上还可见，碳纳米管的携上峰基本和石墨的一致，说明碳纳米管具有与石墨相近的电子结构，这与碳纳米管的研究结果是一致的。在碳纳米管中，碳原子主要以 sp^2 杂化并形成圆柱形层状结构。C_{60} 携上峰的结构与石墨和碳纳米管的有很大的区别，可分解为 5 个峰，这些峰是由 C_{60} 的分子结构决定的。在 C_{60} 分子中，不仅存在共轭 π 键，并还存在 σ 键，因此，在携上峰中还包含了 σ 键的信息。

XPS 分析炭材料的元素含量及其各种价态的含量时，通常是通过分峰后对各个峰面积进行积分，以峰面积的大小作为元素含量的多少，因此，存在一定的误差。

8.1.3 能谱仪

对于分子组成与结构均匀的炭材料，可以使用 EA 和 XPS 确定元素组成，当对于分子组成与结构不均匀的材料，或是需要确定某一种元素在炭材料表面某些区域内的分布时，就得使用能谱仪进行分析了。能谱仪（energy dispersive spectroscopy，EDS）用来对材料微区成分元素种类与含量进行分析，配合扫描电子显微镜与透射电子显微镜来使用。

各种元素具有各自特定的 X 射线特征波长，而特征波长的大小则取决于能级跃迁过程中释放出的特征能量，EDS 的工作原理就是利用不同元素 X 射线光子特征能量不同的特点来进行分析的。氢和氦原子只有 K 层电子，不能产生特征 X 射线，所以无法进行成分分析；锂和铍虽然能产生 X 射线，但产生的特征 X 射线波长太长、能量小，通常无法进行检测；EDS 的采样深度大约为 1 μm，可对试样微区内硼～铀范围内的元素进行分析。根据扫描方式的不同 EDS 可分为点扫、线扫和面扫。点扫是指电子束固定于样品表面微米级区域（通常 $<1\ \mu m^2$），通过持续辐照激发特征 X 射线，由 EDS 采集全谱信号。点扫描模式尤其适用于材料局部区域的精细分析，或需精准测定特定位置元素组成的场景。线扫是指电子束沿预设路径（如晶界、相界面）以 0.1～1 μm 步长连续移动，生成元素含量分布曲线。线扫描模式在界面检测、材料元素扩散行为分析等场景中具有独特优势。结合样品形貌图像进行对照分析，可直观呈现元素在不同区域的分布特征，

如图 8-2 所示。面扫是指电子束以 0.5～2 μm 步长覆盖目标区域（>100 μm×100 μm），通过 EDS 实时采集多元素信号，构建二维化学态分布图。当研究需求聚焦于样品表面整体成分分布特征，或需要直观掌握材料中不同区域的元素组成差异时，如观察元素扩散梯度、相界区分等，面扫描模式因能提供连续、全面的成分分布信息，成为最适配的分析手段。

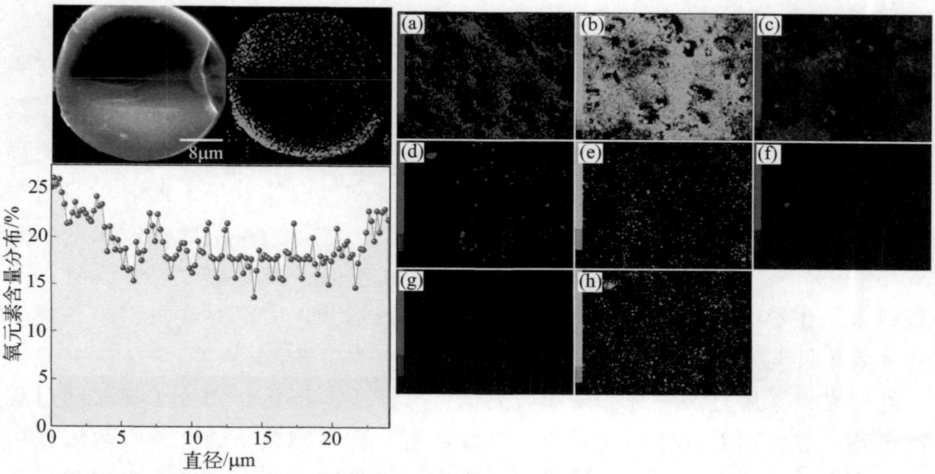

图 8-2 EDS 线扫结果

(a) O；(b) Al；(c) Si；(d) Fe；(e) Cr；(f) Ti；(g) Na；(h) S

EDS 在轻元素（如 C、O、N 等原子序数小于 12 的元素）检测中面临显著挑战，因为轻元素的特征 X 射线（如 C Kα 约 0.282 keV、O Kα 约 0.530 keV）能量显著低于重元素（如 Fe Kα 约 6.404 keV）。这种低能特性导致三方面问题：其一，特征 X 射线易被样品自身吸收，尤其在厚样品或高原子序数基质中；其二，低能光子在穿过探测器前端铍窗时衰减显著；其三，低能信号在电子噪声中的信噪比较低，难以满足统计显著性要求。因此，当 EDS 用于炭材料的元素组成分析时要注意上述问题，可通过延长采集时间、提高加速电压及采用大孔径光阑解决这些问题。除仪器参数限制外，样品表面污染是轻元素检测的另一关键干扰因素。样品从原始状态保存、制样操作到转移至样品台的全流程均暴露于大气环境中，而很多炭材料都具有较好的吸附性，其表面会因物理吸附或化学吸附富集空气中的污染物，如挥发性有机化合物（VOCs）。这些 VOCs 分子通过表面吸附在样品上形成污染层，其厚度与吸附时间、环境湿度/温度及样品表面活性位点密度正相关。当吸附量累积至 EDS 系统检测限时，VOCs 的特征 X 射线信号将被探测器捕获。在实际检测中，由于碳和氧是多数 VOCs 的主要组成元素，且其低原子序数对应的特征 X 射线能量低、易被检测，因此碳、氧元素成为此类污染中最常见的检出组分，表现为谱图中碳与氧峰的显著增强，这使得炭材料的

EDS 测试结果误差增大。

8.2 官能团

8.2.1 傅里叶变换红外光谱

炭材料中的碳碳键的形式、取代方式，以及含氧、含氮等官能团在炭材料的结构与性质中具有重要作用，尤其是石墨化度低的炭材料，其非碳原子含量高，官能团种类多。另外，对于表面改性的炭材料和碳/碳复合材料，需要确定界面处官能团的种类和数量，从而才能确定表面改性和复合的效果，此时对炭材料官能团的定性和定量分析就显得尤为重要。傅里叶变换红外光谱（Fourier transform infrared spectroscopy，FTIR）作为一种基于分子振动-转动能级跃迁的光谱分析技术，能够通过特征吸收峰的位置、强度及形状，实现对炭材料中各类官能团的高效定性与半定量分析。

红外光谱本质上是一种分子吸收光谱，其产生源于化合物分子在振动过程中对特定波长红外辐射的选择性吸收。具体而言，化学键振动的红外吸收波长由化学键力常数及两端原子的折合质量共同决定，这一特性构成了红外光谱用于化合物结构测定的理论基础。红外辐射按波长范围可划分为近红外、中红外和远红外三个波区。其中，分子的转动能级差较小，对应的吸收光频率较低、波长较长，因此纯转动光谱主要出现在远红外区（25～300 μm）；而振动能级差显著大于转动能级差，分子振动能级跃迁所需吸收光的频率更高，故纯振动光谱通常分布于中红外区（2.5～25 μm）。相较于其他波区，中红外区能很好地反映分子内部所进行的各种物理过程以及分子结构方面的特征，对解决分子结构和化学组成中的各种问题最为有效，因而中红外区是红外光谱中应用最广的区域。傅里叶变换红外光谱的核心原理是基于分子内部原子间的相对振动与分子转动等运动模式的信息，通过解析这些特征信息实现物质分子结构的精准测定与化合物的定性鉴别。当待测样品受到频率连续变化的红外光辐照时，分子基团会选择性吸收与其振动、转动能级跃迁相匹配的特征频率辐射。在此过程中，分子的振动或转动会引起偶极矩的变化，从而导致振动能级与转动能级从基态向激发态的跃迁，最终形成红外吸收光谱。然而在实际分析中，透射光谱是更为常见的检测形式，因此通常将此类光谱统称为红外光谱。而傅里叶变换红外光谱法的特殊性在于，其通过引入傅里叶变换的数学处理方法，对检测信号进行高效分析与处理，从而显著提升了光谱的分辨率与信噪比。

在利用 FTIR 对炭材料进行化学结构解析时，其分子振动与转动能级跃迁会产生丰富的特征吸收峰，这些峰位与官能团的振动模式存在强对应关系，可为炭材料的官能团组成、化学键合状态及微观结构演化提供关键信息。FTIR 谱图中（图 8-3），炭材料的特征吸收峰主要分布于 4000～400 cm^{-1} 的中红外区域，在 3425 cm^{-1} 附近出现强而宽的吸收峰，通常归因于炭材料表面游离羟基或物理吸附水分子的 O—H 伸缩振动。该峰的峰形与宽度易受氢键作用影响，可作为炭材料表面极性基团含量的初步判据。3040 cm^{-1} 附近的弱至中等强度吸收峰对应芳香环上 sp^2 杂化 C—H 键的伸缩振动；而 2924 cm^{-1}（不对称伸缩）与 2854 cm^{-1}（对称伸缩）处的双峰组合则为脂肪族 sp^3 杂化 C—H 键的特征吸收，常见于炭材料中未完全石墨化的侧链或边缘基团。1620 cm^{-1} 附近的吸收峰主要源于芳香环内 C═C 键的伸缩振动，该峰的位置与强度对芳环的共轭程度敏感，共轭体系变大，峰位会向高波数偏移。900～600 cm^{-1} 区域的吸收峰主要对应芳香环上 C—H 面外弯曲振动，其峰位与芳环取代模式密切相关，如单取代苯在 750～700 cm^{-1}、邻二取代在 770～735 cm^{-1} 等，是炭材料芳香化程度的关键指纹区。

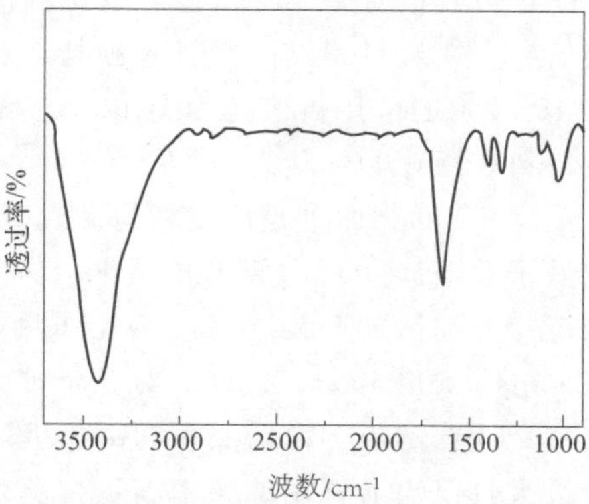

图 8-3 中间相沥青的 FTIR 图谱

FTIR 谱图的峰强度（吸光度）与官能团的浓度遵循朗伯-比尔定律，因此可通过特征峰的相对强度定量分析不同官能团的相对含量。特别地，对于芳香族结构，其特征峰强度与分子缩合程度、取代基数目存在显著相关性。一般而言，芳香环 C—H 伸缩振动（3040 cm^{-1}）与弯曲振动（900～600 cm^{-1}）的峰强度比值可反映芳环的取代程度，取代基数目越多，C—H 伸缩振动峰强度降低越显著；芳香族 C═C 伸缩振动（1620 cm^{-1}）与脂肪族 C—H 伸缩振动（2924 cm^{-1}）的强度比则可表征分子缩合程度，缩合程度变高，sp^2 杂化碳的含量增加，比值显著增大。需要注意的是，峰强度的定量分析应在相同实验条件下（如样品制样厚度、扫描次数）进行，且需扣除背景干扰（如 KBr 压片的杂质吸收）。

8.2.2 核磁共振波谱

核磁共振波谱（nuclear magnetic resonance spectroscopy，NMR）作为现代分析化学与材料科学领域的核心表征手段之一，其基本原理源于具有自旋量子数的原子核在外加静磁场中产生塞曼能级分裂现象。当施加与核自旋能级差相匹配的射频电磁波时，原子核会吸收特定频率的射频辐射发生能级跃迁，通过检测这种能量吸收信号并经过傅里叶变换等信号处理，可获得反映核周围化学环境的精细信息。在炭材料这一类具有独特电子结构和表面化学特性的功能材料研究中，NMR 技术的应用价值尤为突出，可系统解析炭材料的微观结构特征，还可表征炭材料表面化学的状态。

NMR 测试原理是原子核自旋角动量在外加电磁场中的量子化行为。具有自旋量子数（$I\neq0$）的原子核（如^{1}H、^{13}C、^{19}F 等）因自旋运动产生固有磁矩，该磁矩与外加恒定静磁场 B_0 相互作用时，会导致原子核自旋能级发生塞曼分裂(Zeeman splitting)。此时，处于低能级的核自旋会通过吸收特定频率的射频电磁波（交变弱磁场 B_1），实现向高能级的受激跃迁，完成能量的量子化交换。这种能量吸收仅当射频场的频率满足拉莫尔共振（Larmor resonance）条件时才会高效发生。特定核种具有固定的旋磁比，在给定静磁场 B_0 下，仅存在唯一的共振频率；反之，若固定射频频率，则需调节 B_0 至特定值方可实现共振。这一特性使得核磁共振信号呈现显著的化学位移差异。原子核周围电子云的屏蔽效应，即电子在外加磁场中产生感应磁矩，部分抵消核感受到的有效磁场 B_{eff}，导致不同化学环境下的同类核实际感受到的磁场 B_{eff} 存在微小差异，使得其共振频率偏移。通过将样品信号与参比物信号对比，可获得以 ppm($1ppm=10^{-6}$）为单位的化学位移值，从而精确表征核所处的化学微环境。核磁共振谱图的峰强度与对应核的数目成正比，可用于定量分析；峰的裂分（如单峰、双峰、三重峰等）源于相邻核自旋之间的自旋-自旋耦合，其裂分数反映了核间的连接关系与空间距离；而耦合常数则量化了耦合相互作用的强度，其数值大小与核间键数、键角及电子云分布密切相关，可有效区分顺式/反式构型、构象异构体等精细结构信息。此外，通过多维 NMR 技术还可解析分子中远程核间的空间邻近性，如氢键作用。

根据样品状态的不同，NMR 可分为液态 NMR 和固态 NMR。前者的测试需要采用液态样品，或者将样品溶解在特定的溶剂中；而固态 NMR 可以使用固态样品直接进行测试。在液体样品中，分子的快速活动将导致核磁共振谱线增宽的各种相互作用（如化学位移各向异性和偶极-偶极相互作用等）被平均掉，从而可以获得高分辨率的液体核磁图谱；对于固态样品，分子的快速运动受到限制，化学位移各向异性等各种作用的存在使谱线增宽严重，因此固体核磁共振技术分辨率相对于液体的较低。在炭材料的分析表征中，因绝大多数炭材料很难被溶剂完全溶解，所以使用液态 NMR 受到很大的限制。对于不可完全溶解的炭材料，首选使用固态 NMR 进行表征分析。根据分析对象不同，常用的有^{1}H NMR 和^{13}C NMR。但对于固态 NMR 而言，炭材料的^{1}H NMR 谱峰很宽，通常难以挖掘出有用信息，^{13}C NMR 更为常用。固态 NMR 无法测试赋磁后的炭材料或易产生静电的炭材料。

炭材料结构中不同^{13}C 原子所处的化学环境和空间结构不同，其振动频率存在差别，导致不同化学结构中碳原子振动谱线在谱图中出现的位置不同。炭材料结构中存在的碳原子种类较多，不同化学环境下的碳原子会对应一个特定的化学位移区间，在谱图中显示碳原子共振谱线相互叠加形成共振吸收峰。根据碳原子所处的化学环境将炭材料结构中碳原子分为三类，第一类是化学位移为 0～90 ppm 的脂碳区，对应的是脂肪碳；第二类是化学位移为 90～165 ppm 的芳香区，对应的是芳香碳；第三类是化学位移为 165～240 ppm 的羰基区，对应的是羰基碳。计算出芳香碳占所有碳总和的比例，可以计算出炭材料的芳香度。

^{13}C NMR 中，芳香碳主峰是多个芳香碳的峰重叠在一起形成的，因此当计算某一个芳香碳官能团的含量时，有两种方法：一种是对芳香碳主峰进行分峰处理（见图 8-4），然后根据隐藏峰所处的化学位移，判定其归属，再以其峰面积计算相应芳香碳官能团的数量；另一种方法为直接根据化学位移的区间进行积分，计算谱线、基线和化学位移区间所围成区域的面积，即为相应芳香碳官能团的数量。

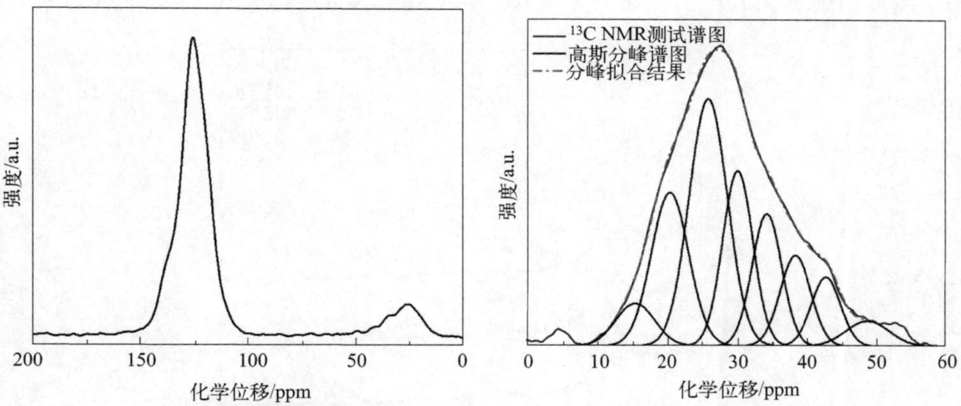

图 8-4 中间相沥青的固态 ^{13}C NMR 图谱

8.3 石墨化度

8.3.1 X 射线衍射

炭材料的石墨化度和晶体的有序度对其性质具有重要作用。石墨化度反映了炭材料的结构有序性和电导率等性能；石墨有序度影响了石墨的电导率、热导率、抗腐蚀性能等。采用 X 射线衍射（X-ray diffraction，XRD）可以对石墨化度和晶体的有序度进行表征分析。

XRD 的工作原理是当一束单色 X 射线入射到晶体时，由于晶体是由原子规则排列成的晶胞组成，这些规则排列的原子间距离与入射 X 射线波长有 X 射线衍射分析相同数量级，故由不同原子散射的 X 射线相互干涉，在某些特殊方向上产生强 X 射线衍射。衍射线在空间分布的方位和强度，与晶体结构密切相关，每种晶体所产生的衍射结果包括衍射线在空间的分布规律和衍射线束的强度，二者都反映出该晶体内部的原子分配规律。其中，衍射线的分布规律由晶胞大小、形状和位向决定，衍射线强度则取决于原子的品种和它们在晶胞的位置。因此，不同晶体具备不同的衍射图谱。

通过解析 XRD 谱图的峰位、峰强及峰形信息，可有效判别炭材料属于无定形非晶态结构还是具有不同程度石墨化特征的晶体结构。从衍射原理出发，当 X 射线入射到周期性排列的晶体时，满足布拉格公式［式(4-8)］的相干散射会发生相长干涉，从而在特定衍射角（2θ）处产生尖锐的衍射峰；而无定形碳因缺乏长程周期性结构，其原子排列呈现短程有序、长程无序的特征，无法满足严格的布拉格衍射条件，因此衍射谱图表现为宽化的弥散峰，无明显尖锐晶峰（见图 8-5）。

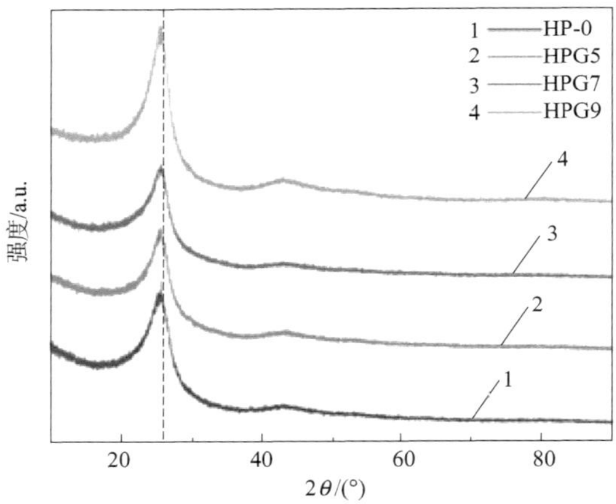

图 8-5　中间相沥青的 XRD 图谱

对于具有石墨化特征的炭材料，其 XRD 谱图通常呈现丰富的结构信息。根据石墨晶体的典型衍射特征，可将特征峰归纳为三个关键区域：其一为 $2\theta\approx20°$ 附近的 γ 峰，或称为脂肪族峰，它主要源于分子链中饱和脂肪族结构的弱结晶堆积效应；其二为 $2\theta\approx25°$附近的 002 峰，它对应石墨微晶层间堆垛形成的（002）晶面衍射，是表征类石墨结构有序性的核心特征峰；其三为 $2\theta\approx44°$附近的 100 峰，通常归因于沥青质聚集体中局部石墨核的空间有序排列，如五元环或七元环缺陷结构的有序化。无定形碳的衍射峰虽整体宽化，但其谱图仍可分解为上述三个特征峰的叠加，这为通过分峰拟合技术定量解析无定形碳的微结构提供了可能。通过对分峰后各特征峰的位置（反映层间距或堆积周期）、半高宽（表征结构无序度）及峰面积（反映各组分的相对含量）的精确测定，可进一步计算炭材料的关键结构参数（如层间距、微晶尺寸等）。

石墨化度的定量表征是炭材料结构分析的重要指标，其核心在于通过 XRD 测定样品的（002）晶面层间距 d_{002}，并结合富兰克林公式［式(4-7)］计算石墨化度 G。该方法基于石墨晶体与非晶碳的结构差异。理想石墨具有高度有序的层状结构（层间距约 0.3354 nm），而无定形碳因原子排列混乱导致层间距增大。尽管 XRD 法具有操作简便、结果直观的优势，但其应用仍存在一定局限性：一方面，样品研磨过程可能破坏局部微结构（如石墨层的有序堆垛），导致测得的 d_{002} 偏离真实值；另一方面，XRD 作为统计平均效应的表征手段，仅能提供整体结构信息，无法区分不同形貌的石墨结构（如片状石墨、球状炭黑或纤维状石墨），因此在需要形态和结构关联分析的场景中需结合其他表征技术（如透射电镜、拉曼光谱）进行互补验证。

8.3.2 拉曼光谱

拉曼光谱（Raman spectrum）是基于拉曼散射效应获得的一种散射光谱，它对与入射光频率不同的散射光谱进行分析以得到分子振动、转动方面信息，并应用于分子结构研究。光照射到物质上发生弹性散射和非弹性散射，弹性散射的散射光是与激发光波长相同的成分，非弹性散射的散射光与激发光波长相比发生了频率的变化，这一现象称为拉曼效应。拉曼光谱和红外光谱都属于分子振动光谱，都是检测物质的分子振动和转动能级，但红外光谱是吸收光谱，而拉曼光谱是散射光谱；红外光谱常用于研究极性基团的非对称振动，而拉曼光谱常用于研究非极性基团与骨架的对称振动。

炭材料的拉曼光谱在一级光谱范围内（1000～2000 cm^{-1}）主要有两个特征峰。1580 cm^{-1} 附近的强吸收峰被定义为 G 峰，其本质源于石墨晶体中 sp^2 杂化碳原子的面内 C—C 键伸缩振动。该振动模式严格依赖于理想石墨的周期性晶格结构，因此在天然石墨、高定向热解石墨（HOPG）等高度有序的炭材料中呈现尖锐且高强度的特征峰。G 峰的峰位会随石墨层间堆垛方式（如 AB 堆垛或 ABC 堆垛）或层内应力分布发生微小偏移（通常±10 cm^{-1}），但 1580 cm^{-1} 仍为其典型特征位置。与 G 峰形成鲜明对比的是 1360 cm^{-1} 附近的 D 峰，其可归因于石墨晶格的非理想性，包括点缺陷、边缘无序排列、低对称性结构以及晶界等结构缺陷的协同作用。从声子理论角度，D 峰的激发依赖于长程周期性的破坏，因此在单晶石墨中 D 峰强度趋近于零；而当材料中存在缺陷或微晶尺寸减小时（通常小于 20 nm），缺陷密度增加导致声子散射增强，D 峰强度显著上升。G 峰与 D 峰的相对强度比（I_G/I_D）作为炭材料结构表征的“黄金参数”，其物理意义表征了材料中有序石墨结构与无序结构的相对含量。

位于 2680 cm^{-1} 附近的 2D 峰，又称 G′峰，是石墨烯及少层炭材料的特征峰，对材料的层状结构具有高度敏感性。单层石墨烯的 2D 峰呈现尖锐的对称洛伦兹型（半高宽约 30 cm^{-1}），峰位约 2675 cm^{-1}；随着层数从 2 层增加至 10 层，层间 π-π 堆垛作用增强，声子色散关系改变，2D 峰逐渐分裂为不对称的双峰结构，峰位蓝移至 2690～2700 cm^{-1}；当层数超过 10 层时，2D 峰趋近于块体石墨的 G 峰位置（2700 cm^{-1}），失去层数判别能力。此外，2D 峰的强度与层数呈非线性关系，单层占比越高，I_{2D}/I_G 比值越大，结合峰形分析可定量评估石墨烯的层数分布。对于碳纳米管，拉曼光谱中 100～300 cm^{-1} 范围内的径向呼吸模（radial breathing mode，RBM）是其区别于其他炭材料的独特指纹。RBM 源于碳纳米管径向对称的伸缩振动，即 C—C 键沿管轴方向的同步收缩和膨胀，通过拟合 RBM 峰位可精确测定单壁碳纳米管的直径，分辨率可达 0.1 nm。多壁碳纳米管管间范德瓦耳斯相互作用导致径向振动模式展宽，且外层管对内层管有屏蔽效应，其 RBM 信号通常较弱甚至无法观测，因此在多壁碳纳米管的结构表征中，RBM 的应用价值有限，更多依赖于 G 峰和 D 峰的相对强度比评估其石墨化程度。

在炭材料的结构表征中，拉曼光谱作为一种非破坏性、高灵敏度的分析手段，其谱图特征与材料的石墨化程度及微观结构密切相关。当炭材料的石墨化度处于较低水平时，其内部石墨微晶的发育往往不够完善，表现为晶粒尺寸减小、晶界缺陷密度显著增加。在此微观结构背景下，石墨微晶的本征振动模式会发生显著畸变，进而导致拉曼光谱中典型的 D 峰与 G 峰出现明显的峰形重叠现象。这种重叠效应会掩盖光谱中潜在的精细结构信息，使得基于单一峰位参数（如 I_D/I_G 强度比）的结构表征存在局限性。为突破这一限制，通过分峰处理可有效分离出隐藏于 D 峰和 G 峰重叠区的多个特征振动峰，其中除主导的 D 峰和 G 峰外，还可以观测到 D_1 峰（约 1340 cm^{-1}）、D_2 峰（约 1540 cm^{-1}）、D_3 峰（约 1270 cm^{-1}）及 D_4 峰（约 1150 cm^{-1}）四个次级特征峰。D_1 峰通常指代传统 D 峰的主峰或弱肩峰，其主要对应无定形碳结构中短程有序的 sp^2 杂化碳片段的局域振动。该峰强度与无序结构比例（如缺陷密度、边缘位点数量）呈正相关，是评估材料局部有序性演化的关键指标。D_2 峰通常被归为 G 峰的肩峰，而非独立的中等无序度 sp^2 杂化碳结构特征峰。其振动模式介于局域无序与长程有序之间，主要对应中等无序度的 sp^2 杂化碳结构，如扩展但未完全有序的芳香族网络，或部分石墨化区域的边缘振动。G 峰本质是 sp^2 杂化碳的长程有序振动，而 D_2 峰的存在通常反映石墨微晶的尺寸效应或层间堆垛无序性，其强度与 G 峰的比值（I_{D2}/I_G）可用于量化石墨微晶的缺陷程度。D_3 峰通常位于低频区域，其振动模式主要与 sp^3 杂化碳原子的局域振动或 sp^2-sp^3 混合键的耦合振动相关，该峰的起源可归因于炭材料中未完全石墨化的前驱体残留，如无序碳网络中的 sp^3 杂化碳缺陷、含杂原子的官能团（如 C—O、C—N 等）

的伸缩振动，或短链脂肪族结构等分子碎片的无序排列。需要注意的是，此峰强度与无定形 sp^2 碳含量的直接关联性较弱，更多反映材料中 sp^3 杂化或缺陷混合区域的局部结构特征，因此其强度变化可用于辅助评估材料的无序化程度及杂原子掺杂状态。D_4 峰通常表现为独立弱峰或 D_1 峰（若存在）的低频肩峰，其振动模式主要对应 sp^3 杂化碳原子的局域振动或 sp^2-sp^3 混合键的耦合振动。在低石墨化度炭材料中，未完全石墨化的前驱体残留或晶界处的 sp^3 杂化碳缺陷是此类振动的主要来源；而在部分石墨化过程中，晶界区域形成的 sp^2-sp^3 过渡结构也可能在 D_4 峰处产生特征信号。因此，D_4 峰的精细解析对揭示炭材料的石墨化动力学，尤其是 sp^3 向 sp^2 转变的进程及缺陷演化（如杂原子脱除、结构重排）具有重要意义。

拉曼光谱法是利用激光激发炭材料产生拉曼散射，根据 D 峰和 G 峰的强度比或面积比来计算石墨化度。这种方法不需要粉碎样品，可以对不同形貌的石墨结构进行区分。但是，拉曼光谱法受到激光功率、波长、探测器等因素的影响，可能导致结果不稳定或不准确。

8.4 微观结构

8.4.1 偏光显微镜

偏光显微镜是用于研究各向异性材料的一种显微镜，在碳质中间相的织构识别中具有重要作用。凡具有双折射的碳质中间相、针状焦等炭材料，在偏光显微镜下就能具有不同颜色的图像，可以根据不同颜色织构的大小判定炭材料微观结构。

偏光显微镜的光学成像机制核心在于双偏振系统的协同作用，其工作原理可基于偏振光调控理论进行系统阐释。该系统主要由两套关键光学元件构成：第一组为置于光源与被检样本之间的起偏元件，称为起偏镜或起偏器，其功能是将来自光源的自然光转化为具有特定振动方向的线偏振光；第二组为配置于物镜与目镜之间的检偏元件，称为检偏镜或检偏器，其作用是通过选择性透射调控最终进入观测系统的偏振光强，如图 8-6（a）所示。当光源发出的自然光经起偏镜作用后，仅保留与起偏镜透振方向一致的线偏振光分量。线偏振光的透射特性本质上由偏振元件的光学各向异性决定。起偏镜通过选择性吸收或双折射机制，仅允许沿其透振方向的振动分量通过；检偏镜则以相同原理对入射偏振光进行二次筛选。因此，当起偏镜产生的线偏振光振动方向与检偏镜透振方向严格垂直时，两偏振元件的光学滤波作用达到完全抵消，形成消光现象［图 8-6（b）］。在实际观测应用中，基于消光原理的正交检偏位被确立为常规工作状态。该设置下，被检样本若为各向同性物质，会因无法改变入射偏振光的振动方向，仍保持消光状态；而各向异性物质则会通过双折射效应产生附加相位差，导致出射光振动方向发生偏转，从而使原本消光的视场出现亮度变化，为材料微观结构分析（如晶体光轴方向、双折射率测定等）提供关键判据。

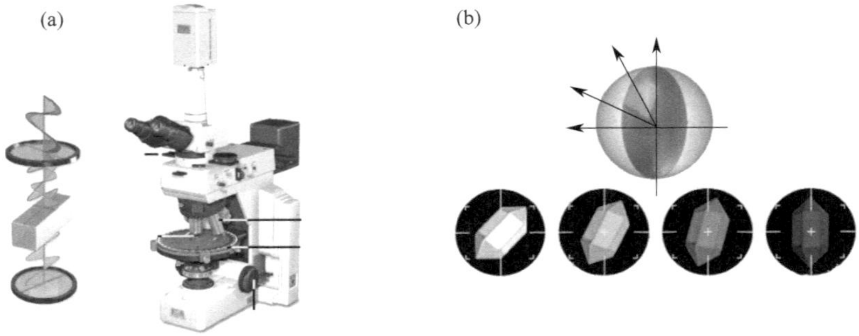

图 8-6 偏光显微镜的构成及消光现象

中间相的光学性质研究常用偏光显微镜。在正交偏光下，若为光学各向同性，则载物台上的试样的视野是暗的，在转动载物台以及变动光射入试样的方向时，无变化。若是光学各向异性，即双折射体反射多色性，当转动载物台时，视野发生有规律的明暗变化，每转动 90°，就出现一次明暗变化；载物台旋转 360°时，呈现“四明四暗”。变暗这个现象称为消光，此时的方位称为“消光位”。从这个消光位开始将载物台旋转 45°，视野最亮，此时方位称作“对位角”。

偏光显微镜还可以搭载一个热台，用于样品状态随温度变化的观察，称为热台偏光显微镜。热台偏光显微镜可以揭示热作用中间相织构的实时变化，以及炭材料在被加热时受到的应力和应变的情况。根据偏光显微镜观察到的单色区域的大小，可以将碳质中间相的织构进行分类，分为各向同性、马赛克型（或镶嵌）、流线型（或纤维状）和广域型四大类。其中，马赛克型又分为细粒马赛克型、中等粒度马赛克型与粗粒马赛克型；流线型细分为中等流线型、粗流线型与广域流线型，如图 8-7 所示。

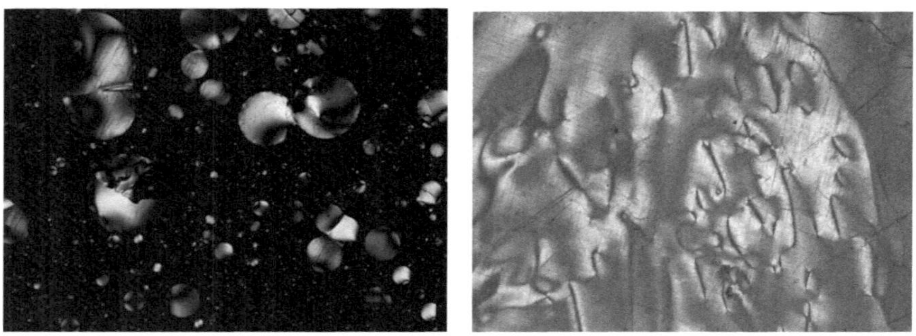

图 8-7 碳质中间相的织构及其分类

8.4.2 透射电子显微镜

透射电子显微镜（transmission electron microscope，TEM）是一种以波长极短的电子束作为电子光源，利用电子枪发出的高速的、聚集的电子束照射至非常薄的样品，收集透射电子流经电磁透镜多级放大后成像的高分辨率、高放大倍数的电子光学仪器。TEM 可以看到在光学显微镜下无法看清的小于 0.2 μm 的细微结构，这些结构称为亚显微结构或超微结构。

TEM 的工作原理是把经加速和聚集的电子束投射到非常薄的样品上，电子与样品中的原子碰撞而改变方向，从而产生立体角散射。散射角的大小与样品的密度、厚度相关，因此可以形成明暗不同的影像，影像将在放大、聚焦后在成像器件上显示出来。电子显微镜与光学显微镜的成像原理基本一样，所不同的是电子显微镜是使用电子来展示物件的内部或表面的显微镜。高速的电子的波长比可见光的波长短，而显微镜的分辨率受其使用的波长的限制，因此电子显微镜的理论分辨率（约 0.1 nm）远高于光学显微镜的分辨率（约 200 nm）。TEM 的成像原理主要分为吸收像、衍射像和相位像三种。吸收像基于样品的质量厚度差异，质量密度大的区域会吸收更多电子，图像亮度较暗；衍射像则利用电子束被样品衍射后的波振幅分布，反映晶体缺陷等微观结构；相位像适用于极薄样品，成像主要来自电子波的相位变化。这些成像原理使 TEM 能够从不同角度揭示样品的微观特征。TEM 经过改进后有高分辨率透射电子显微镜、扫描透射电子显微镜、冷冻透射电子显微镜、球差透射电子显微镜及低压透射电子显微镜等。

TEM 凭借其原子级空间分辨率及对电子束-物质相互作用的高度敏感性，已成为炭材料微观结构表征的核心技术手段。对于传统炭材料，TEM 可通过高分辨成像直接解析石墨微晶的规则六元环堆垛结构与乱层结构的空间分布特征。在碳纳米材料研究领域，TEM 的技术优势尤为显著。TEM 可以清晰地观察到碳量子点的粒径分布、形貌及层间距［图 8-8（a）］，且 TEM 的高角度环形暗场成像结合能量色散 X 射线光谱（EDS）面扫功能，可实现粒径分布统计与内部异质元素或晶格缺陷的空间分布表征，为揭示其发光机制与表面态特性提供结构支撑。针对石墨烯材料，基于 TME 的原子级分辨成像可直接观测单层/少层石墨烯的层数、横向尺寸及边缘形貌［图 8-8（b）］，结合环形暗场扫描透射模式还可分析缺陷密度对电子结构的影响。对于富勒烯及其衍生物，TEM 可以揭示其原子结构、形貌特征及动态过程，C_{60} 早期的富勒烯研究也正是依赖 TEM 才确定了球型对称结构的［图 8-8（c）］。此外，采用 TEM 还可以对石墨烯纤维等材料的微晶排列顺序进行研究［图 8-8（d）］。TEM 通过多模态成像（明场、暗场、衍射）与元素分析技术的协同应用，在炭材料从宏观块体到纳米尺度的跨尺度结构表征中发挥着不可替代的作用。其不仅能够揭示炭材料的本征结构特征，

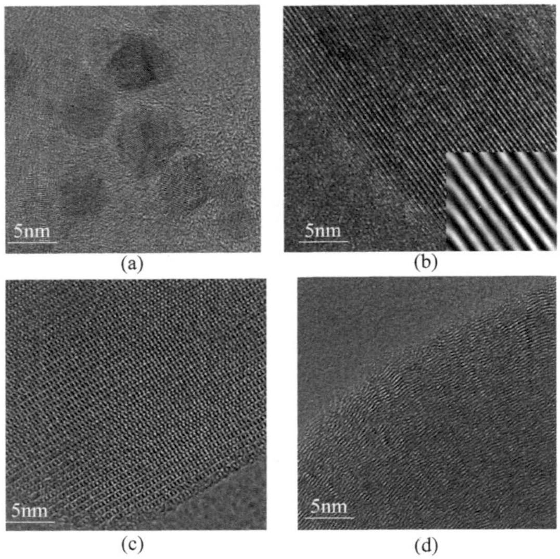

图 8-8 各种炭材料的 TEM 图

(a) 碳量子点；(b) 石墨烯；(c) 富勒烯；(d) 石墨烯纤维

更能为炭材料设计、性能优化及构效关系建立提供直接的实验依据，是炭材料基础研究与产业应用中不可或缺的关键表征手段。

8.5 热化学与热机械性质

8.5.1 热重分析

热分析是指物质在程序温度控制下物理或化学性质变化时所发生的热效应或物质的重量、体积等与相应温度的函数关系。热分析方法中，以热重量分析法，差热分析法和差示扫描量热法应用最广泛。研究的物质可以是无机物、有机物、高聚物、配合物和生物高分子等。

热重分析（thermogravimetric analysis，TGA）主要适用于研究物质的相变、分解、化合、脱水、吸附、解析、熔化、凝固、升华、蒸发等现象以及对物质作鉴别分析、组分分析、热参数测定和动力学参数测定等。热重分析可用于炭材料研究的很多方面，如炭材料的反应机理、催化剂的催化裂解性能、高温抗氧化性、热稳定性能、表面酸性中心、燃烧特性和功能化后负载量的确定等。

热重分析仪的基本原理是将待测物置于耐高温的容器中，此容器被置于具有可程式控制温度的高温炉中，而此待测物被悬挂在一个具有高灵敏度及精确度的天平上，如图 8-9 所示，在加热或冷却的过程中，待测物会因为反应导致重量变化，这个因温度变化造成的重量变化可以由以上提及的天平测量获得，一组热电偶被置于待测物附近且不接触待测物，以测量待测物附近的温度，并控制高温炉的温度曲线。

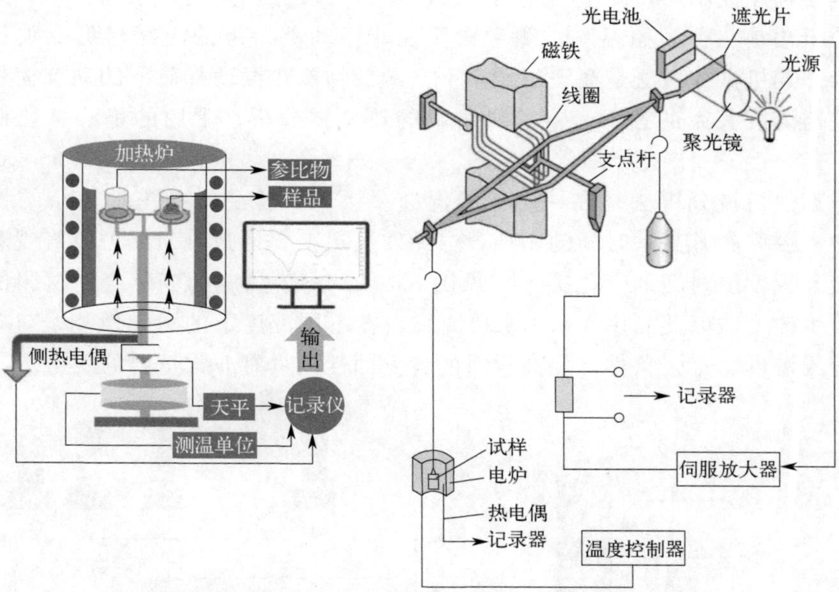

图 8-9　热重分析仪的结构与机理示意图

热重分析在研究炭材料的分解、氧化、制备、吸附、改性和复合等方面具有重要作用。通过热重分析的质量与温度的关系图可以获悉试样组成、热稳定性、热分解温度和热分解动力学等信息，还可以分析物质在分解、氧化或脱水中的重量增减情况。对热重曲线进行一次微分可得微商热重曲线，它反映的是试样质量变化率与温度或时间的关系。曲线能清楚地反映出起始反应温度、达到最大反应速率时的温度和反应终止温度，而且提高了分辨两个或多个相继发生的质量变化过程的能力。

8.5.2　热机械分析

热机械分析（thermomechanical analysis，TMA）是在程序控温下，试样受到恒定较小的非振动负荷作用时，测量温度与形变（拉伸、压缩、弯曲、扭转）关系的方法。TMA 可以用于线膨胀与收缩、软化点、玻璃化温度、致密化和烧结过程、相转变过程以及反应动力学的表征分析。

TMA 的工作原理是探头由固定在其上面的悬臂梁和螺旋弹簧支撑，通过加马力马达对试样施加载荷。当试样长度（即试样管和探头的相对位置）发生变化时，差动变压器检测到此变化，连同温度、应力和应变数据，由 TMA 中央处理机收集后送到 TMA 工作站进行数据分析。

热机械分析法包括热膨胀法、静态热机械分析法和动态热机械分析法。热膨胀法是在程序控温下，测量物质在可忽略负荷时尺寸与温度关系的技术；静态热机械分析法是在程序控温下，测量物质在非振动负荷下的温度与形变关系的技术；动态热机械分析法是在程序控温下，测量物质在振动载荷下的动态模量或力学损耗与温度关系的技术。对于炭材料的热机械分析，常用的是静态热机械分析法。

静态热机械分析法是在一定的升温速率下，给检测样品施加较小的恒定负荷，随着温度的升高、时间的增加，样品发生形变，通过 TMA 可以直观看到材料形变与温度、时间的变化关系（见图 8-10）。由于温度的变化会使材料的力学性能发生改变，因此利用 TMA 来研究材料在不同温度下的力学性能，对确定材料的应用温度、工艺条件，提高材料的各方面性能具有非常重要的意义。

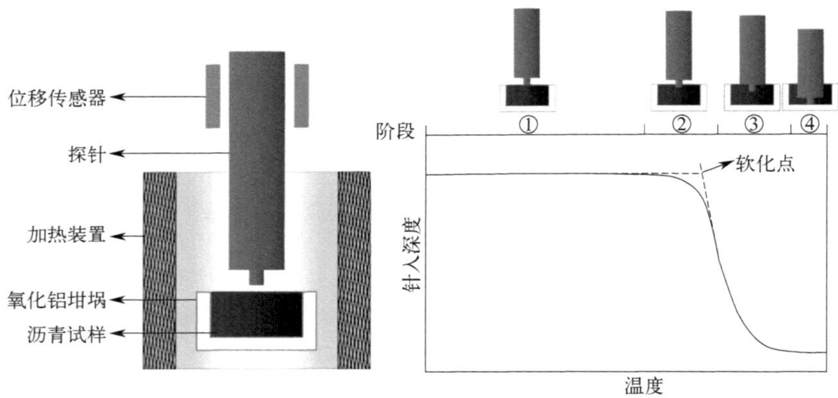

图 8-10 采用 TMA 进行静态热机械分析的装置和材料形变与温度、时间的变化关系

参考文献

[1] 王成扬．碳质中间相理论与应用［M］．北京：科学出版社，2015.

[2] 蒋文忠．炭石墨制品及其应用［M］．北京：冶金工业出版社，2017.

[3] 《炭素材料》编委会．中国冶金百科全书：炭素材料［M］．北京：冶金工业出版社，2004.

[4] 王成扬，陈明鸣，李明伟．沥青基炭材料［M］．北京：化学工业出版社，2018.

[5] 解强，边炳鑫．煤的炭化过程控制理论及其在煤基活性炭制备中的应用．徐州：中国矿业大学出版社，2002.

[6] 贺福．碳纤维及石墨纤维［M］．北京：化学工业出版社，2010.

[7] 贺永德．现代煤化工技术手册［M］．3 版．北京：化学工业出版社，2020.

[8] 曹景沛．煤化学［M］．徐州：中国矿业大学出版社，2024.

[9] 刘智恩．材料科学基础［M］．西安：西北工业大学出版社，2019.

[10] 李炳炎．炭黑生产与应用手册［M］．北京：化学工业出版社，2000.

[11] 吴立峰，丁丽萍．炭黑应用手册［M］．北京：化学工业出版社，2008.

[12] Inagaki M，Kang F Y. Materials Science and Engineering of Carbon：Characterization［M］．Beijing：Tsinghua University Press，2017.

[13] 迪迪埃·阿斯特吕克．现代芳烃化学——概念、合成及应用［M］．张书圣，钟惠民，温永红，译．北京：化学工业出版社，2005.

[14] 高振华，邸明伟．生物质材料及应用［M］．北京：化学工业出版社，2008.

[15] 梁文杰．重质油化学［M］．东营：石油大学出版社，2000.

[16] 沈曾民，张文辉，张学军．活性炭材料的制备与应用［M］．北京：化学工业出版社，2006.

[17] 蒋剑春．活性炭制造与应用技术［M］．北京：化学工业出版社，2017.

[18] 谢素原，杨上峰，李姝慧．富勒烯：从基础到应用［M］．北京：科学出版社，2019.

[19] 刘畅，成会明．碳纳米管［M］．北京：化学工业出版社，2018.

[20] 近藤精一，石川达雄，安部郁夫．吸附科学（原著第二版）［M］．李国希，译．北京：化学工业出版社，2005.